飞机结冰致灾与防护丛书

飞机驾驶员诱发振荡
——建模仿真与风险评估

李颖晖　禹志龙　徐文丰　左仁伟　裴彬彬　著

科学出版社

北　京

内 容 简 介

本书主要从动力学模型机理分析的角度，基于人-机-环闭环系统，论述了运输机的驾驶员诱发振荡(PIO)现象的影响因素和抑制方法；基于稳定性理论对人-机-环系统进行了稳定性分析与稳定域的估计；基于极值理论对 PIO 科目风险进行定量评估，为运输机的系统设计与安全性预计提供理论支撑。在本书的最后，对 PIO 地面模拟试验的平台搭建与组织方法进行了介绍。

本书可供从事航空器设计和飞行安全保障研究的相关人员阅读，也可供航空器飞行安全理论研究、飞机设计制造和使用维护等专业技术人员，以及高等院校航空工程相关专业的教师和研究生阅读参考。

图书在版编目(CIP)数据

飞机驾驶员诱发振荡: 建模仿真与风险评估/李颖晖等著. —北京: 科学出版社, 2024.6
(飞机结冰致灾与防护丛书)
ISBN 978-7-03-077656-3

Ⅰ. ①飞… Ⅱ. ①李 … Ⅲ. ①飞机-飞行稳定性-飞行控制-研究
Ⅳ. ①V212.12

中国国家版本馆 CIP 数据核字(2024) 第 016710 号

责任编辑: 赵敬伟 郭学雯 / 责任校对: 杨聪敏
责任印制: 赵 博 / 封面设计: 无极书装

科学出版社 出版
北京东黄城根北街 16 号
邮政编码: 100717
http://www.sciencep.com
北京凌奇印刷有限责任公司印刷
科学出版社发行 各地新华书店经销

*

2024 年 6 月第 一 版 开本: 787×1092 1/16
2025 年 1 月第二次印刷 印张: 20
字数: 398 000
定价: **149.00 元**
(如有印装质量问题, 我社负责调换)

丛 书 序

在航空已经成为人类社会主要交通运输工具的现代社会，因飞机结冰使气动和飞行性能下降，乃至导致重大飞行罹难事故，这种情况引起了航空工程界和国际社会的严重关切。据美国国家运输安全委员会 (NTSB) 统计，全球 1990~2019 年间因结冰导致的飞行事故高达 2000 余起，死亡 1800 余人。2000 年以来，我国也发生了多起因结冰导致的飞行事故。为此，世界各航空大国十分重视飞机结冰问题的研究。美国国家航空航天局 (NASA) 将飞机结冰相关研究列入民用航空技术领域未来十年优先技术发展计划，欧盟也将飞机结冰及防护纳入欧洲航空未来 20 年的科研重点。随着我国航空事业的快速发展，开展飞机结冰及其防护的研究迫在眉睫。

回顾历史，早在 20 世纪 20 年代，人们首次观察到飞机飞行中的结冰现象。1944 年，NASA 刘易斯研究中心 (现格林研究中心) 建成结冰研究风洞 (IRT，2.7m×1.8m)，成为当时结冰与防除冰研究的核心设备。20 世纪 50 年代以来，以美国为代表的航空大国，通过结冰风洞实验、数值模拟、飞行试验等多种手段，研究飞机结冰对气动特性和飞行性能的影响，探索了多种飞机防除冰技术，建立了较为完善的航空器适航防冰条款，从而减少了结冰引起的飞行事故。

尽管如此，飞机结冰导致的飞行灾难仍时有发生。发生这一现象的原因是飞机结冰受大气温度、湿度，飞行高度、速度，蒙皮材料等诸多因素影响，是涉及大气物理、热力学、传热传质学、空气动力学、飞行力学等多学科交叉、多物理过程耦合的复杂现象。迄今人们对结冰宏观过程、微观机理、冰霜形态、影响因素等问题未能深入认识、准确把握，所提出的结冰防护措施不一定能全面覆盖结冰致灾的实际范围，从而带来安全隐患；另一方面，在某些情况下防护范围冗余过大也会影响飞机的飞行性能和经济效益。

国内最早的飞机结冰研究始于 20 世纪 70~80 年代，主要基于计算获得的冰形，初步研究结冰对飞机气动特性的影响。为了从科学角度深刻揭示飞机致灾的本质，掌握飞机结冰防护的可靠应对方法，从 2006 年起，作为国家重大科技基础设施的国内首座大型结冰风洞 (3m×2m) 历时 9 年在中国空气动力研究与发展中心建成，国内数十个研究机构和高等院校也相继建设了一批小型研究型结冰风洞，相继开展了大量飞机结冰的试验研究。2015 年，在国家重大科技专项 "大型飞机工程" 的支持下，科技部批准国家重点基础研究计划 ("973" 计划) 项目 "飞机结冰致灾与防护关键基础问题研究"立项，研究内容包括：非平衡相变结冰和复杂冰结构的形成、演化与冰特性；结冰条件下空气动力学和飞行力学特性及对飞行安全影响机理；基于结冰临界与能量控制的热防冰理论和方法；热/力传递及其耦合作用下的除冰机理与方法；大飞机结冰多重安全边界保护和操纵应对方法等，经过近五年的攻关，取得了若干创新成果。近年来，国内结冰与防除冰的研究领域已涵盖航空飞行器、地面交通工具、风能利用、输电导线等交通能源工业诸多领域。

为了进一步传播和拓展飞机结冰问题的现有研究成果，促进研究人员间的学术交流，中国空气动力研究与发展中心近期组成了"飞机结冰致灾与防护丛书"编辑委员会，制定了丛书出版计划，拟在近年内出版《飞机结冰机理》《飞机结冰试验的相似准则》《飞机结冰试验技术》等专著。这将是国内首套系统总结飞机结冰领域理论、计算、试验和设计方法的专业丛书，可供从事相关领域的研究人员、工程师、教师和研究生参考。我深信，本丛书的出版必将对推动飞机结冰问题的深入研究和技术创新发挥重要作用。

李家春

2021 年 11 月于北京

前　　言

飞机驾驶员诱发振荡 (PIO) 是飞行控制系统中一个关键的问题，可能导致飞机失去稳定性和可控性，对飞行安全产生严重的影响。PIO 是一个复杂的现象，涉及飞行器动力学、飞行控制系统、人机接口等多个层面。它可能由驾驶员的操作失误、系统设计缺陷、控制反馈不稳定等原因引起。PIO 不仅会对飞行器的安全性和性能产生负面影响，还会增加驾驶员的工作负担和压力，降低他们处理其他紧急事态的能力。因此，研究 PIO 现象并提供有效的解决方案对于提升飞行安全至关重要。

本书旨在探讨运输机 PIO 的仿真与风险评估，研究 PIO 的诱发和影响因素、抑制方法以及风险评估和模拟验证。通过深入研究 PIO 问题，我们希望提供有关 PIO 的全面理解和解决方案，以提升飞行安全和驾驶员的技能。以下是本书的主要内容和目标。

(1) 研究 PIO 的诱发和影响因素：本书将对影响 PIO 的驾驶员操纵行为、控制系统设计和飞机动力学等因素进行详细研究。深入理解 PIO 的发生机理和影响因素，可以为后续章节的研究提供基础。

(2) 研究 PIO 的抑制方法：本书将介绍不同类型的 PIO 抑制方法，包括基于抑制器的速率饱和抑制、基于绝对稳定性理论的稳定域估计、基于 Anti-Windup 补偿和指令速率补偿的失稳抑制等。通过这些抑制方法的研究和分析，可以有效减轻或消除 PIO 的影响，并提高飞行控制系统的稳定性和安全性。

(3) 进行风险评估和模拟验证：本书将介绍基于极值理论的 PIO 风险评估方法，并探讨如何利用仿真工具和空中试飞数据来评估和验证 PIO 抑制方法的有效性。通过风险评估和模拟验证，可以量化 PIO 的潜在风险，并提供指导措施以降低 PIO 风险的程度。

本书的主要目标是为飞行控制系统设计师、培训师和驾驶员提供重要的参考资料，以提高他们对 PIO 问题的理解和应对能力。通过本书的研究和实践指导，读者可以学习和了解以下几个方面知识：

(1) 全面了解 PIO 的机理和特征：通过本书的介绍和分析，读者将深入了解 PIO 的发生机理、影响因素以及与飞行控制系统的相关性，为解决 PIO 问题提供更全面的观点和方法。

(2) 学习有效的 PIO 抑制方法：本书将介绍多种 PIO 抑制方法，并对其进行研究和评估。读者将学习如何应用这些方法来减轻或消除 PIO 带来的风险,从而降低飞行风险。

(3) 学习使用风险评估工具和模拟验证方法:本书将介绍风险评估的方法和工具,并探讨如何利用仿真工具和实际数据验证抑制方法的有效性。读者将学习如何评估和量化 PIO 的风险,以便采取相应的措施和策略。

本书的第 1 章将对 PIO 进行综述。我们将探讨 PIO 的概念、背景和重要性,介绍 PIO 在运输机中的影响以及其对驾驶员和系统的挑战。通过对 PIO 现象的概述,读者将对后续章节的内容有一个整体的了解。第 2 章着重于运输机的动力学与飞行控制。我们将讨论运输机的基本运动特性和飞行控制系统的设计原理,以便更好地理解 PIO 问题的来源和影响因素。了解运输机的动力学和飞行控制将为后续章节的研究和分析奠定基础。第 3 章将重点研究运输机 PIO 研究中的驾驶员操纵行为模型。我们将探讨驾驶员的操纵行为对 PIO 的影响,并介绍不同的驾驶员模型和控制策略。通过研究驾驶员的操纵行为模型,我们可以更好地理解和建模 PIO 的机理和特征。第 4 章将研究操纵面速率饱和对 PIO 的影响因素。我们将探讨速率饱和对飞行控制系统的动态响应和飞机稳定性的影响,通过建立数值模型和分析仿真结果,评估操纵面速率饱和对 PIO 的潜在影响。第 5 章将研究基于抑制器的速率饱和 PIO 抑制方法。我们将介绍不同类型的抑制器设计和控制策略,以减轻或消除 PIO 的影响。通过引入抑制器来补偿操纵面速率饱和,我们可以提高飞行控制系统的稳定性和抗扰性。第 6 章和第 7 章将分别探讨基于绝对稳定性理论的作动器速率限制人机闭环系统的稳定域估计和具有作动器速率限制的人机闭环系统的稳定域估计。我们将介绍绝对稳定性理论的基本原理,并利用该理论优化人机闭环系统的设计,以降低 PIO 的风险。第 8 章将研究基于 Anti-Windup 补偿的人机闭环系统失稳抑制。我们将介绍 Anti-Windup 补偿的原理和应用,以有效地抑制 PIO 引发的失稳现象。我们将探讨不同的 Anti-Windup 技术,并评估其对人机闭环系统的影响。第 9 章将研究基于指令速率补偿的人机闭环系统非线性失稳抑制。我们将介绍指令速率补偿的原理和方法,以提供更强大的失稳抑制能力,减轻与 PIO 相关的非线性失稳现象。第 10 章将研究基于人机闭环系统的 PIO 易感性参数仿真与空中试飞验证。我们将使用仿真工具和空中试飞数据,研究与 PIO 易感性相关的参数,以评估和改进驾驶员的培训和飞行操作。第 11 章将研究基于极值理论的 PIO 科目试飞风险定量评估方法。我们将介绍极值理论的基本原理,并应用于 PIO 风险评估,以量化试飞过程中 PIO 风险的潜在程度。第 12 章将研究 PIO 抑制方法地面飞行模拟验证。我们将使用高保真度地面飞行模拟器进行验证试验,评估不同抑制方法在模拟环境中的效果和适用性。

通过对以上章节的深入研究和综合分析,本书将提供全面的理论和实践指导,以模拟和评估运输机 PIO 的情况及其相关风险。本书旨在成为飞行控制系统设计师、培训师和驾驶员的重要参考资料，促进 PIO 问题的研究和解决，以提升飞行安全性和驾驶员的技能水平。通过本书所涉及的研究和应用，我们希望能够推动 PIO 问题的进一步探索与解决，从而提高飞行安全性和驾驶员的技能水平。同时，我们也鼓励读者积极参与 PIO 相关领域的进展，并提供宝贵的意见和建议，以促进飞行控制系统的发展和改进。

最后，我们衷心感谢所有为本书的编写和完成做出贡献的人员和机构。我们希望读者能够从本书中获得有益的知识和洞见，并积极参与 PIO 问题的研究和解决过程。祝愿本书的出版能够推动飞行领域的进步，提升飞行安全和驾驶员的技术水平。同时，我们期待读者能提出宝贵的意见和建议，以便未来的研究工作能够进一步完善和发展 PIO 的仿真与风险评估领域。

作　者

2023 年 5 月

目　　录

第 1 章　运输机驾驶员诱发振荡概述

20 世纪 70 年代以来,F-16 战斗机的服役和 A-320 客机的商业运行,让飞机设计师们认识到电传操纵系统对于提升飞机性能、减轻驾驶员操纵负担的作用,自此电传操纵系统在现代先进飞机上得到广泛应用[1]。然而在使用过程中电传操纵飞机也暴露出一些以往使用机械操纵系统时存在的问题, 甚至在某些方面对飞机安全运行的威胁程度比之前还要高, 驾驶员诱发振荡[1,2](Pilot-Induced-Oscillation, PIO) 便是其中典型的例子。在早期电传飞机试飞过程中, 由于对 PIO 机理研究不够深入, 尤其对电传操纵系统与 PIO 诱发之间的关系研究较少, 已经发生多起试飞中遭遇 PIO 甚至导致飞机坠毁的事故, 包括 YF-16、航天飞机、苏-27、F-18、JAS-39、YF-22、B-2、A-320、B-777、C-17 等在试飞过程中均遭遇过 PIO 事件[3], 其中苏-27、JAS-39、YF-22 等都发生过坠机事故[4-6], 我国的歼教 7、歼轰 7 等飞机也曾遭遇过 PIO 事件并导致飞机坠毁, 1993 年, 东航 583 号班机在巡航时由于驾驶员误操作发生 PIO 事件并导致严重事故。

运输机发动机推力小、机动性差、舵面效率较低,为了提高其操纵性能,只能增大操纵面增益,然而过高的增益极易诱发 PIO。因此,运输机与其他飞机相比具有更大的 PIO 隐患。

与此形成对应的是,当前我国周边军事斗争形势较为严峻,对大型军用运输机需求量较大,而先进军用运输机的设计与控制技术始终受到西方制约。相较于国外已经建立了较为完整的 PIO 试飞数据库,并利用数据库总结出了一系列 PIO 预测准则,国内在这方面的研究仍较为欠缺。

基于此,本书对运输机 PIO 问题进行研究,利用人机闭环系统模型研究不同参数对 PIO 易感性趋势的影响,并基于试飞验证与风险量化评估模型,分析对 PIO 特性影响最大的因素,为后期机型设计过程提供参考。

1.1　驾驶员诱发振荡概述

MIL-STD-1797A 中将 PIO 定义为[7]:在驾驶员操纵飞机过程中所出现的持续的或不可抑制的振荡。按照此定义,所有在驾驶员操纵期间飞机发生的振荡都可以称作 PIO,但事实上很多振荡是飞机对操纵输入的正常响应,对飞行安全影响极小[8]。例如,飞行学员在练习着陆时由于技术不熟练而出现的"拉飘",表现为飞机出现纵向振荡现象,但这不属于 PIO,此类振荡持续时间较短。实际上一些驾驶技术较为熟练的驾驶员在着陆时遇到纵向来流时也会采取同样的操纵, 这种振荡可以被认为是操纵补偿的一种响应。因此用 "PIO 趋势" 能够更准确地表述 PIO, 趋势增强意味着飞机振荡增强, 有可能发展为发散、大幅值的振荡; 趋势减弱则相反, 飞机有可能仅发生轻微振荡, 驾驶员减少操纵增益便可改出。

PIO 的实质是人机闭环系统稳定性问题 [9], 是一种飞机动力学特性与驾驶员动力学特性之间不良的耦合, 因此又可以称为人机耦合 [10] (Aircraft-Pilot Coupling, APC) 振荡, APC 可以分为 PIO 和非发散的 APC 现象。PIO 是一种恶性的人机耦合振荡, 飞机表现为不可控的发散振荡。非发散的 APC 现象是一种良性的人机耦合振荡, 如上文提到的着陆 "拉飘" 现象就是一种非发散的 APC 现象, 可以通过提高驾驶员的操纵技术来避免发生严重的事故。PIO 的特点是驾驶员松杆或者稳住驾驶杆不操纵时, 飞机的振荡会逐渐消失; 驾驶员试图通过操纵来消除振荡时反而会使飞机振荡加剧。轻微的 PIO 平时虽不易被觉察, 但在空战时会使得不易瞄准, 编队飞行时难以保持队形。严重情形下会使驾驶员从座椅上弹跳起来, 影响飞机正常操纵, 着陆时会使飞机姿态难以控制而出现险情。

飞机在正常的飞行期间遭遇 PIO 事件的概率很小, 但这并不意味着 PIO 是随机事件, 只有满足一些条件时才会使非发散的 APC 现象转化为 PIO 事件。发生严重 PIO 时需要同时满足 3 个条件。

(1) 有效飞行动力学特性缺陷 [1]。

由于飞控系统在设计过程中需要考虑各种模态下飞行状态及协调各方面要求, 所以大部分飞机的飞行品质无法满足 MIL-STD-1797A 中的一级品质要求, 有效飞行动力学特性存在缺陷, 即人机闭环系统稳定裕度下降。电传操纵系统中存在的各种非线性因素和时间延迟导致闭环系统在高频处相位斜率变化, 出现高频相位跌落, 使得人机开环系统相位差接近或达到 $-180°$, 这是导致 PIO 最关键的条件。

(2) 触发因素 [1]。

触发因素是导致 PIO 发生的一个重要机制, 触发因素的突发性和紧迫性, 迫使驾驶员进行较大的操纵输入或紧急改变操纵方式, 使得飞机飞行状态急剧变化, 如果人机闭环系统稳定裕度较低则极易发生 PIO 事件。常见的触发因素包括环境因素、飞机因素、驾驶员因素。环境因素包括着陆时的突风、起飞时的前机尾流、空中加油时的大气紊流等 [11,12]。飞机因素包括机体结构破坏、关键系统故障、飞控系统模态降级、舵面卡阻等。驾驶员因素主要是突然遇到紧急时刻时无法兼顾所有参数, 导致某些参数超限。

(3) 闭环操纵[1]。

PIO 的实质是人机闭环系统失稳，因此一般出现在需要精确操纵的任务阶段，如空中加油、起飞着陆、编队飞行、精确瞄准等[13]。

这 3 个条件相互耦合的基本结构如图 1.1 所示，该图反映了驾驶员、飞控系统、飞机本体和外部影响之间的闭环关系[14]。

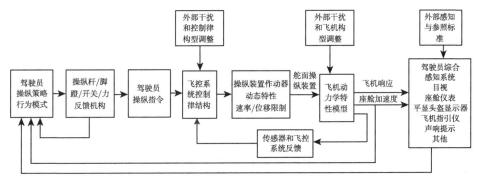

图 1.1 诱发因素相互耦合关系

根据驾驶员–飞机系统特性，可以将 PIO 分为 3 类[1]。

(1) I 型 PIO：是一种线性的人机系统失稳[1]。产生此类 PIO 的主要原因是操纵系统中存在较大的时间延迟或驾驶员与飞机特性不匹配，当操纵指令在系统中传递时，如果系统设计不当使得飞机响应变慢，则驾驶员会增大操纵增益，在一些需要精确控制姿态且不需要过大操纵指令的任务时容易诱发 I 型 PIO。

(2) II 型 PIO：是一种拟线性的人机系统失稳[1]，发生此类 PIO 的系统中存在线性与非线性环节，非线性环节一般存在于控制各舵面偏转的舵机处。主要原因是舵机具有速率和位移限制，当控制系统传递给舵机的指令超出最大速率和位移时，一方面使舵面偏转达到饱和状态，舵面输出响应相对于输入信号突然出现相位滞后，造成飞机品质的急剧恶化；另一方面舵机速率限制会使得舵面输出响应幅值低于输入信号，误导驾驶员进而继续增大操纵输入，容易诱发 PIO。

(3) III 型 PIO：是一种非线性人机系统失稳[1]。人机系统中存在许多非线性因素，当飞机有效飞行动力学特性转换[15]不协调时容易诱发此类 PIO。III 型 PIO 比前两种 PIO 更为复杂，出现的次数较少，目前对此类 PIO 研究还较少。

在这 3 类 PIO 中以 II 型 PIO 对飞行安全影响最大，在飞机起降阶段遭遇 II 型 PIO 事件时极易导致飞机失控坠毁，JAS-39 和 YF-22 飞机发生的事故中均出现了由舵偏速率限制导致的 II 型 PIO。

1.2 国内外研究现状分析

1.2.1 PIO 机理的国内外研究现状

国外研究人员对 PIO 的研究开始时间较早,目前在 PIO 机理分析、预测准则及工程抑制方法上取得了较多的研究成果。

驾驶员的操纵是诱发 PIO 事件的必要条件,但 PIO 的本质是飞行品质问题,因此驾驶员模型是研究 PIO 问题的基础 [16−18]。McRuer 和 Krendel 等通过研究大量单自由度补偿任务,提出可以用传递函数表示驾驶员模型,建立了交叉模型 [19,20](Crossover Model,CM)。Kleinman 等依据随机最优控制理论提出了驾驶员最优控制模型 [21−24](Optimal Control Model,OCM)。Klyde 等在利用描述函数法研究 II 型 PIO 时建议使用单增益同步驾驶员模型,该模型形式简单,便于确定参数 [25]。Neal-Smith 模型利用参数描述驾驶员控制行为特性,被视为最能精确描述驾驶员行为模式的模型,已被列入 MIL-STD-1797A 中。

使用电传操纵系统的飞机的数学模型阶次较高,许多附加模态难以与飞机的长短周期模态相区分,无法直接评定其飞行品质,因此在军用规范 MIL-F-8785C 和 MIL-HDBK-1797 中采用了等效系统 [26] 的方法,并给出了相应的规定。

国外基于变稳机 PIO 试飞数据建立了多个数据库 [27],主要包括 Neal-Smith、HAVE PIO、HAVE CONTROL、LAHOS、TIFS 等,其中 TIFS 数据库体现的是运输机的特性,并在此基础上开发了多种针对 I 型和 II 型 PIO 的预测准则,同时给出相关准则的边界条件,为飞控系统设计预防 PIO 提供了重要的理论依据 [17]。典型的 I 型 PIO 预测准则主要有:带宽准则、Neal-Smith 准则 [28]、Smith-Geddes 准则 [29]、Gibson 相位速率准则 [30]、增益/相位模板准则、Gibson 时域准则、增益/相位裕度准则 [31] 等。典型的 II 型 PIO 预测方法和准则主要有:描述函数法 [32]、OLOP 准则 [33]、鲁棒稳定性分析方法 [34]、同一理论方法 [35]、时域 Neal-Smith 准则 [36]、Gap 准则 [37] 等。

历史上发生过多起由遭遇 PIO 导致的飞行事故征候甚至飞行事故,国外研究人员针对 I 型和 II 型 PIO 的抑制工作进行了较多的研究,部分研究成果已经应用于工程中。针对 I 型 PIO,主要是通过控制律的设计改善飞行品质,包括选择合适的前向通路增益和反馈回路增益,降低高阶相位滞后,确保控制系统模态转换时平稳进行等。近年来发生的几起由 PIO 导致的飞机坠毁事故中,均出现了速率限制被激活的情形 [38],因此针对 II 型 PIO 的抑制主要包含两方面工作:一是考虑增大舵机尺寸和位移速率,由于受到体积和重量的限制,其不可能做到很大,所以产生的作用有限;二是运用相位补偿技术 [39],减小驾驶杆输入增益或反馈回路增益,但会导致飞行品质的下降。在舵偏速率达到饱和时对系统进行相位补偿被证明可行性较高，目前已经研发了 DASA(Dead Area Stability Augmentation)、FWB(Feedback with Bypass)、DS(Derivative Switching)、RLF(Rate-Limited Feedback) 抑制器。针对"企业号"航天飞机着陆时出现的纵向 PIO，美国国家航空航天局 (NASA) 研制了一种滤波器有效解决了该问题 [40]。萨博 (SAAB) 公司针对 JAS-39 飞机试飞过程出现的两起由 PIO 导致的飞机失事，研制了一种带反馈回路和旁支回路的低通滤波器，克服了该缺陷 [41]。

北京航空航天大学谭文倩团队利用人工神经网络理论研究驾驶员非线性控制特性，建立了智能驾驶员控制模型 [13,42,43]，并提出了纵向俯仰控制的飞行品质评级准则，针对时变人机系统特性，提出了基于小波时域分析的飞行品质评价准则 [44]。王立新教授团队研究了多种控制律构型下的民机短周期品质评定方法 [45,46]，基于民机操纵品质等级评定方法 (HQRM) 并充分考虑军用运输机与民机性能指标差异，对 HQRM 中的评价标准进行修改，使之适用于军用运输机 [47,48]。

空军工程大学徐浩军教授团队利用多种驾驶员模型对 II 型 PIO 预测进行仿真对比研究，结果表明，不同驾驶员模型对预测结果影响较大。孟捷研究了多种非线性因素对 PIO 的影响 [49]，重点分析了速率限制的影响，利用阶跃、离散和正弦跟踪任务分析了多种抑制器 [50] 对 II 型 PIO 的抑制效果，仿真结果表明，DASA 抑制器效果最佳。曹启蒙利用绝对稳定性理论研究了作动器速率限制下人机闭环系统保持绝对稳定的条件 [51]，该方法可以有效判断人机闭环系统的稳定性，同时提出了人机闭环系统稳定域概念 [52]，能够直观表示系统的稳定性。

中国飞行试验研究院的刘瑜研究了 R^* 准则在电传飞机横向 II 型 PIO 评估中的应用，利用试飞数据验证了该准则的有效性 [53]。杨挺健通过设计合适的高增益试飞任务，由驾驶员在变稳机上进行试飞并给出 PIOR 评分，研究了针对 PIO 的驾驶员培训方法 [14]。

西北工业大学的高正红教授团队利用模糊逻辑方法 [54] 对四个 PIO 事件的特征参数进行辨识，从而判别是否发生 PIO，并采用球壳型模糊聚类算法修正隶属函数 [55]，结果表明，此方法可以应用于 PIO 飞行试验时的探测。

国内重点进行了 II 型 PIO 的预测与抑制研究，并开展了相关电传飞机的飞行试验等 [56]。对 II 型 PIO 抑制研究较多的是采用相位补偿技术 [57]。目前国内对于 PIO 问题依旧停留在利用现有的准则进行预测并提出一些抑制方法层面，且大部分均是针对战斗机等小型飞机，对运输机的 PIO 问题研究较少，提出的一些预测、抑制的方法对运输机适用性不强。

1.2.2 PIO 飞行试验国内外发展现状

飞行模拟试验是研究飞行品质的重要手段 [58]，飞行模拟试验 [59] 包括地面飞行模拟和空中飞行模拟。地面飞行模拟主要利用地面飞行模拟器 [60]，包括活动基座和固定基座模拟器，当前国外对地面模拟器开发研究较为深入，世界主要航空制造商针对当前运营的主力机型均研制了与之配套的地面模拟器，用于驾驶员的训练和相关飞行品质的研究。

相较于地面虚拟试飞和仿真模拟，空中飞行模拟获得的数据最能接近于真实情形下遭遇 PIO 时的飞行状态 [61,62]。空中飞行模拟主要利用变稳机进行试验，变稳机是指能在较大范围内改变控制系统参数，模拟特定飞机稳定性和操纵性的飞机，通常是由已经定型且性能较为稳定的飞机改装而来，如图 1.2 所示为某型变稳机内外部结构。

图 1.2   某型变稳机内外部结构

美国最早利用变稳机对 PIO 问题进行试飞研究，第二次世界大战后开始对飞行品质规范进行了系统的研究，特别是利用地面模拟器和变稳机进行研究。1949年，美国研制出第一代变稳机 F4U-5、NACA F6F-3，用于飞行品质的研究，之后相继研制 C-45、F-94、B-26、NT-33、X-22、TIFS、Learjet、VISTA NF-16，并利用 NT-33、TIFS、Learjet、VISTA NF-16 进行了一系列 PIO 方面的研究，其中基于 TIFS 飞机开展了 NFQRP 项目，该项目研究成果后来作为 MIL-STD-8785 和 MIL-STD-1797 的数据来源。针对 PIO 趋势试飞评定，国外建立了完整的 PIO 飞行试验动作库，试飞员 George E. Cooper 和 Robert P. Harper Jr. 建立的 Cooper- Harper 评定标准 [63] 成为世界范围内通用的飞行品质主观评定标准。

20 世纪 60 年代，Calspan 开始利用变稳机开展研究工作 [64,65]，如图 1.3 所示，主要是利用 3 种变稳飞机，包括 NT-33 变稳机、Learjet 变稳机、VISTA NF-16 变稳机；研究工作中涉及控制律的开发，组织飞行试验，利用试飞员的评述意见完成准则的制定；基于试飞数据建立了多个试飞数据库，包括 Neal-Smith、HAVE PIO、HAVE CONTROL、LAHOS、TIFS 等，开发了 17 种 PIO 评价准则，包括在飞机控制律设计工作中最广泛使用的 5 种准则：带宽准则、Neal-Smith 准则、Smith-Geddes 准则、Gibson 姿态回落准则、Gibson 相位速率准则。同时，Calspan 利用 Learjet 变稳机将上述研究工作商业化[66]，面向全世界提供高级飞行训练服务[67-69]，包括试飞员和工程师培训、危险姿态预防与改出培训 (UPRT)、PIO 培训。

图 1.3　几种典型变稳机

波音公司从 1995 年开始对其所有机型进行专门的飞行试验，以评估其 PIO 的趋势。从 B777-200 开始采用一种通用的测试流程来评估每种机型的 PIO 趋势，目前已经对六种不同尺寸、飞行特性和控制系统的飞机模型进行了具体的评估，结果表明，没有一种单一的试验策略能够有效地鉴别 PIO 趋势，最谨慎的预防策略是在飞控系统设计过程中循环试验[27]尽可能减小控制系统非线性因素的影响。空客公司 A320 和 A380 等机型在飞控系统研制工程中也都使用变稳机进行飞行试验[70]，以提前发现可能存在的 PIO 发生趋势。

国内对于 PIO 飞行试验研究主要是依托中国飞行试验研究院 (CFTE) 进行的，研究人员先后成功研制 SB-6、SB-100、SB-300、FS-1、FX-1 等 10 余台地面飞行模拟器[71]，解决了一大批飞机设计过程中的飞行品质问题。从 1970 年开始研制变稳机并基于歼教 6 成功研制第一代变稳机 BW-1，在飞行品质、飞控系统、试飞员培训方面发挥着重要作用。1998 年以 K8 为原型机研制成功了第二代变稳机 IFSTA，利用该机进行了大量的空中模拟飞行任务[72]，包括新机飞行品质、飞行控制律验证，PIO 准则研究，PIO 易感性参数研究等，随着国产大型客机 C919 试飞工作的展开，与 PIO 相关的飞行试验也将陆续进行。

1.2.3　飞行风险评估国内外研究现状

试飞是一项风险度极高且极其复杂的工程，PIO 科目的试飞是对飞机性能品质、操稳特性的全面检验，其风险度较高，难度系数大，因此在试飞前必须对试飞科目进行科学的风险评估，为制定相关安全保障措施提供理论依据。

目前国外在飞机设计、试飞、使用过程中已经形成较为完善的安全管理流程和规范，包括 SAE ARP 4761、SAE ARP 4754A、MIL-HDBK-516B、MIL-STD-882E 等。在理论分析方面提出了墨菲定律、事故树理论、贝叶斯推理等。在工程应用方面，20 世纪 80 年代，NASA 开始在飞机设计过程中使用概率风险评估方法，针对飞机从起飞到降落过程的风险进行分析，从而帮助设计人员降低此类风险。后来对该方法进行改进推出了持续风险管理方法、概率风险评估理论等 [73]。在民用运输机领域，国际民用航空组织 (ICAO) 建议使用风险矩阵法进行风险评估，如表 1.1 所示，使风险保持在可控范围内 [74]。2007 年，美国联邦航空管理局 (FAA) 推出飞行风险评估工具 (Flight Risk Assessment Tool，FRAT)。美国国家航空运输协会 (NATA) 先后推出风险评估软件 IC Ckeck 和 RA Check。文献 [75] 中介绍了一种 FAA 开发的运输机风险分析 (TARA) 软件，该软件利用流程图和事故链方法，可以用来计算某架飞机出现影响飞行安全的故障时，整个机群飞机出现同类故障的风险及乘客处于危险状态的风险。

表 1.1　安全风险评估矩阵

风险概率		风险严重程度				
		灾难性的 (A)	有危险的 (B)	重大 (C)	较小 (D)	可忽略不计 (E)
频繁	5	5A	5B	5C	5D	5E
偶发	4	4A	4B	4C	4D	4E
少有	3	3A	3B	3C	3D	3E
不可能	2	2A	2B	2C	2D	2E
极不可能	1	1A	1B	1C	1D	1E

但目前我国还没有类似的飞行前风险评估软件，对上述飞行风险评估软件介绍的文献较少，即便是引进国外相关软件，也仍需要对相关风险评估方法、模型和数据库进行研究，并结合我国航班运营数据进行优化。

研究人员根据试验结果建立了多个数据库 [76]。NASA 建立的综合性飞行试飞安全数据库 [77](Flight Test Safety Data Base) 涵盖了几乎所有民机试飞项目，其内容包括可能发生的风险、风险等级、发生后的后果、发生的原因、降低措施以及涉及的适航条款等。根据飞行品质试验数据建立了 Neal-Smith、HAVE PIO、HAVE CONTROL、LAHOS、TIFS 等数据库。

当前学术界对飞行风险评估的研究以定性分析为主，定量评估多是基于系统可靠性或事故分析得到的静态安全性指标，不适用于飞行试验前的风险评估。随着计算机和视景技术的发展，基于地面模拟器的虚拟试飞越来越能够接近于真实飞行试验，因此可以在设计阶段进行虚拟试飞从而发现潜在风险。Burdun 和 Mavris 等在 20 世纪 90 年代末提出了数字虚拟飞行的思想 [78]，在设计阶段对飞机飞行动力学和驾驶员操纵进行数学建模的基础上，利用计算机对特定的飞行任务进行人机闭环仿真计算，依据所得结果评估飞行和运营的风险。Scharl 等科学家联合研发的基于虚拟试飞的飞机安全性评估软件 "VATES" 已经成功应用于多型飞机研发过程，该软件可以在飞机设计阶段进行系统仿真及风险评估 [79]。国外航空制造商如波音公司、空客公司非常重视在飞机设计阶段利用仿真建模指导设计方向 [70]，在 B-787、A-380 设计过程中利用大型工作站建立虚拟样机，并对关键系统进行功能危险分析 [80]。

国内研究人员也展开了一系列的研究，中国航空工业集团有限公司顾诵芬院士 [77] 主持出版了《民用飞机飞行试验风险评估指南》，该书结合 NASA 试飞安全数据库与我国大飞机试飞过程，详细给出了 CCAR25 部和 CCAR23 部中的试飞项目对应的试飞资料，可以为民用飞机进行试飞科目的风险评估提供参考。刘东亮基于事故链建立装备故障导致的飞行风险评估模型，利用小概率事件评估对提取的安全关键参数的极值进行分析，从而得到相应的风险 [81]。刘瑛利用贝叶斯推理和模糊层次分析法建立机动动作风险定量评估模型，基于不同关键点及对应的权重得到该机动动作的风险值 [82]。薛源通过蒙特卡罗仿真 [83] 得到飞机结冰后的安全关键参数极值，利用极值理论与 Copula 模型结合得到结冰条件下的飞行风险概率。郑无计在研究结冰条件下飞行风险时引入安全系数概念，利用相对于动力学边界的距离量化飞行风险从而进行安全预警，结果表明，该预警方法可以提前发现潜在风险 [84]。王妍俨基于风险指数模型，利用航班运行产生的 QAR 数据对航班运行风险进行评估 [85]。

1.3 运输机的 PIO 适航审定发展现状

适航 (Airworthiness)，即适航性的简称，指航空器 (包括其部件和子系统) 的整体性能和操作特性在预期运行环境和使用限制下的安全性和物理完整性的一种固有品质，这种品质要求航空器始终符合其型号设计并处于安全可用的状态。适航是构成国家航空安全的重要组成部分，是民机进入市场的通行证。适航的目的是保证飞行安全、维护公众利益、促进行业发展。一旦飞机按照适航标准取得了型号合格证，并处在持续适航状态，就按照适航规章的标准和程序维护、运营，在飞机设计的使用飞行包线之内，发生机毁人亡事故的概率会降低到一个极低的标准，有力保障飞行安全。2018 年印度尼西亚狮航和 2019 年埃塞俄比亚航空公司两起空难事故暴露出 B-737MAX 飞机在设计中的巨大缺陷，也直接导致波音公司在民机市场的声誉一落千丈。造成这种结果最重要的原因就是飞机没有经过严格的适航验证便仓促推向市场，其安全性没有得到完全保证。

随着事故经验的不断积累以及行业发展的需要，欧美等民航发达国家一直在不断更新适航规章要求和发展适航工程能力。他们不断更新适航技术要求并通过修订规章来完善和补充适航条款，例如，FAA 颁发的运输机适航规章，最新的已经是 146 号修正案，而我国最新的 CCAR-25 部仅更新到 124 号修正案。

国内自 2008 年起，大运型号研制之初开始引入适航理念，积极研究民航、国外军机适航管理经验做法和体制特点，在技术上充分借鉴，在管理上科学创新，从零起步，强势推进。经过十多年的探索与实践，逐步形成规范、系统的军机适航工作模式，有力地提升了大运飞机的质量和安全水平，军机适航工作初见成效。目前，大运、四代机和某型预警机已经通过了作为定型的前提条件的军方适航最终审查；某型无人飞机、某型预警机、某型无人作战飞机、某型远程轰炸机等型号适航工作仍在稳步推进中。

运输机在起降阶段发动机推力小、机动性差、舵面效率较低，为了提高起降性能，只能增大操纵面增益，而过高的增益极易诱发 PIO。着陆时发生横向 PIO 容易擦伤机翼，且来不及改出振荡状态，发生飞行事故，因此，运输机 (包括军用运输机和民用客机) 适航审定的一项重要内容就是审查飞机在各种复杂状态下是否存在发生 PIO 的趋势，AC25-7C[6] (运输机合格审定飞行试验指南) 中明确规定，运输机在适航取证时必须进行 PIO 相关科目试飞，以确定飞机在各种状态下发生 PIO 的可能性为最小。

FAA 进行了一系列运输机 PIO 问题的研究，并在 FAR-25 中对民机 PIO 适航验证要求进行了规定，对民用运输机 PIO 适航审查提出了更加严格的要求。FAR-25 中规定，由于当前对 PIO 敏感性试飞的评价都是基于试飞员的主观定性，因此需要通过高增益闭环任务且至少 3 名试飞员参与试飞，根据航空器质量保障规程 (Headquarters Airworthiness Requirements, HQAR) 评分准则给出品质等级，以确保飞机在各种状态下遇到 PIO 的可能性最小。2014 年，中国飞行试验研究院按照 CCAR-25 中的相关规定对 ARJ21-700 飞机进行 PIO 适航验证，结果表明飞机在各个状态点均能满足要求，这是国内首次对大型民机进行 PIO 适航验证工作。随后，中国飞行试验研究院在 2014 年又完成了 MA600 飞机[86]的 PIO 适航验证，结果表明，MA600 飞机没有 PIO 趋势，满足适航要求。

当前我国在运输机飞行品质设计及 PIO 适航条款方面缺乏定性要求，只能借鉴军用飞机飞行品质规范，现有的适航规章已经无法满足运输机的设计要求，亟须进一步地发展与完善。

第 2 章　运输机动力学与飞行控制

运输机动力学特性的改变是诱发 PIO 的重要因素，因此建立运输机动力学模型是进行 PIO 研究的基石。运输机动力学特性主要由两部分决定，即飞机本体和飞行控制系统，因此本章将分别建立飞机本体的数学模型和飞行控制系统模型，从而构建一个完整的运输机动力学模型。

2.1　刚性飞行器动力学模型

刚性飞行器运动数学模型是对飞机运动规律的原始描述，是研究人机系统的基础。刚性飞行器运动数学模型是一组复杂的高阶非线性耦合微分方程，通过求解该方程组，可得到飞行器运动的动力学特性。虽然对于高阶非线性方程组能利用计算机进行数值求解，但如果依据实际问题对方程进行合理简化，使其能够解析求解而又保证必要的工程精度，是极其有价值的，因为通过解析解能够直接分析飞机的动态特性。在分析飞机稳定性时，通常引入小扰动假设使方程线性化。

2.1.1　参考坐标轴系

在建立飞行器运动方程时，为了确定相对位置、速度、加速度和外力矢量的分量，必须引入多种坐标系，常用坐标系均采用右手直角坐标系 [8]。

(1) 地面坐标系 $O_g x_g y_g z_g$。

地面坐标系是固定在地球表面的一种坐标系。原点 O_g 位于地面任意选定的某固定点；$O_g x_g$ 轴指向地平面某任意选定方向；$O_g z_g$ 轴铅垂向下；$O_g y_g$ 轴垂直于 $O_g x_g z_g$ 平面，按右手定则确定。飞行器的位置和姿态，以及速度、加速度等都是相对于此坐标系来衡量的。

(2) 机体坐标系 $O x_b y_b z_b$。

机体坐标系是固联于飞行器并随飞行器运动的一种动坐标系。它的原点位于飞行器的质心。$O x_b$ 轴在飞行器对称平面内，平行于机身轴线或机翼的平均气动弦线，指向前；$O z_b$ 轴亦在对称平面内，垂直于 $O x_b$ 轴，指向下；$O y_b$ 轴垂直于对称平面，指向右。气动力矩的三个分量 (即滚转力矩 L、偏航力矩 N 和俯仰力矩 M) 是对机体坐标系的三根轴定义的。

如果 $O x_b$ 轴取沿基准运动 (未扰动运动) 飞行速度 V_* 在对称平面的投影方向；$O z_b$ 轴仍在对称平面内，垂直于 $O x_b$，指向下；$O y_b$ 轴垂直于对称平面，指向右, 则这种在扰动运动中固联于飞行器的坐标系又称为稳定坐标系, 可用 $Ox_sy_sz_s$ 表示。

(3) 气流坐标系 $Ox_ay_az_a$。

气流坐标系又称速度坐标系或风轴系。它的原点 O 位于飞行器质心, Ox_a 轴始终指向飞行器的空速方向; Oz_a 轴位于对称平面内, 垂直于 Ox_a 轴, 指向下; Oy_a 轴垂直于 Ox_az_a 平面, 指向右。

气流坐标系与机体坐标系间的相互关系如图 2.1 所示。

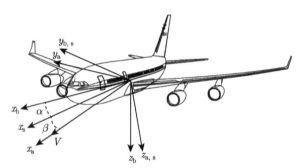

图 2.1　气流坐标系与机体坐标系间的相互关系

机体坐标系与气流坐标系间的转换矩阵 $\boldsymbol{L}_{ab}$ 为

$$\boldsymbol{L}_{ab} = \begin{bmatrix} \cos\alpha\,\cos\beta & \sin\beta & \sin\alpha\,\cos\beta \\ -\cos\alpha\,\sin\beta & \cos\beta & -\sin\alpha\,\sin\beta \\ -\sin\alpha & 0 & \cos\alpha \end{bmatrix} \tag{2-1}$$

地面坐标系与机体坐标系的转换矩阵 $\boldsymbol{L}_{bg}$ 为

$$\boldsymbol{L}_{bg} = \begin{bmatrix} \cos\theta\,\cos\psi & \cos\theta\,\sin\psi \\ \sin\theta\,\sin\phi\,\cos\psi - \cos\phi\,\sin\psi & \sin\theta\,\sin\phi\,\sin\psi + \cos\phi\,\cos\psi \\ \sin\theta\,\cos\phi\,\cos\psi + \sin\phi\,\sin\psi - \sin\phi\,\cos\psi & \sin\theta\,\cos\psi\,\sin\psi \end{bmatrix}$$

$$\begin{matrix} -\sin\theta \\ \sin\phi\,\cos\theta \\ \cos\phi\,\cos\theta \end{matrix} \tag{2-2}$$

2.1.2　飞行器质心移动的动力学方程

由理论力学可知, 飞行器质心运动的描述, 可用动量定理来表示

$$m\frac{\mathrm{d}\boldsymbol{V}}{\mathrm{d}t} = \boldsymbol{F} \tag{2-3}$$

式中，m 为飞行器质量；V 为飞行器飞行速度矢量；F 为作用于质心处外力的合力矢量。上述运动规律只是相对惯性坐标系而言的。对于飞行器速度不快、飞行高度较低的情况，可以忽略地球曲率和自转带来的影响，平面地球坐标系可近似作为惯性坐标系。具体研究飞行器质心运动规律时，由于矢量形式的方程使用不太方便，故用在某坐标投影的标量形式来表示。工程习惯上，通常建立投影在一动坐标系的标量方程，并认为大气是静止的[87]。

取原点位于飞行器质心的一动坐标系 $Oxyz$，它相对于惯性坐标系 $O_\mathrm{g}x_\mathrm{g}y_\mathrm{g}z_\mathrm{g}$ 有一转动角速度 w。质心的绝对速度为 V，如图 2.2 所示。

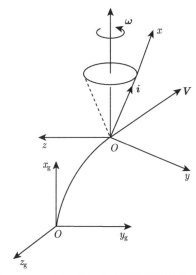

图 2.2　动坐标系相对于惯性坐标系的关系

将速度 V 和角速度 w 分别投影在惯性坐标系上，则有

$$V = V_x\boldsymbol{i} + V_y\boldsymbol{j} + V_z\boldsymbol{k} \tag{2-4}$$

$$w = \omega_x\boldsymbol{i} + \omega_y\boldsymbol{j} + \omega_z\boldsymbol{k} \tag{2-5}$$

式中，$\boldsymbol{i}, \boldsymbol{j}, \boldsymbol{k}$ 为动坐标系 $Oxyz$ 的单位矢量。由于 w 的存在，其方向将随时间变化。

在动坐标系中表示的质心动力学矢量形式为

$$m\left(\frac{\delta V}{\delta t} + w \times V\right) = F \tag{2-6}$$

在动坐标系 $Oxyz$ 上投影的质心动力学标量有如下形式：

$$m\left(\frac{\mathrm{d}V_x}{\mathrm{d}t} + V_z\omega_y - V_y\omega_z\right) = F_x$$

$$m\left(\frac{\mathrm{d}V_y}{\mathrm{d}t} + V_x\omega_z - V_z\omega_x\right) = F_y \tag{2-7}$$

$$m\left(\frac{\mathrm{d}V_z}{\mathrm{d}t} + V_y\omega_x - V_x\omega_y\right) = F_z$$

显然，上述方程组适用于任何动坐标系。

速度 V 在机体轴系中的投影可表示为

$$\begin{bmatrix} V_x \\ V_y \\ V_z \end{bmatrix}_{\mathrm{b}} = \begin{bmatrix} u \\ v \\ \omega \end{bmatrix} \tag{2-8}$$

角速度 w 的投影表示为

$$\begin{bmatrix} \omega_x \\ \omega_y \\ \omega_z \end{bmatrix}_{\mathrm{b}} = \begin{bmatrix} p \\ q \\ r \end{bmatrix} \tag{2-9}$$

发动机推力 T 位于飞行器对称平面内，与 Ox_{b} 轴构成安装角 φ，故

$$\begin{bmatrix} T_x \\ T_y \\ T_z \end{bmatrix}_{\mathrm{b}} = \begin{bmatrix} T\cos\varphi \\ 0 \\ -T\sin\varphi \end{bmatrix} \tag{2-10}$$

空气动力 A 在 $Ox_{\mathrm{b}}y_{\mathrm{b}}z_{\mathrm{b}}$ 的投影可通过转换矩阵 $L_{\mathrm{ba}} = L_{\mathrm{ab}}^{\mathrm{T}}$ 得出

$$\begin{bmatrix} A_x \\ A_y \\ A_z \end{bmatrix}_{\mathrm{b}} = L_{\mathrm{ba}}\begin{bmatrix} -D \\ C \\ -L \end{bmatrix} = \begin{bmatrix} -D\cos\alpha\cos\beta - C\cos\alpha\sin\beta + L\sin\alpha \\ -D\sin\beta + C\cos\beta \\ -D\sin\alpha\cos\beta - C\sin\alpha\sin\beta - L\cos\alpha \end{bmatrix} \tag{2-11}$$

重力 mg 在 $Ox_{\mathrm{b}}y_{\mathrm{b}}z_{\mathrm{b}}$ 的投影，可通过转换矩阵 L_{bg} 得出，即

$$m\begin{bmatrix} g_x \\ g_y \\ g_z \end{bmatrix}_{\mathrm{b}} = L_{\mathrm{bg}}\begin{bmatrix} 0 \\ 0 \\ g \end{bmatrix} = m\begin{bmatrix} -g\sin\theta \\ g\sin\phi\cos\theta \\ g\cos\phi\cos\theta \end{bmatrix} \tag{2-12}$$

将上述的投影表达式代入式 (2-7)，最终得出的机体轴系中质心动力学方程组

的标量形式为

$$m\left(\frac{\mathrm{d}u}{\mathrm{d}t} + qw - rv\right) = T\cos\varphi - D\cos\alpha\cos\beta + L\sin\alpha - mg\sin\theta$$

$$m\left(\frac{\mathrm{d}v}{\mathrm{d}t} + ru - pw\right) = -D\sin\beta + C\cos\beta + mg\sin\phi\cos\theta \tag{2-13}$$

$$m\left(\frac{\mathrm{d}w}{\mathrm{d}t} + pv - qu\right) = -T\sin\varphi - D\sin\alpha\cos\beta$$
$$-C\sin\alpha\sin\beta - L\cos\alpha + mg\cos\phi\cos\theta$$

2.1.3 飞行器绕质心转动的动力学方程

由理论力学知,可用动量矩定理来描述飞行器绕质心的转动运动,即

$$\frac{\mathrm{d}\boldsymbol{h}}{\mathrm{d}t} = \boldsymbol{M} \tag{2-14}$$

式中,$\boldsymbol{h}$ 为飞行器对坐标系原点的动量矩;$\boldsymbol{M}$ 为作用在飞行器上的外力对原点的合力矩。具体研究飞行器绕质心转动规律时,矢量形式方程式 (2-14) 使用不便,工程上将其投影在一动坐标系上,建立方程的标量形式。此时,由于动坐标系在空中以角速度 $\boldsymbol{w}$ 转动,则动量矩导数 $\mathrm{d}\boldsymbol{h}/\mathrm{d}t$ 可以表示为

$$\frac{\mathrm{d}\boldsymbol{h}}{\mathrm{d}t} = \frac{\delta\boldsymbol{h}}{\delta t} + \boldsymbol{w} \times \boldsymbol{h} \tag{2-15}$$

将式 (2-15) 代入式 (2-14),得到在动坐标系中表示的飞行器绕质心转动动力学方程

$$\frac{\delta\boldsymbol{h}}{\delta t} + \boldsymbol{w} \times \boldsymbol{h} = \boldsymbol{M} \tag{2-16}$$

其中,$\delta\boldsymbol{h}/\delta t$ 为动系角速度 $\boldsymbol{w} = 0$ 时的动量矩导数,用其投影表示为

$$\frac{\delta\boldsymbol{h}}{\delta t} = \frac{\mathrm{d}h_x}{\mathrm{d}t}\boldsymbol{i} + \frac{\mathrm{d}h_y}{\mathrm{d}t}\boldsymbol{j} + \frac{\mathrm{d}h_z}{\mathrm{d}t}\boldsymbol{k} \tag{2-17}$$

而 $\boldsymbol{w} \times \boldsymbol{h}$ 称为动量矩的转换导数,是由 $\boldsymbol{w}$ 存在动坐标系方向的改变所引起的动量矩变化,可以表示为

$$\boldsymbol{w} \times \boldsymbol{h} = \begin{vmatrix} \boldsymbol{i} & \boldsymbol{j} & \boldsymbol{k} \\ \omega_x & \omega_y & \omega_z \\ h_x & h_y & h_z \end{vmatrix} \tag{2-18}$$

合外力矩 $\boldsymbol{M}$ 在动坐标系中的投影表示式为

$$\boldsymbol{M} = M_x\boldsymbol{i} + M_y\boldsymbol{j} + M_z\boldsymbol{k} \tag{2-19}$$

将上述的投影表示式代入式 (2-16)，即得转动动力学方程的标量形式为

$$\frac{\mathrm{d}h_x}{\mathrm{d}t} + (h_z\omega_y - h_y\omega_z) = M_x$$

$$\frac{\mathrm{d}h_y}{\mathrm{d}t} + (h_x\omega_z - h_z\omega_x) = M_y \tag{2-20}$$

$$\frac{\mathrm{d}h_z}{\mathrm{d}t} + (h_y\omega_x - h_x\omega_y) = M_z$$

动量矩关系式为

$$h_x = \omega_x I_x - \omega_y I_{xy} - \omega_z I_{zx}$$

$$h_y = \omega_y I_y - \omega_x I_{xy} - \omega_z I_{yz} \tag{2-21}$$

$$h_z = \omega_z I_z - \omega_x I_{zx} - \omega_y I_{yz}$$

将式 (2-21) 代入式 (2-20)，得飞机绕质心转动的动力学方程

$$\begin{aligned}
M_x =& I_x\frac{\mathrm{d}\omega_x}{\mathrm{d}t} + (I_z - I_y)\,\omega_y\omega_z + I_{yz}\left(\omega_z^2 - \omega_y^2\right) \\
& + I_{xy}\left(\omega_x\omega_z - \frac{\mathrm{d}\omega_y}{\mathrm{d}t}\right) - I_{zx}\left(\omega_x\omega_y + \frac{\mathrm{d}\omega_z}{\mathrm{d}t}\right) \\
M_y =& I_y\frac{\mathrm{d}\omega_y}{\mathrm{d}t} + (I_x - I_z)\,\omega_x\omega_z + I_{zx}\left(\omega_x^2 - \omega_z^2\right) \\
& + I_{yz}\left(\omega_x\omega_y - \frac{\mathrm{d}\omega_z}{\mathrm{d}t}\right) - I_{xy}\left(\omega_y\omega_z + \frac{\mathrm{d}\omega_x}{\mathrm{d}t}\right) \\
M_z =& I_z\frac{\mathrm{d}\omega_z}{\mathrm{d}t} + (I_y - I_x)\,\omega_x\omega_y + I_{xy}\left(\omega_y^2 - \omega_x^2\right) \\
& + I_{zx}\left(\omega_y\omega_z - \frac{\mathrm{d}\omega_x}{\mathrm{d}t}\right) - I_{yz}\left(\omega_z\omega_x + \frac{\mathrm{d}\omega_y}{\mathrm{d}t}\right)
\end{aligned} \tag{2-22}$$

对于一般的飞行器在机体轴系中，$Ox_\mathrm{b}z_\mathrm{b}$ 平面常为对称面，此时 $I_{xz} = I_{yz} = 0$。角速度在机体轴系上的投影常表示为 $[\omega_x, \omega_y, \omega_z]_\mathrm{b}^\mathrm{T} = [p, q, r]^\mathrm{T}$。外力矩在机体轴系上的投影表示为 $[M_x, M_y, M_z]_\mathrm{b}^\mathrm{T} = [L, M, N]^\mathrm{T}$。于是式 (2-22) 可简化为

$$I_x\frac{\mathrm{d}p}{\mathrm{d}t} + (I_z - I_y)qr - I_{zx}\left(pq + \frac{\mathrm{d}r}{\mathrm{d}t}\right) = L$$

$$I_y \frac{\mathrm{d}q}{\mathrm{d}t} + (I_x - I_z)rp + I_{zx}(p^2 - r^2) = M \tag{2-23}$$

$$I_z \frac{\mathrm{d}r}{\mathrm{d}t} + (I_y - I_x)pq + I_{zx}\left(qr - \frac{\mathrm{d}p}{\mathrm{d}t}\right) = N$$

2.1.4 飞行器质心转动的动力学方程

若质心动力学方程是建立在机体轴系上的，则得出的质心速度变化表示为 $[u, v, w]^{\mathrm{T}}$，同样可通过转换矩阵 $\boldsymbol{L}_{\mathrm{gb}}$ 得到质心速度在地面轴系上的投影，即

$$\begin{bmatrix} V_x \\ V_y \\ V_z \end{bmatrix}_{\mathrm{g}} = \boldsymbol{L}_{\mathrm{gb}} \begin{bmatrix} u \\ v \\ w \end{bmatrix} = \boldsymbol{L}_{\mathrm{bg}}^{\mathrm{T}} \begin{bmatrix} u \\ v \\ w \end{bmatrix} \tag{2-24}$$

将转换矩阵式 (2-2) 代入式 (2-24)，展开后即得相应的质心运动学方程为

$$\begin{aligned}
\frac{\mathrm{d}x_{\mathrm{g}}}{\mathrm{d}t} =& u\cos\theta\cos\psi + v(\sin\theta\sin\phi\cos\psi - \cos\phi\sin\psi) \\
& + w(\sin\theta\cos\phi\cos\psi + \sin\phi\sin\psi) \\
\frac{\mathrm{d}y_{\mathrm{g}}}{\mathrm{d}t} =& u\cos\theta\sin\psi + v(\sin\theta\sin\phi\sin\psi + \cos\phi\cos\psi) \\
& + w(\sin\theta\cos\phi\sin\psi - \sin\phi\cos\psi) \\
\frac{\mathrm{d}z_{\mathrm{g}}}{\mathrm{d}t} =& - u\sin\theta + v\sin\phi\cos\theta + w\cos\phi\sin\theta
\end{aligned} \tag{2-25}$$

2.1.5 飞行器绕质心移动的运动学方程

飞行器在空间的姿态是通过机体轴系相对地面轴系的三个欧拉角 (ψ, θ, ϕ) 来表示的。飞行过程中欧拉姿态角将随时间变化。显然其变化规律与飞行器的旋转角速度 (p, q, r) 密切相关。旋转角速度在机体轴系上的投影为

$$\begin{bmatrix} p \\ q \\ r \end{bmatrix} = \begin{bmatrix} \phi \\ 0 \\ 0 \end{bmatrix} + \begin{bmatrix} 0 \\ \dot{\theta}\cos\phi \\ -\dot{\theta}\sin\phi \end{bmatrix} + L_{\mathrm{bg}} \begin{bmatrix} 0 \\ 0 \\ \dot{\psi} \end{bmatrix} \tag{2-26}$$

展开后得

$$\begin{aligned}
p &= \dot{\phi} - \dot{\psi}\sin\theta \\
q &= \dot{\theta}\cos\phi + \dot{\psi}\sin\phi\cos\theta \\
r &= -\dot{\theta}\sin\phi + \dot{\psi}\cos\phi\cos\theta
\end{aligned} \tag{2-27}$$

求解结果形成绕质心转动的运动学方程

$$\frac{\mathrm{d}\phi}{\mathrm{d}t} = p + \tan\theta(q\sin\phi + r\cos\phi)$$

$$\frac{\mathrm{d}\theta}{\mathrm{d}t} = q\cos\phi - r\sin\phi \qquad\qquad (2\text{-}28)$$

$$\frac{\mathrm{d}\psi}{\mathrm{d}t} = \frac{1}{\cos\theta}(q\sin\phi + r\cos\phi)$$

2.2　飞行器小扰动线性化模型

为便于研究飞行器的稳定性和操纵性, 最常用的方法是利用 "小扰动" 假设, 将微分方程线性化, 通称为 "小扰动法"。这样就可用解析法求解或进行解析研究, 并从中归纳出普遍规律, 确定飞行品质指标, 以作为飞行器设计的指南。这里通过引入基准运动和小扰动运动的概念, 可以将高阶非线性耦合飞行动力学微分方程组进行线性化和降阶处理。也就是说, 将飞机 6 自由度刚体运动分解为纵向和横航向进行近似的研究。飞机的纵向运动可以通过长周期 (表征轨迹变化) 和短周期 (表征角度变化) 两种模态进行分析。横航向运动则分解为滚转、螺旋以及荷兰滚三个模态进行分析 [88]。

"小扰动" 假设认为, 飞机受到外界扰动 (包括操纵面操纵) 后的飞机运动参数可以是由飞机未受扰动前的运动参数即基准运动参数再附加上一个微小扰动运动增量组成的。该基准运动是指在理想条件下, 飞机按照驾驶员的意愿, 不受外界干扰, 以一定规律进行的运动。小扰动方程的分离条件如下所述:

(1) 飞行器具有对称平面 (气动外形和质量分布均对称), 且略去机体内转动部件的陀螺力矩效应;

(2) 在基准运动中, 对称平面处于铅锤位置 (即 $\phi = 0$), 且运动所在平面与飞行器对称平面相重合 (即 $\beta = 0$)。

飞行器的任何一个运动方程可以表示成如下的一般形式:

$$f(x_1, x_2, x_3, \cdots, x_n) = 0 \qquad\qquad (2\text{-}29)$$

式中, 变量 $x_i(i = 1, 2, \cdots, n)$ 可以是运动参数或它们的导数。据前所述, 运动参数可以表示成基准运动参数 x_{i*} 和偏离量 Δx_i 之和:

$$x_i = x_{i*} + \Delta x_i \qquad\qquad (2\text{-}30)$$

于是式 (2-29) 可写成

$$f(x_{1*} + \Delta x_1, x_{2*} + \Delta x_2, x_{3*} + \Delta x_3, \cdots, x_{n*} + \Delta x_n) = 0 \qquad (2\text{-}31)$$

在基准点 $(x_{1*}, x_{2*}, x_{3*}, \cdots, x_{n*})$ 处展开成泰勒级数，并根据小扰动假设，略去二阶及以上各阶小量，得到

$$f(x_{1*}, x_{2*}, x_{3*}, \cdots, x_{n*}) + \left(\frac{\partial f}{\partial x_1}\right)_* \Delta x_1 + \left(\frac{\partial f}{\partial x_2}\right)_* \Delta x_2$$

$$+ \left(\frac{\partial f}{\partial x_3}\right)_* \Delta x_3 + \cdots + \left(\frac{\partial f}{\partial x_n}\right)_* \Delta x_n = 0 \qquad (2\text{-}32)$$

显然，基准运动也应满足运动方程式 (2-29)，即

$$f(x_{1*}, x_{2*}, x_{3*}, \ldots, x_{n*}) = 0 \qquad (2\text{-}33)$$

于是有

$$\left(\frac{\partial f}{\partial x_1}\right)_* \Delta x_1 + \left(\frac{\partial f}{\partial x_2}\right)_* \Delta x_2 + \left(\frac{\partial f}{\partial x_3}\right)_* \Delta x_3 + \cdots + \left(\frac{\partial f}{\partial x_n}\right)_* \Delta x_n = 0 \quad (2\text{-}34)$$

这是由非线性方程式 (2-29) 简化得到的一个线性化方程，或称线性化小扰动方程。方程中 $\Delta x_1, \Delta x_2, \Delta x_3, \cdots, \Delta x_n$ 为变量。$(\partial f/\partial x_i)_*$ $(i = 1, 2, \cdots, n)$ 为由基准运动状态确定的导数，一般是通过理论和实验的方法已经确定的物理量。若基准运动是定常运动，则上述线性化小扰动方程是常系数的；但如果基准运动是非定常运动，则上述方程就是变系数的。

2.2.1 纵向小扰动运动方程组

为便于分析应用，这里可对纵向方程组进行适当整理。将方程组分成两类：其中一类互相影响而必须联立求解，称为耦合方程；另一类可以在耦合方程解出以后单独求解，而不影响其他方程，称为非耦合方程。利用 $\Delta\gamma = \Delta\theta - \Delta\alpha$ 和 $\Delta q = \mathrm{d}\Delta\theta/\mathrm{d}t$ 的关系，在耦合方程中消去变量 $\Delta\gamma$ 和 Δq。在耦合方程中，按变量 $\Delta V, \Delta\alpha, \Delta\theta, \Delta H$ 的顺序排列，作为输出量放在等式左端；而把 $\Delta\delta_e$ 和 $\Delta\delta_p$ 作为输入量放在等式右端 [87]。整理后，飞行器纵向小扰动方程如下：

$$\left\{ m\frac{\mathrm{d}}{\mathrm{d}t} - [T_V \cos(\alpha_* + \varphi) - D_V] \right\} \Delta V + [T_* \sin(\alpha_* + \varphi) + D_\alpha - mg\cos\gamma_*] \Delta\alpha$$

$$+ mg\cos\Delta\gamma_* \Delta\theta - [T_H \cos(\alpha_* + \varphi) - D_H] \Delta H$$

$$= -D_{\delta_e}\Delta\delta_e + T_{\delta_p}\cos(\alpha_* + \varphi)\Delta\delta_p$$

$$- \left\{ (L_{\dot\alpha} + mV_*)\frac{\mathrm{d}}{\mathrm{d}t} + [L_\alpha + T_*\cos(\alpha_* + \varphi) + D_\alpha - mg\sin\gamma_*] \right\} \Delta\alpha$$

$$- [T_V \sin(\alpha_* + \varphi) - L_V] \Delta V - \left[(L_q - mV_*) \frac{\mathrm{d}}{\mathrm{d}t} + mg \sin \gamma_* \right] \Delta \theta$$

$$- [T_H \sin(\alpha_* + \varphi) + L_H] \Delta H$$

$$= - L_{\delta_e} \Delta \delta_e + T_{\delta_p} \sin(\alpha_* + \varphi) \Delta \delta_p$$

$$- M_V \Delta V - \left(M_{\dot\alpha} \frac{\mathrm{d}}{\mathrm{d}t} + M_\alpha \right) \Delta \alpha + \left(I_y \frac{\mathrm{d}^2}{\mathrm{d}t^2} - M_q \frac{\mathrm{d}}{\mathrm{d}t} \right) \Delta \theta - M_H \Delta H = M_{\delta_e} \Delta \delta_e$$

$$\sin \gamma_* \Delta V - V_* \cos \gamma_* \Delta \alpha + V_* \cos \gamma_* \Delta \theta + \frac{\mathrm{d} \Delta H}{\mathrm{d}t} = 0 \tag{2-35}$$

非耦合的方程组为

$$\Delta \gamma = \Delta \theta - \Delta \alpha$$

$$\Delta q = \frac{\mathrm{d} \Delta \theta}{\mathrm{d}t} \tag{2-36}$$

$$\frac{\mathrm{d} \Delta x_g}{\mathrm{d}t} = \cos \gamma_* \Delta V - V_* \sin \gamma_* \Delta \gamma$$

研究飞行器纵向稳定性和操纵性时，当给定 $\Delta \delta_e$ 和 $\Delta \delta_p$ 后，由方程式 (2-35) 可得到运动变量 $\Delta V, \Delta \alpha, \Delta \theta, \Delta H$ 的动态响应，以便研究飞行器的操纵性；若令 $\Delta \delta_e = 0, \Delta \delta_p = 0$，则由该方程可得飞行器的纵向自由扰动运动，以便研究飞行器的运动稳定性。

为将上述方程组写得简洁些，使用起来方便，下面引入纵向动力学导数，简称动力系数：

$$
\begin{aligned}
& X_V = [T_V \cos(\alpha_* + \varphi) - D_V]\,/m \\
& X_\alpha = [-T_* \sin(\alpha_* + \varphi) - D_\alpha]\,/m \\
& X_H = [T_H \cos(\alpha_* + \varphi) - D_H]\,/m \\
& X_{\delta_e} = -D_{\delta_e}/m \\
& X_{\delta_p} = T_{\delta_p} \cos(\alpha_* + \varphi)\,/m
\end{aligned}
\qquad
\begin{aligned}
& Z_V = [T_V \sin(\alpha_* + \varphi) + L_V]\,/mV_* \\
& Z_\alpha = [L_\alpha + T_* \cos(\alpha_* + \varphi)]\,/mV_* \\
& Z_{\dot\alpha} = L_{\dot\alpha}/mV_* \\
& Z_q = L_q/mV_* \\
& Z_H = [T_H \sin(\alpha_* + \varphi) + L_H]\,/mV_* \\
& Z_{\delta_e} = L_{\delta_e}/mV_* \\
& Z_{\delta_p} = T_{\delta_p} \sin(\alpha_* + \varphi)\,/mV_*
\end{aligned}
\qquad
\begin{aligned}
& \bar{M}_V = M_V/I_y \\
& \bar{M}_\alpha = M_\alpha/I_y \\
& \bar{M}_{\dot\alpha} = M_{\dot\alpha}/I_y \\
& \bar{M}_q = M_q/I_y \\
& \bar{M}_H = M_H/I_y \\
& \bar{M}_{\delta_e} = M_{\delta_e}/I_y
\end{aligned}
$$

$$\tag{2-37}$$

显然，这些系数均表示推力和气动力，或气动力矩对运动参数的导数。耦合的纵向小扰动方程式 (2-35) 可写为

$$\left(\frac{\mathrm{d}}{\mathrm{d}t} - X_V \right) \Delta V - (X_\alpha + g \cos \gamma_*) \Delta \alpha + g \cos \gamma_* \Delta \theta - X_H \Delta H$$

$$= X_{\delta_e}\Delta\delta_e + X_{\delta_e}\Delta\delta_p$$

$$- Z_V\Delta V - \left[(Z_{\dot\alpha}+1)\frac{\mathrm{d}}{\mathrm{d}t} + Z_\alpha - \frac{g}{V_*}\sin\gamma_*\right]\Delta\alpha$$

$$- \left[(Z_q-1)\frac{\mathrm{d}}{\mathrm{d}t} + \frac{g}{V_*}\sin\gamma_*\right]\Delta\theta - Z_H\Delta H$$

$$= Z_{\delta_e}\Delta\delta_e + Z_{\delta_p}\Delta\delta_p - \bar{M}_V\Delta V - \left(\bar{M}_{\dot\alpha}\frac{\mathrm{d}}{\mathrm{d}t} + \bar{M}_\alpha\right)\Delta\alpha$$

$$+ \left(\frac{\mathrm{d}^2}{\mathrm{d}t^2} - \bar{M}_q\frac{\mathrm{d}}{\mathrm{d}t}\right)\Delta\theta - \bar{M}_H\Delta H$$

$$= \bar{M}_{\delta_e}\Delta\delta_e\sin\gamma_*\Delta V - V_*\cos\gamma_*\Delta\alpha + V_*\cos\gamma_*\Delta\theta + \frac{\mathrm{d}}{\mathrm{d}t}\Delta H = 0 \qquad (2\text{-}38)$$

因为在计算机上一般都备有矩阵运算的标准程序，故将微分方程写成矩阵形式，不仅可使方程形式简洁清晰，而且便于用计算机求解。正因如此，飞行器小扰动运动方程的矩阵形式得到日益广泛的运用。为此先要将小扰动运动方程变换成如下的标准形式：

$$\frac{\mathrm{d}\boldsymbol{x}}{\mathrm{d}t} = \boldsymbol{A}\boldsymbol{x} + \boldsymbol{B}\boldsymbol{u} \qquad (2\text{-}39)$$

式中，$\boldsymbol{x}$ 是 n 维状态矢量；$\boldsymbol{A}$ 是 $n\times n$ 维系统矩阵；$\boldsymbol{B}$ 是 $n\times m$ 维控制矩阵；$\boldsymbol{u}$ 是 m 维控制矢量。

此时，$\boldsymbol{x} = [\Delta V, \Delta\alpha, \Delta q, \Delta\theta, \Delta H]^{\mathrm{T}}$ 作为状态变量，$\boldsymbol{u} = [\Delta\delta_e, \Delta\delta_p]^{\mathrm{T}}$ 作为控制变量。纵向小扰动运动方程的矩阵形式：

$$\frac{\mathrm{d}}{\mathrm{d}t}\begin{bmatrix}\Delta V\\ \Delta\alpha\\ \Delta q\\ \Delta\theta\\ \Delta H\end{bmatrix} = \begin{bmatrix} X_V & X_\alpha + g\cos\gamma_* & 0 \\ -\dfrac{Z_V}{1+Z_{\dot\alpha}} & -\dfrac{Z_\alpha - g\sin\gamma_*/V_*}{1+Z_{\dot\alpha}} & \dfrac{1-Z_q}{1+Z_{\dot\alpha}} \\ \bar{M}_V - \dfrac{\bar{M}_{\dot\alpha}Z_V}{1+Z_{\dot\alpha}} & \bar{M}_\alpha - \dfrac{\bar{M}_{\dot\alpha}(Z_\alpha - g\sin\gamma_*/V_*)}{1+Z_{\dot\alpha}} & \bar{M}_q - \dfrac{\bar{M}_{\dot\alpha}(1-Z_q)}{1+Z_{\dot\alpha}} \\ 0 & 0 & 1 \\ -\sin\gamma_* & V_*\cos\gamma_* & 0 \end{bmatrix}$$

$$\begin{bmatrix} -g\cos\gamma_* & X_H \\ \dfrac{-g\sin\gamma_*/V_*}{1+Z_{\dot\alpha}} & -\dfrac{Z_H}{1+Z_{\dot\alpha}} \\ \dfrac{-\bar{M}_{\dot\alpha}g\sin\gamma_*/V_*}{1+Z_{\dot\alpha}} & \bar{M}_H - \dfrac{\bar{M}_{\dot\alpha}Z_H}{1+Z_{\dot\alpha}} \\ 0 & 0 \\ -V_*\cos\gamma_* & 0 \end{bmatrix}$$

$$\begin{bmatrix} \Delta V \\ \Delta \alpha \\ \Delta q \\ \Delta \theta \\ \Delta H \end{bmatrix} + \begin{bmatrix} X_{\delta_{\mathrm{e}}} & X_{\delta_{\mathrm{p}}} \\ -\dfrac{Z_{\delta_{\mathrm{e}}}}{1+Z_{\dot{\alpha}}} & -\dfrac{Z_{\delta_{\mathrm{p}}}}{1+Z_{\dot{\alpha}}} \\ \bar{M}_{\delta_{\mathrm{e}}} - \dfrac{\bar{M}_{\dot{\alpha}} Z_{\delta_{\mathrm{e}}}}{1+Z_{\dot{\alpha}}} & \bar{M}_{\delta_{\mathrm{p}}} - \dfrac{\bar{M}_{\dot{\alpha}} Z_{\delta_{\mathrm{p}}}}{1+Z_{\dot{\alpha}}} \\ 0 & 0 \\ 0 & 0 \end{bmatrix} \begin{bmatrix} \Delta \delta_{\mathrm{e}} \\ \Delta \delta_{\mathrm{p}} \end{bmatrix} \tag{2-40}$$

非耦合方程则为

$$\Delta \gamma = \Delta \theta - \Delta \alpha$$
$$\frac{\mathrm{d}x_{\mathrm{g}}}{\mathrm{d}t} = \cos \gamma_* \Delta V - V_* \sin \gamma_* \Delta \gamma \tag{2-41}$$

2.2.2　横航向小扰动运动方程组

这里所考虑的基准运动是对称运动,其中所有横航向变量 $\beta_*, p_*, r_*, \phi_*, \psi_*, \chi_*,$ y_{g}, μ_* 都等于零,因此其横航向扰动偏量为

$$\Delta \beta = \beta - \beta_* = \beta, \quad \Delta p = p - p_* = p, \cdots$$

即扰动偏量就等于变量的全量, 故以后使用时不再加前置符号 Δ。

类似于纵向扰动方程组的处理方法, 先将方程划分为耦合和非耦合的两类; 在耦合方程组中, 按变量 $\beta, p, \gamma, \phi, \delta_a, \delta_r$ 的顺序排列, 并把输入量 δ_a, δ_r 放在等式右端, 前面四个输出量 β, p, γ, ϕ 放在等式左端。经过整理后的飞行器横航向小扰动方程如下所述。

耦合的方程组:

$$\left[mV_* \frac{\mathrm{d}}{\mathrm{d}t} - (C_\beta - D_*) \right] \beta$$

$$- (mV_* \alpha_* + C_p) p + (mV_* - C_r) r - mg \cos \theta_* \phi = C_{\delta_r} \delta_r$$

$$- L_\beta \beta + \left(I_x \frac{\mathrm{d}}{\mathrm{d}t} - L_p \right) p - \left(I_{zx} \frac{\mathrm{d}}{\mathrm{d}t} + L_r \right) r = L_{\delta_a} \delta_a + L_{\delta_r} \delta_r \tag{2-42}$$

$$- N_\beta \beta - \left(I_{zx} \frac{\mathrm{d}}{\mathrm{d}t} + N_p \right) p + \left(I_z \frac{\mathrm{d}}{\mathrm{d}t} - N_r \right) r = N_{\delta_a} \delta_a + N_{\delta_r} \delta_r$$

$$- p - \tan \theta_* r + \frac{\mathrm{d}\phi}{\mathrm{d}t} = 0$$

非耦合的方程:

$$\frac{\mathrm{d}\psi}{\mathrm{d}t} = \frac{1}{\cos\theta_*} r$$

$$\chi = \psi - \frac{\beta - \sin\alpha_* \phi}{\cos\gamma_*}$$

$$\frac{\mathrm{d}y_{\mathrm{g}}}{\mathrm{d}t} = V_* \cos\gamma_* \chi \qquad (2\text{-}43)$$

$$\mu = \tan\gamma_* \beta + \frac{\cos\theta_*}{\cos\gamma_*} \phi$$

采用 "修正导数法", 可得到横侧小扰动方程的矩阵形式。修正的横侧向动力学导数为

$$\bar{L}_i = \frac{L_i + (I_{zx}/I_z)\,N_i}{I_x - I_{zx}^2/I_z}$$

$$\bar{N}_i = \frac{N_i + (I_{zx}/I_x)\,L_i}{I_z - I_{zx}^2/I_x} \quad (i = \beta, p, r, \delta_a, \delta_r) \qquad (2\text{-}44)$$

同时还引入侧向力方程中的动力学导数:

$$\bar{Y}_\beta = (C_\beta - D_*)\,/mV_*$$

$$\bar{Y}_i = C_i/mV_* \quad (i = p, r, \delta_r) \qquad (2\text{-}45)$$

于是方程组式 (2-42) 可以表示成矩阵形式:

$$\frac{\mathrm{d}}{\mathrm{d}t} \begin{bmatrix} \beta \\ p \\ r \\ \phi \end{bmatrix} = \begin{bmatrix} \bar{Y}_\beta & \alpha_* + \bar{Y}_p & \bar{Y}_r - 1 & g\cos\theta_*/V_* \\ \bar{L}_\beta & \bar{L}_p & \bar{L}_r & 0 \\ \bar{N}_\beta & \bar{N}_p & \bar{N}_r & 0 \\ 0 & 1 & \tan\theta_* & 0 \end{bmatrix} \begin{bmatrix} \beta \\ p \\ r \\ \phi \end{bmatrix} + \begin{bmatrix} 0 & \bar{Y}_{\delta_r} \\ \bar{L}_{\delta_a} & \bar{L}_{\delta_r} \\ \bar{N}_{\delta_a} & \bar{N}_{\delta_r} \\ 0 & 0 \end{bmatrix} \begin{bmatrix} \delta_a \\ \delta_r \end{bmatrix}$$

$$(2\text{-}46)$$

2.3 飞机飞行控制系统模型

2.3.1 飞行控制系统的任务与功能

现代飞机的发展给飞行控制器的设计提出了更高的要求, 这些要求主要可分为如下三个方面。

(1) 改善飞行品质。

首先, 应改良那些使得驾驶员难以控制飞机的飞机固有特性, 即俯仰、滚转、偏航方向特征模态的频率特性和阻尼特性; 其次, 还应改良驾驶员对驾驶员输入

的响应特性，在操纵的稳定性和灵敏性之间进行恰当的平衡；此外，应保证飞机具有一定的抗扰动特性，即降低对阵风和大气紊流的敏感性。

(2) 辅助驾驶员进行飞行航迹控制。

赋予驾驶杆预制规定值的能力，即为驾驶员提供一个特定类型的控制输入响应，这方面的一个例子是纵向运动控制中对法向加速度的预制，驾驶员通过驾驶杆输入预制的法向加速度信号，从而将加速度信号作为了操纵量。

(3) 全自动化飞行控制。

不需要驾驶员参与的自动航迹或姿态控制系统，可承担部分阶段的飞行任务，并保证一定的飞行品质，自动化飞行控制减轻了驾驶员负担，使其可顾及飞行过程中的其他任务。

与此同时，从另一个角度来看，飞控系统按照功能模块分类可分为增稳系统、控制增稳系统 (控制预制系统)、自动驾驶仪，它们分别用来完成改善飞行品质、辅助驾驶员进行航迹控制，以及全自动化飞行控制的任务。

(1) 增稳系统。

增稳系统，是在上述机械操纵系统的基础上，应用反馈控制原理而设计的，旨在提高飞机动态稳定性的一种飞行控制系统。为飞机的纵向短周期运动提供符合要求的阻尼和自然频率的控制系统，是增稳系统最直观、最常见的例子。典型增稳系统的工作原理是：在保持原机械操纵系统控制飞机运动功能的同时，使用传感装置测量飞机绕其机体轴的角运动速率、飞机过载和迎角、侧滑角，并将这些物理量变换成电气信号，然后馈送至飞行控制计算机，根据预先设计的控制律解算出舵面运动的指令，将该指令传送给伺服作动装置 (执行机构)，驱动飞机气动控制面，并因此产生气动力矩，为飞机提供附加的运动阻尼和稳定性。常见的增稳系统，可以分为：俯仰增稳系统、横向增稳系统、航向增稳系统等。

对于绝大多数现代高性能军用和民用飞机而言，如果不采用增稳系统，则几乎无法在全飞行包络内满足飞行品质的各项要求。且不说有些飞机在飞行包络的某个区域稳定性明显不足，甚至是静不稳定的。在这些情况下，缺少增稳系统的飞机几乎无法保持正常的飞行。

(2) 控制增稳系统。

对于大多数老式飞机来说，在人工操纵情况下，增稳系统就足以达到飞行控制的目的和获得满意的飞行品质要求了。不过，对于高性能飞机而言，随着飞行包线的扩大，特别是要求其完成空中格斗、编队飞行、空中加油等作战使命的军用飞机，驾驶员应既能操纵飞机机动飞行至其性能极限，又要求其完成诸如精确跟踪目标等任务。

控制增稳系统所实现的控制响应，可以根据不同飞行阶段和驾驶员的要求来确定不同的控制变量或不同的变量组合，甚至可以在不同的飞行阶段进行变换。

例如, 对纵向控制增稳而言, 可以选择法向过载指令, 这一选择显然有利于飞机机动性的发挥。当对目标进行精确跟踪时, 则选择俯仰速率指令更适合于任务的完成。而且, 俯仰速率控制也是进场着陆时所希望的指令形式。当然, 如果匹配适当, 也可将控制指令设计为俯仰速率与法向过载相结合的混合形式。需特别指出的是: 增稳系统是解决从驾驶员的指令 (驾驶杆／盘位移、脚蹬位移) 至飞机气动控制面之间的操纵特性问题; 而增稳／控制增稳的闭环反馈系统, 则是解决驾驶员的指令同飞机运动参量 (单一参量或综合参量) 之间的飞行品质特性问题。

(3) 自动驾驶仪。

早期的自动驾驶仪是常值控制器, 即它们的任务是保持先前稳定的飞行状态 (飞行姿态、飞行速度), 或者保持直线飞行轨迹。这些功能只是间接代替驾驶员, 驾驶员必须自己完成飞机构型的每种改变, 任何航迹的变化都需要驾驶员的干预。为此, 在简单情况下, 驾驶员必须断开自动驾驶仪, 待达到一个新的平衡状态时, 再重新接通自动驾驶仪。

后来, 又逐步发展出了飞行阶段之间的曲线飞行、协调转弯、航迹跟踪、自动着陆等功能, 复杂的控制器能够设置新的规定值, 并自动地通过非线性控制律进行转换机动。

常见的增稳系统、控制增稳系统和自动驾驶仪包含的功能可以列于表 2.1。

表 2.1　飞控系统功能模块

增稳系统	控制增稳系统	自动驾驶仪
俯仰阻尼器	预制滚转角速率	俯仰–姿态保持
滚转阻尼器	预制俯仰角速率	高度保持
偏航阻尼器	预制偏航角速率	速度保持
	预制法向加速度	自动着陆
		滚转角保持
		协调转弯
		自动着陆

2.3.2　电传运输机的飞控系统结构

电传操纵技术 (Fly-by-Wire, 简称 FBW) 是指那种利用电气信号形式, 通过电线 (电缆) 传输信号控制液压或电气设备代替机械杆实现驾驶员对飞机运动进行操纵 (控制) 的飞行控制技术。当然, 为了实现自驾驶员到飞机气动舵面的操纵链, 必须首先将驾驶员的操纵量 (比如驾驶杆和脚蹬的位移或力) 变换为电气指令信号, 然后再在飞机气动面之前, 将该电气指令信号转换成操纵机构的机械位移, 从而达到操纵飞机舵面、控制飞机运动的目的。电传操纵系统与飞行控制系统协同工作, 按照俯仰、滚转和偏航三个通道实现对飞机的姿态控制。下面以空客 (Airbus) A320 为例, 概述现代民用运输机的飞行控制系统结构。

A320 飞机的控制系统为升降舵和副翼采用了纯电传主操纵，只有在供电完全中断的情况下，才会采用平尾配平和方向舵的机械式应急操纵。驾驶员的操纵指令或自动驾驶仪的指令，由五台 ELAC(升降舵和副翼计算机) 和 SEC(扰流板和升降舵计算机)，以及两台自动监控的计算机 FAC(飞行增强计算机) 转换成操纵信号。飞机的增稳系统与控制增稳系统被集成在这三种的飞控计算机中实现。A320 民用运输机的控制系统具有一定的里程碑意义，代表了技术上的跃进，确立了新的标准，成为其他飞机飞行控制系统结构设计的重要参考。

A320 的俯仰操纵系统如图 2.3 所示，驾驶员的俯仰操纵指令 (侧杆)，或自动驾驶仪的操纵指令在正常情况下由 ELAC 处理成操纵信号，同时，这些信号以电–液方式控制升降舵和水平安定面。这里，俯仰配平功能首次同升降舵操纵结合起来，协同工作，完全解除了驾驶员的工作负担。当两台 ELAC 失效时，自动切换到 SEC。

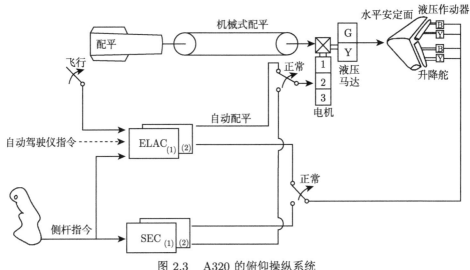

图 2.3 A320 的俯仰操纵系统

图 2.4 给出了 A320 的滚转操纵系统。驾驶员和自动驾驶仪的操纵指令，由 ELAC 以及 SEC 处理成操纵信号，其中 ELAC 控制副翼，SEC 控制扰流板。同时，副翼偏度和扰流板偏度自动协调，以便在全部飞行范围内具有最优的机动飞行性能。用于偏航阻尼和协调转弯的方向舵操纵指令传递给 FAC，此外，ELAC 以及 SEC 也具有减缓机翼载荷的功能 (LAF)。

A320 的偏航操纵系统如图 2.5 所示，FAC 共有三种功能 (①行程限制；②偏航阻尼器；③方向舵配平)。方向舵的偏转在常规情形下只由 FAC 控制，只有在电源供给发生故障时，才进行机械式操纵。偏航阻尼器和协调转弯的短时操纵信号, 由双余度电–液伺服作动器传输, 而持续时间较长的方向舵配平操纵信号由方向舵–配平电机传输。后者通过一个弹簧调节脚蹬, 驾驶员通过脚蹬进行机械式操纵。最后经过另外一个传动装置, 按照飞行速度大小对方向舵进行行程限制, 方向舵本身由三余度液压作动器操纵。

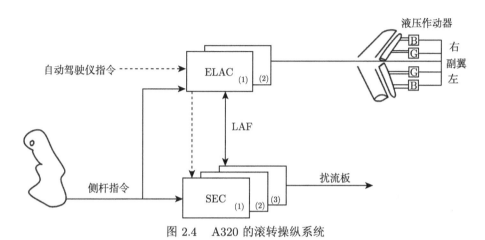

图 2.4　A320 的滚转操纵系统

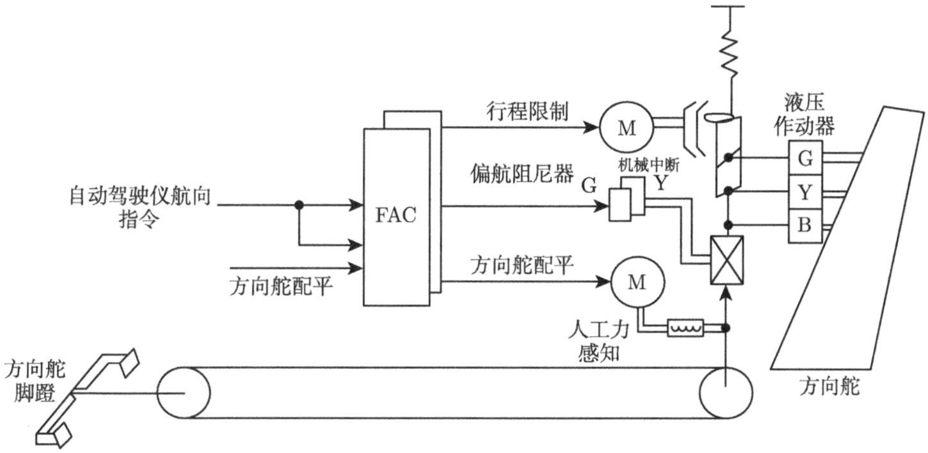

图 2.5　A320 的偏航操纵系统

2.3.3　飞行控制系统与 PIO 的内在联系

在飞行控制 (操纵) 系统中, 对 PIO 产生影响的系统参数颇多, 有的影响系统传输信号的幅值, 有的影响传输信号的相位差, 有的对两者都有影响。

(1) 杆力特性。杆力梯度过小, 使飞机运动对杆力响应的幅值大。一般说来, 系统传输信号的幅值大, 即操纵面偏度对杆力响应的幅值大, 飞机运动对杆力响应的幅值就大，容易形成产生 PIO 的幅值条件；飞机运动对杆力响应的相位滞后接近 180° 时，就形成产生 PIO 的相位条件 [89]。当这两个条件都具备时，就产生 PIO。

(2) 系统传动系数与增强系统增益。系统传动系数大，增强系统的反馈增益小；前馈增益大，前向增益与反馈增益的比值大，系统输出位移的响应幅值大；增强系统反馈增益小，还会使系统输出位移响应的相位延迟大。

通常，采用动力飞行操纵系统的飞机发生 PIO 的可能性比采用机械飞行操纵系统 (非助力操纵系统) 的飞机要大。电传飞行控制系统和主动控制技术在飞机设计中的应用，是飞机设计技术发展的一个里程碑，但其具有的一些特点也使引发 PIO 的因素更为复杂化。

(1) 绝大多数电传飞行控制系统均具有两种以上的不同控制模态 [90]。这些控制模态主要有：①主控制模态，该模态包括控制增稳、中性速度稳定性、飞行参数 (法向过载、迎角限制和滚转速率等) 边界限制、惯性耦合抑制等功能；②独立备份模态，该模态是独立于所有的其他控制模态的应急工作模态；③主动控制功能模态，该模态主要是实现放宽静稳定性、直接力 (直接升力和直接侧力) 解耦控制、机动载荷控制、阵风缓和、主动颤振抑制等功能；④自动飞行控制模态，该模态可替代驾驶员来控制和稳定飞机的角运动、重心运动，实现姿态控制、航迹控制、自动导航、自动着陆等，并可减轻驾驶员的工作负担和改善飞行品质 (稳定性与操纵性)。

在飞行过程中，驾驶员根据任务要求或者系统工作 (正常/故障) 状态，可以由手动 (或自动) 完成工作模态的转换。这种转换的本质是控制律模态之间的转换。在模态转换过程中，由于不同模态控制律的动、静态参数甚至控制律结构的不同，必然会使飞机产生不希望 (非指令) 的瞬态响应。模态之间的控制律结构和参数的差异越大，转换瞬态也越大。为了抑制转换瞬态，要求驾驶员在转换过程中做出相应的操纵动作，这无疑增加了驾驶员的工作负担，而且在短暂 (一般 2~5s) 转换过程中急剧的瞬态响应，驾驶员也很难用操纵动作加以抑制，此时极易诱发 PIO。

(2) 由于电传操纵系统中存在舵机位置限制器、速率限制器、控制软件限制器等，激活后的限制器可使系统延迟时间突然增大，使驾驶员面对高增益飞机动力学特性的突然改变 (飞行品质悬崖)[91]。由于驾驶员发现飞机响应变缓，于是增加增益以使飞机响应加速，从而触发 PIO。

(3) 在数字式电传飞行控制系统中，使用数字计算机作为控制器，进行控制律的解算以及余度管理的逻辑判断与运算。但计算机系统计算速度及采样速率所引起的时间延迟，将导致高频操纵输入与飞机响应间的相位频率特性曲线斜率的变化，该时延若过大则有可能诱发 PIO。

矛盾是对立统一的，虽然飞行控制系统的发展使 PIO 产生的原因复杂化，但同时它也为消除 PIO 现象提供了有效的技术手段。下面将通过几个对飞行控制系统进行改进的案例，来说明飞行控制系统在抑制 PIO 发生中的作用。

(1) 线性增稳飞机的动力学特性经常是引起 PIO 的原因。当使用全权限增稳系统后，便可直接使现代飞机具有合理的短周期基本动态特性，而不存在显著的时间延迟，从而抑制了此类 PIO 的发生。

(2) 某型飞机曾因纵向与横向 PIO 而严重影响了部队的作战训练，凡使用操纵摩擦力为 15N 液压助力器的飞机大都出现 PIO。此助力器差动摇臂的传动比减小一半 (输入比与反馈比同时减小一半)，使操纵摩擦力小于 7N，从而彻底消除了 PIO[92]。

在解决该型飞机横向 PIO 时，曾将副翼助力器输入端铰链螺栓的直径减小，人为增大助力器前系统间隙，致使本来不存在 PIO 的飞机出现了严重的横向 PIO。在此基础上，在该助力器差动摇臂处增设了一个偏心力为 10N 的弹簧，飞行试验证明，其明显改善了 PIO。

(3) 某型飞机曾多次出现"大飘摆"。当驾驶员操纵飞机做筋斗时，从 6000m 高度以 400km/h 表速进入，到 3000m 高度 (900km/h 表速) 拉起时，飞机突然上仰，反复修正形成"大飘摆"(严重的 PIO)，法向过载值超出过载表的指示范围。经分析，确定是由力臂自动调节器故障造成的。飞机进入筋斗时，力臂自动调节器处于大力臂位置 (大传动比状态)；到达底边拉起时，本应处于小力臂位置 (小传动比状态)，但由于力臂自动调节器故障仍停留在大力臂位置，造成系统传动比过大，因此引发了严重的 PIO[93]。改进力臂自动调节器的结构，提高工作可靠性后，使此类故障得到彻底解决。

(4) 瑞典 JAS-39 飞机，为解决电气指令伺服作动器速度饱和引发 PIO 的问题，在飞行控制系统中采用了不致使伺服作动器进入速度饱和区的指令速率限制器，如图 2.6 所示。这是一种具有反馈和旁路的速率限制器，它使得低频信号和高

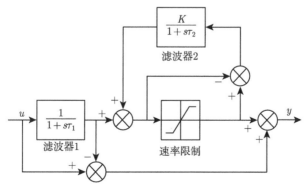

图 2.6　具有反馈和旁路的速率限制器框图

频信号都能通过, 且相位延迟较小。采用此种速率限制器后, 该型飞机的 PIO 问
题得到了解决[94]。

2.4　本 章 小 结

运输机动力学模型是研究线性和非线性 PIO 问题的共同基础。在各类时域
与频域 PIO 预测准则计算过程中均需用到运输机动力学模型。与此同时, 在检验
PIO 抑制方法有效性的仿真运算中也需应用运输机动力学模型。运输机飞行动力
学缺陷是诱发 PIO 的一个重要因素, 对运输机动力学模型进行分析研究有助于
摸清线性和非线性 PIO 产生的机理。本章主要研究工作和结论如下所述。

(1) 本章构建了刚体飞行器的动力学模型, 此模型在时域 PIO 预测准则中常
获得应用。刚体飞行器的动力学模型是一组复杂的高阶非线性耦合微分方程, 虽
然对于高阶非线性方程组能利用计算机进行数值求解, 但如果依据实际问题对方
程进行合理简化, 使其能够解析求解而又保证必要的工程精度, 则是极其有价值
的, 因为通过解析解能够直接分析飞机的动态特性。因此, 在刚体飞行器的动力
学模型基础上, 利用 "小扰动" 假设, 获得了飞行器小扰动线性化模型, 该模型
常被用来分析飞行器的稳定性。在频域的线性与非线性 PIO 预测准则中, 多数
也是以飞行器小扰动线性化模型为基础, 通过一系列计算过程获得所需的准则参
数。此模型还常被运用于 PIO 抑制方法有效性的检验。

(2) 本章最后建立了飞机电传控制系统模型。电传控制中存在着多种可能触
发 PIO 的因素, 例如操纵系统故障、飞行控制模态转换不平稳、飞行控制系统调
节随飞机构型变化设计不合理等。对飞机电传控制系统独立建模, 有利于对其在
PIO 发生、发展过程中所起的重要作用进行研究。刚体飞行器动力学模型与电传
控制系统模型共同构成了运输机动力学模型, 驾驶员便是驾驶这样一架等效飞机
完成各类飞行任务的。

第 3 章　运输机 PIO 研究中的驾驶员操纵
行为模型

建立人的一般行为数学模型是困难的, 例如, 人的气质、想象力、创造性、情绪等影响行为的特征, 显然难以用数学模型加以描述。但具体到驾驶员驾驶飞机完成各项飞行任务的控制行为, 建立其数学模型却是可能的。对不同的人来说, 某些行为上可能有细微差别, 例如, 某些人对某种形式的信息可能比其他人更敏感, 所以反应会更灵敏。总体来看, 由于受任务要求的制约, 人的控制行为是有其一定规律的 [95-97]。这种规律性就是人的控制行为能够加以数学模型化的基础。

3.1　驾驶员操纵行为模式概述

驾驶员的一个重要属性是有能力建立一个多样的人机系统结构 [20,98-102]。驾驶员自适应和自学习特性, 允许驾驶员在成为人机系统建筑师的同时, 又可作为人机系统中的一个运行实体。当驾驶员改变系统组织结构时, 驾驶员的动力学行为也做出了针对全系统的适应性调整。若将驾驶员视为依据内在感知机理运行的自学习和自适应控制器, 其排列组合产生的行为库如此庞大, 以致其能力远超目前最复杂的无人控制系统。

从系统分析角度来看, 这种多样性是令人不安的, 其极大地增加了对系统进行定性和定量分析的难度。对多数飞行控制情况而言, 复杂性表现出有序的特点, 并且任何复杂系统在运行时, 通常被精细地控制着。对系统优良性能的不懈追求和飞机飞行动力学特性的限制, 要求驾驶员在驾驶飞机时的操纵与已建立的"行为准则"相一致。若驾驶员受过良好训练, 且人机系统有严格约束时, 则人机系统的性能是确定的, 因此可对人机系统性能进行定性和定量分析。简言之, 人机系统可如无生命机械系统般进行数学建模, 并借助数学分析工具对其性能进行研究 [102]。驾驶员自组织系统可用一个人机有效系统框图来描述, 其与某种控制律相对应。驾驶员的动力学行为可用一个描述函数进行定量化研究, 该描述函数类似于描述飞机动力学特性的传递函数, 并可附加驾驶员引起的噪声或其他余项。

大量的飞行实践表明, 对于不需要精确控制飞机的飞行速度、姿态和航迹的飞行状态, 例如爬升、下降、巡航等, 驾驶员一般通过操纵油门杆和变化操纵面的偏度来改变飞机的运动参数。而此运动参数的变化并不及时地影响驾驶员的操纵。在这种情况下，如果以驾驶员施加的操纵力作为输入量，以引起飞机运动参数的变化作为输出量，则上述的操纵方式可以用图 3.1 的方框图来表示。从图上可看到，由操纵系统和飞机这两个环节组成的这一串联系统，不形成封闭回路，称为开环系统。

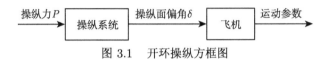

图 3.1　开环操纵方框图

与之对应的，对于需要精确控制飞机飞行速度、姿态和航迹的飞行状态，例如编队、空战等，驾驶员要随时注意飞机运动参数的变化，反复地调整油门杆位置和操纵面偏度，以及时修正飞机的姿态达到精确操纵的目的。图 3.2 以俯仰姿态操纵为例具体说明了对飞机进行精确操纵的机理。由图可看出，在这种操纵方式中，通过飞机运动参数的反馈，使驾驶员、操纵 (控制) 系统和飞机三个环节形成了闭环回路，称为闭环系统。这时，驾驶员所施加的操纵是按照飞机运动参数的变化而及时调整的，从而能达到更为精确地控制飞机的目的。

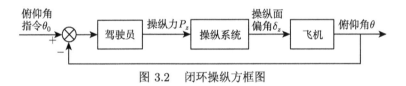

图 3.2　闭环操纵方框图

一个任务导向、构型可变的人机系统能以最高效率和精度完成飞行控制目标。然而驾驶员动力学行为的失常，将使人机系统偏离理想的系统动力学行为。PIO 就是一个著名的例子。现已明确存在多种驾驶员行为模式可影响 PIO 的产生，这些行为模式列于图 3.3 "全神贯注的控制模式" 中。图 3.3 中列出了在驾驶员注意力高度集中的控制任务中，基本的驾驶员动力学形式。"控制模式" 是以特定人机系统结构而命名的。每种人机系统结构可由一种方框图来表示，该方框图可说明此控制结构的控制路径。

控制模式的转换常会发生，图 3.3 中的 "控制模式变换" 列举了多种控制行为转换的情况。基于感知重构 (Successive Organization of Perception, SOP) 理论 [99, 100]，"感知重构过程" 构成了一个序列。驾驶员逐步调整自己的控制模式，使理想系统结构最终建立，从而使人机系统获得全面改善。人机系统性能的改善突出表现在闭环系统有效带宽增加，系统响应快速且误差小，驾驶员工作负担减轻。"感知重构逆过程" 中的 "变换后暂留" 阶段是指飞机特性突然改变后的一段时间内，驾驶员动力学特性仍保持在适应飞机特性改变前的状态。该阶段接下来便是驾驶员适应变换后的飞机动力学特点。

全神贯注的控制模式

1.补偿模式。驾驶员响应误差。
2.跟踪模式。驾驶员响应误差与系统输入和输出。
3.跟踪与预先显示模式。预先显示输入的变化。
4.预先认知模式。驾驶员依据经验操纵。
5.预先认知/补偿模式。双模控制。

控制模式变换

感知重构。驾驶员控制结构的重组。
1.感知重构过程
a.补偿模式
b.跟踪模式
c.预先认知/补偿模式
d.预先认知模式

2.感知重构逆过程
a.控制环节减少变换
b.变换后暂留
c.变换后再适应

图 3.3 驾驶员动力学行为特征

图 3.4 为完整的驾驶员动力学特性列表。"注意力分配现象"对多数飞行任务而言是十分重要的，但它们很少与 PIO 相关，因为在 PIO 完全发展状态需要驾驶员全神贯注操纵飞机。但减少注意力分配使关注的领域变窄，增加了对某一主要控制变量的关注，同时增大了驾驶员增益值，这可视为 PIO 起始的先兆。另一方面，神经肌肉系统动力学和加速度反馈是 PIO 中的重要因素[103,104]。在急滚机动中常会发生高频滚转振荡 (2~3Hz)，该高频滚转振荡常称为棘轮滚，某棘轮滚的时间历程如图 3.5 所示，棘轮滚现象与驾驶员神经肌肉传动系统的谐振峰值有关。图 3.4 中的第三条"加速度导致的现象"常以多种伪装形式出现。例如，加速度反馈可能与神经肌肉系统肢体操纵配重的影响相关，或与整个身体加

注意力分配现象

1.系统带宽减少
2.闭环误差增大

神经肌肉传动系统现象

1.高频传动动力学
2.潜在的加速度反馈

加速度导致的现象

1.加速度和振动旁路
2.加速度反馈信号

图 3.4 驾驶员动力学特性

速度及振动旁路相关。加速度反馈独立于驾驶员的操纵过程，不能随驾驶员意志而自由改变。加速度信号在驾驶员操纵过程中可以建立起与视觉信号相平行的主要反馈通道。

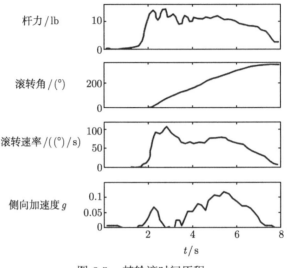

图 3.5   棘轮滚时间历程

1 lb=0.453592kg

3.2   补 偿 行 为

补偿行为是指当命令和扰动随机出现时，驾驶员仅依据系统误差或飞机输出来操纵飞机的行为模式。当驾驶员全神贯注地操纵飞机时，将施以连续闭环控制于飞机以使系统误差最小化。图 3.6 的时间历程解释了补偿控制的本质。该图显示了一次滚转控制跟踪任务，在此图中滚转速率正比于驾驶员的副翼偏角输出量，其中 T 为滚转时间常数比。注意到闭环人机系统输出紧随系统输入力指令。为了完成这一任务，驾驶员通过调整自己的操纵行为形成了一个超前环节 $(T_L s + 1)$，其中 T_L 为驾驶员超前补偿时间常数，该环节大致可消除飞机滚转惯性滞后项 $1/(Ts + 1)$ 的影响。该结论可通过对比图 3.6 中系统滚转误差 $e(t)$ 和驾驶员输出滞后 $c/(s + 1/T)$ 的时间历程而获得证实。当后者的时间历程曲线平移一个时间增量 τ_h 时，两条曲线几乎重合。如此的和谐表明，驾驶员不仅产生了超前量以消除飞机产生的滞后，同时驾驶员的高频滞后可用一个低频时间滞后 τ_h 来近似。以上的分析表明，图 3.6 中的滚转控制任务的开环描述函数可用一个表达驾驶员操纵特性的描述函数 Y_{P_e} 和飞机滚转角传递函数 Y_c 来表达，其中 K_P 为驾驶员增益，K_c 为飞机增益。

$$Y_{P_e}Y_c \doteq \underbrace{K_P e^{-\tau_h s} \left(T_L s + 1\right)}_{\text{Pilot}} \underbrace{\frac{K_c}{s\left(Ts+1\right)}}_{\text{Aircraft}}$$

$$\doteq \frac{\omega_c e^{-\tau_h s}}{s} \tag{3-1}$$

式中, $\omega_c = K_P K_c$。该式在驾驶员手动操纵飞机的过程中是普遍存在的, 此数学模型通常称为"穿越模型"。

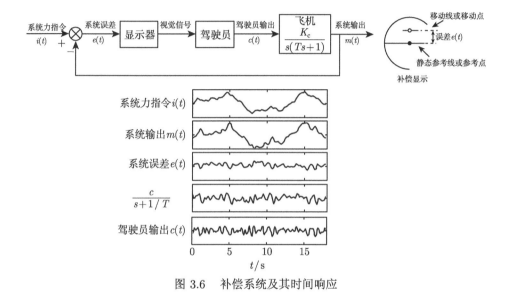

图 3.6 补偿系统及其时间响应

运用开环人机系统的频率响应可对"穿越模型"开展进一步的研究,"穿越模型"在截止频率附近对开环人机系统频率响应是一个完美的近似 [105,106], 在过去的三十几年间, 大量的飞行实验结果表明,"穿越模型"可作为全神贯注补偿操纵的近似行为律模型。一般而言, 为适应特定飞行状态下的飞机动力学特性, 驾驶员会采用特定的转移特性形式, 使开环人机系统动力学特性类似于"穿越模型"的特性。但当时间常数接近驾驶员有效延迟时间时, 且在难以控制的飞行包线边缘飞行时,"穿越模型"会失效。"穿越模型"的一般特点可概述为: 驾驶员转移特性将随飞机动力学的变化而不同, 但总的开环系统动力学形式实质上是不变的, 该形式具有有效时间延迟 τ_e 和截止频率 ω_c。

为了使"穿越模型"更一般化涵盖尽可能多的控制环节特性, 需对有效时间延迟项进行相应的调整。例如考虑由给定的一组超前与滞后项所确定的高频特性, 该高频特性可能源于飞机和驾驶员的高频动力学特性。

$$Y_{\text{high}} = \cfrac{e^{-\tau_1 s} \prod\limits_{i=1}^{n} (T_i s + 1) \prod\limits_{i=1}^{m} \left[\left(\dfrac{s}{\omega_i} \right)^2 + \dfrac{2\zeta_i}{\omega_i} s + 1 \right]}{\prod\limits_{j=1}^{p} (T_j s + 1) \prod\limits_{j=1}^{q} \left[\left(\dfrac{s}{\omega_j} \right)^2 + \dfrac{2\zeta_j}{\omega_j} s + 1 \right]} \tag{3-2}$$

上述高频特性的相角为

$$\phi_{\text{high}} = -\tau_1 \omega + \sum_{i=1}^{n} \arctan T_i \omega - \sum_{j=1}^{p} \arctan T_j \omega$$

$$+ \sum_{i=1}^{m} \arctan \cfrac{2\zeta_i \left(\dfrac{\omega}{\omega_i} \right)}{1 - \left(\dfrac{\omega}{\omega_i} \right)^2} - \sum_{j=1}^{q} \arctan \cfrac{2\zeta_i \left(\dfrac{\omega}{\omega_j} \right)}{1 - \left(\dfrac{\omega}{\omega_j} \right)^2} \tag{3-3}$$

当 $1/T_i$、$1/T_j$、ω_i 和 ω_j 远大于截止频率时，该相角可略去 $(\omega/\omega_i)^2$ 和 $(\omega/\omega_j)^2$ 等高阶小量，仅保留一阶分量，式 (3-3) 可化为

$$\phi_{\text{high}} \doteq -\tau_1 \omega - \underbrace{\left[\sum_{j=1}^{p} T_j + \sum_{j=1}^{q} \frac{2\zeta_j}{\omega_j} - \sum_{i=1}^{n} T_i - \sum_{i=1}^{m} \frac{2\zeta_i}{\omega_i} \right]}_{\tau_2} \omega$$

$$= -(\tau_1 + \tau_2) \omega \tag{3-4}$$

$$= -\tau_e \omega$$

因此，有效时间延迟 τ_e 是对各种高频纯时延、滞后和超前的低频近似。有效时间延迟 τ_e 有两个主要的分量：控制环节的复合有效时间延迟 (包括操纵器的影响)；驾驶员的高频动力学影响。复合有效时间延迟近似为一个纯时间延迟，该时延使系统在截止频率域内产生一个相位移动。具有不同有效时延 τ_e 值的"穿越模型"的幅值与相位绘于图 3.7 中，观察图 3.7 可发现，幅值比独立于有效时延 τ_e。"穿越模型"的尼科尔斯 (Nichols) 图如图 3.8 所示，频率参数是 $\tau_e \omega$，ω_c 为截止频率，ω_u 为中性稳定频率。

截止频率 ω_c 将人机系统划分为低频域和高频域，在低频率域内开环幅值比大于 1，在高频率域内开环幅值比小于 1。在整个低频域 (上限约为 ω_c) 反馈系统的优点将显现，闭环控制系统的输出与输入幅值比接近于 1，输出紧随输入，误差减小。从图 3.6 的输入与输出的时间历程中可以发现，输出近乎复制输入。系统频率高于截止频率时，人机系统将成为一个开环系统，此时系统特性由驾驶员

动力学高频特性与飞机动力学高频特性共同决定。因此，当频率高于截止频率 ω_c 时反馈系统的优点将不复存在。

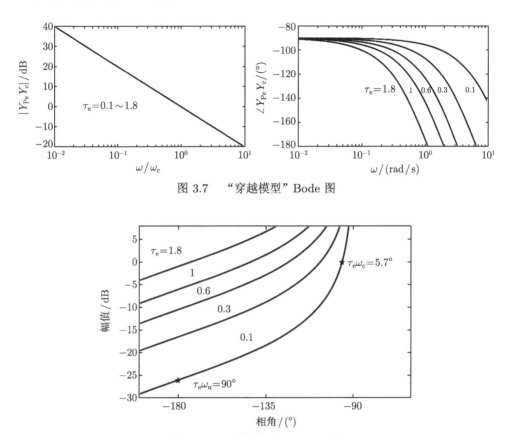

图 3.7 "穿越模型" Bode 图

图 3.8 "穿越模型" Nichols 图

系统稳定程度由在截止频率 ω_c 处的相位裕度和中性稳定频率 ω_u 处的幅值裕度来衡量。如果驾驶员增益增大到使截止频率 ω_c 等于开环系统相位为 $-180°$ 的频率，此时的幅值裕度等于 0，那么人机系统将处于中立稳定。如果飞机的净高频滞后增大使相位裕度等于 0，则人机系统也将处于中立稳定。人机开环系统模型的频率特性通常使用伯德 (Bode) 图和 Nichols 图来表征，两者互为补充。同一组人机系统数据通过变换可在 Bode 图和 Nichols 图中同时使用，只是两者描述的侧重点略有不同。在 Bode 图和 Nichols 图中均可在截止频率和中性稳定频率处获得相位裕度和幅值裕度。

"穿越模型"的相位裕度 ϕ_{m} 为

$$
\begin{aligned}
\phi_{\mathrm{m}} &= -\pi - \left(-\frac{\pi}{2} - \tau_{\mathrm{e}}\omega_{\mathrm{c}}\right) \\
&= -\frac{\pi}{2} + \tau_{\mathrm{e}}\omega_{\mathrm{c}}
\end{aligned}
\tag{3-5}
$$

当相位裕度等于 0 时,不稳定频率为

$$
\omega_{\mathrm{u}} = \frac{\pi}{2\tau_{\mathrm{e}}}
\tag{3-6}
$$

由于在式 (3-6) 所确定的频率点处 PIO 将会显现,因此对补偿控制模式,式 (3-6) 是一个良好的 PIO 频率估计式。

人机系统对增益改变的敏感性指标通常由 Nichols 曲线在不稳定域的"平均相位速率"来确定。平均相位速率 $\phi'_{\omega_{\mathrm{u}}}$ 的定义为

$$
\phi'_{\omega_{\mathrm{u}}} = \frac{\phi_{\omega_{\mathrm{u}}} - \phi_{2\omega_{\mathrm{u}}}}{\omega_{\mathrm{u}}}
\tag{3-7}
$$

运用"穿越模型"里的有效时延 $\tau_{\mathrm{e}}(°)/(\mathrm{rad/s})$,上述表达式可写为

$$
\begin{aligned}
\phi'_{\omega_{\mathrm{u}}} &= 57.3\tau_{\mathrm{e}} \quad (°)/(\mathrm{rad/s}) \\
&= 360\tau_{\mathrm{e}} \quad (°)/\mathrm{Hz}
\end{aligned}
\tag{3-8}
$$

表 3.1 列出了对速率命令飞机 $(Y_{\mathrm{c}} = K_{\mathrm{c}}/s)$ 和加速度命令飞机 $(Y_{\mathrm{c}} = K_{\mathrm{c}}/s^2)$ 的"穿越模型"估计值,此时高频舵机及计算机约产生 0.05s 的净时延。

表 3.1　理想控制环节的穿越模型特点

理想飞机 Y_{c}	驾驶员 τ_{h}/s	有效时延 τ_{e}/s	$\omega_{\mathrm{u}}/(\mathrm{rad/s})$	$\phi'_{\omega_{\mathrm{u}}}$ /((°)/(rad·s)) $\phi'_{\omega_{\mathrm{u}}}$/((°)/Hz)	ω_{c} /(rad/s)	$\phi_{\mathrm{m}}/(°)$
速率命令 K_{c}/s	0.25	0.30	5.25	17.2 108	4.1	20
加速度命令 K_{c}/s^2	0.40	0.45	3.50	25.8 162	2.3	30

由上述例子可发现,对理想运输机动力学而言,有效滞后不仅控制着可能的 PIO 频率,同样影响着 PIO 敏感性。理想动力学模型在一定范围内表征着运输机动力学特性,因此它提供了线性系统 PIO 的相关指标。

3.3 跟 踪 行 为

借助于显示 (例如，系统输入和输出可相对于一个参考物表现出来) 或预览 (例如，在一条曲折的路面上可以看见远处的道路)，命令输入和系统输出可以相区别，于是一个跟踪模块可被加入以补偿人机系统，如图 3.9 所示。通过引入该新的信号通道可允许一个开环控制与补偿闭环控制相综合，对系统误差进行校正。建立了跟踪系统结构后，驾驶员可以通过 2 种途径减少误差：使开环描述函数远大于 1；产生一个跟踪通道描述函数，该描述函数可使控制环节反逆[101]。这一切只能在有限的频率范围内实现。理论上，驾驶员跟踪控制模式远优于单一的驾驶员补偿控制模式。一个典型跟踪控制模式与补偿控制模式的对比结果如图 3.10 所示，图中跟踪控制有效系统的截止频率大于补偿控制有效系统的截止频率[107,108]。

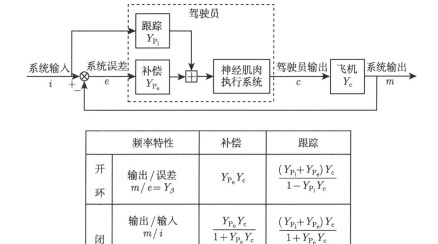

	频率特性	补偿	跟踪
开环	输出/误差 $m/e=Y_\beta$	$Y_{P_e}Y_c$	$\dfrac{(Y_{P_i}+Y_{P_e})Y_c}{1-Y_{P_i}Y_c}$
闭环	输出/输入 m/i	$\dfrac{Y_{P_e}Y_c}{1+Y_{P_e}Y_c}$	$\dfrac{(Y_{P_i}+Y_{P_e})Y_c}{1+Y_{P_e}Y_c}$
闭环	误差/输入 e/i	$\dfrac{1}{1+Y_{P_e}Y_c}$	$\dfrac{1-Y_{P_i}Y_c}{1+Y_{P_e}Y_c}$

图 3.9 补偿和跟踪人机闭环系统示意图

在多数飞行阶段，驾驶员有足够的信号使跟踪控制模式成为可能。进近着陆阶段驾驶员拥有良好的跑道视觉信号，晴天编队飞行也是一个典型例子。显示器可以提供良好的预览信息，支持高性能的跟踪系统结构。

跟踪控制系统的稳定性与该系统中的闭环补偿系统稳定性相一致。因此，在跟踪控制模式中驾驶员需要注意的操纵事项与补偿控制模式时一致。当重要信号丢失 (例如，有效预览信号数减少) 或未能注意重要信号 (例如，恰当的注意力分配或环境感知能力丧失),人机系统将由跟踪系统结构蜕变为补偿系统结构。驾驶员控制模式的这一变换,将可能产生 PIO 触发输入,从而诱发 PIO,并使闭环系统性能大幅下降。

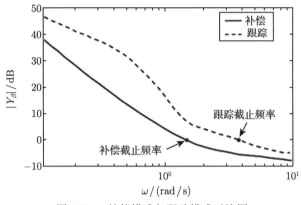

图 3.10   补偿模式与跟踪模式对比图

3.4   预 知 行 为

当完全熟悉了被控对象的动力学特性时,拥有高超技术的驾驶员能在特定条件下产生离散的、灵巧的、有序的神经肌肉命令,从而使系统输出与期望的相一致,于是更高水平的驾驶员控制模式被获得。这些神经肌肉命令是一种条件响应,其可能由环境、命令和控制量所触发[109,110]。此纯开环称为预知模式。某些高度熟练的驾驶动作犹如无须思考自动执行一般,这些驾驶行为就属于预知控制模式。类似于跟踪通道,预知通道常与补偿操纵同时存在。这是一种双模控制形式,驾驶员手动操纵的预知行为占主导,其完成了绝大多数工作,但当需要减小系统误差时,补偿控制模式将被激活。

预知行为中的一个特例是同步行为。当正弦输入信号出现时,人机系统中的驾驶员将通过多阶段的调整以适应输入。起始阶段输入信号的特点并未被认识,驾驶员视输入信号为未知的,构建补偿控制模式努力消除误差。经中间适应阶段(该阶段可能包括跟踪控制),驾驶员最终认识到输入是一正弦信号,并将频率提至 3Hz,于是便可跟踪正弦输入信号而无滞后[102]。如果用传递函数来描述这一驾驶员动力学特性,此传递函数为 $Y_p \doteq K_p$,这可代表驾驶员跟踪正弦输入而无滞后的能力。驾驶员能内在地产生正弦输出,正弦输入即使停止,正弦输出也仍可持续,尽管随着时间的推移,正弦输出频率会发生改变。在已出现的持续振荡中,驾驶员输出相位将锁定,因此纯增益模型是合适的。即使是梯形波或矩形波的周期输入，驾驶员仍可实现同步操纵，在此情况下驾驶员的描述函数仍然是单增益。

在对大幅值严重 PIO 的研究中，同步控制模式是最为重要的驾驶员操纵方式。在此情况下，人机系统持续振荡的条件变为

$$\angle Y_{\text{c}} = -180° \tag{3-9}$$

此时系统的不稳定频率将高于补偿控制模式，因为驾驶员对有效时间延迟的影响不再存在。当复合时间延迟 τ_{c} 加上高频运输机滞后时间时，控制环节具有与先前研究的"穿越模型"相同的形式。不同之处是驾驶员动力学被近似为一个纯增益。表 3.2 研究了同步驾驶员模型和理想速率命令控制环节的闭环特性，被研究的模型为 $Y_{\text{c}} = (K_{\text{c}}/s)\,\text{e}^{-\tau_{\text{e}}s}$。表 3.2 中列出了一系列飞机有效延迟时间，同时列出了飞机姿态带宽 $\omega_{\text{BW}_\theta}$（在姿态带宽频率处运输机相角为 $-135°$）和相位延迟 τ_{p}，其定义为

$$\tau_{\text{p}} = \frac{\angle Y_{\text{c}}\,(2\omega_{180}) + \pi}{2\omega_{180}} \tag{3-10}$$

其中，$\angle Y_{\text{c}}$ 是以弧度为单位。相位延迟还直接与"平均相位速率"有关：

$$\tau_{\text{p}} = \frac{\phi'_{\omega_{\text{u}}}}{114.6} \tag{3-11}$$

其中，$\phi'_{\omega_{\text{u}}}$ 单位为 $(°)/(\text{rad} \cdot \text{s})$；

$$\tau_{\text{p}} = \frac{\phi'_{\omega_{\text{u}}}}{720} \tag{3-12}$$

其中，$\phi'_{\omega_{\text{u}}}$ 单位为 $(°)/\text{Hz}$。

表 3.2　同步驾驶员模型和理想速率命令控制环节的闭环特性

有效时间延迟 τ_{e}/s	$\omega_{\text{BW}_\theta}$ /(rad/s)	τ_{p}/s	ω_{u} /(rad/s)	$\phi'_{\omega_{\text{u}}}$	
				/ $((°)/(\text{rad} \cdot \text{s}))$	/ $((°)/\text{Hz})$
0.10	7.85	0.05	15.7	5.73	36
0.15	5.24	0.075	10.5	8.60	54
0.20	3.93	0.10	7.85	11.46	72
0.25	3.14	0.125	6.28	14.32	90
存在 PIO 可能性					
0.30	2.62	0.15	5.23	17.19	108
0.35	2.24	0.175	4.49	20.06	126
0.40	1.96	0.20	3.92	22.92	144

尽管此处强调的是与 PIO 相关的人机耦合现象，然而这却直接或间接与飞行品质相关。严重 PIO 的存在是良好飞行品质的对立面，与不良飞行品质相关的因

素可为理解 PIO 提供良好的线索。表 3.2 提供了部分传统的飞行品质指标，这些指标有飞机带宽、相位延迟、平均相位速率。这些量对各类飞行品质评估十分重要，并被用来研发 PIO 预测准则。平均相位速率 100(°)/Hz 被认为是一条边界，低于该边界则无 PIO 趋势，而高于此边界却有发生 PIO 的可能 [110, 111]。如果相位延迟 $\tau_p \geqslant 0.14$s 时，则飞机有 PIO 趋势，在着陆阶段 $\tau_p \geqslant 0.15$s[2]。从表 3.2 可发现，对同步驾驶员模型而言，理想速率命令运输机在飞行阶段时间延迟大于 0.25s 时，有 PIO 趋势；在着陆阶段时间延迟大于 0.30s 时，有 PIO 趋势。

3.5　驾驶员异常行为

从上面对驾驶员行为模式和特性的描述，可以发现存在多种能导致 PIO 的异常驾驶员动力学形式。这些异常的驾驶员动力学形式摘录于图 3.11 中。图 3.11 中的前 3 种形式多见于新机型的早期飞行过程中，它们与驾驶员对新机型的动力学特性缺乏了解有关。随着飞行训练的增多，驾驶员适应了新机型的动力学特性，并构建了合理的传递函数特性，这些现象将会消失。图 3.5 中列举了高频棘轮滚的例子。驾驶员神经肌肉系统的谐振频率为 2～3Hz，该频率可能与柔性结构、机械控制系统的高频飞机模态相耦合，而导致高频棘轮滚的发生。理想的驾驶杆和方向舵操纵特性配以驾驶员命令输入滤波器，可减少发生高频棘轮滚的可能性。

异常驾驶员动力学形式

1. 驾驶员增益过大
   a.补偿系统PIO（2～5rad/s）
   b.同步驾驶员控制模式PIO (0.5～3Hz)
   c.高频棘轮滚(2～3Hz)

2. 驾驶员控制模式转换
   a.关键控制变量转换
   　加速度转换
   　任务模式改变
   b.跟踪模式转换为补偿模式
   c.预知模式转换为补偿模式

3. 转换后暂留

图 3.11　异常驾驶员动力学形式

驾驶员将主要控制变量由姿态角转换为重力加速度，被认为是触发 PIO 的重要因素 [112-117]。有假设认为，当驾驶员将主要控制转换为重力加速度，并且遇到某种触发因素时，将会与人机闭环系统发生谐振。该理论的价值在于指出 PIO 的出现需要存在良好的加速度信号，这就解释了为何固定地面仿真器在预测 PIO 方面存在局限性。

驾驶员控制模式的转换可能是触发 PIO 的主要因素。从跟踪操纵至补偿操纵转换，将会显著减少闭环系统带宽，并伴之以系统误差的增加。在高增益、紧急任务中，驾驶员从注意力高度集中的跟踪和补偿操纵变换至同步操纵时，常会导致 PIO 的出现。在此类 PIO 中，对 PIO 的分析可极大简化，因为此时的驾驶员动力学模型仅是一个纯增益，仅有效控制环节的动力学特性进入闭环分析。同时需注意 PIO 触发因素，除了源于驾驶员的操纵模式转换，还可能源于其他系统的转换 (例如，飞行控制系统中控制模式的转换)。

驾驶员还有一个极为重要的特性便是 "状态暂留"。如果控制环节动力学特性改变，而驾驶员正全神贯注地执行补偿控制类任务，经过一段时间的调整，驾驶员的动力学特性最终与 "穿越模型" 相合，但这一调整过程需经历一系列步骤。在驾驶员动力学特性转换前，飞机动力学特性描述函数为 Y_{c1}，驾驶员动力学特性描述函数为 Y_{p1}，两者的复合近似于 "穿越模型"。当被控对象的动力学特性发生转换，驾驶员仍保留原控制模式，此控制模式适应变换前的运输机动力学特性。在此阶段，系统的开环描述函数为 $Y_{p1}Y_{c2}$。如果该驾驶员动力学特性对新运输机动力学特性而言不相适应，则人机闭环系统稳定性将会下降。暂留阶段可能很短，也可能会持续数秒。飞机动力学特性的转换可能是飞机控制构型变换的结果，也可能是源于速率限制和位置限制对驾驶员输入幅值敏感的部件。

3.6 本章小结

目前，已有多种驾驶员模型被建立，本章建立了与 PIO 研究相关的驾驶员模型。根据驾驶员控制模式的不同分别建立了补偿、跟踪和预知驾驶员行为模型。其中预知行为中的特例同步行为可用单增益传递函数来描述。在完全发展大幅值严重 PIO 中，同步行为是驾驶员最常见的行为方式，在后续的研究中该行为模式将成为研究重点。同时，本章介绍了多种驾驶员异常行为，阐述了驾驶员控制行为与 PIO 发生之间的关系。

第 4 章　操纵面速率饱和对 PIO 的影响因素研究

航空界对 YF-22A、C-17A、波音 (Boeing) 777 和 JAS-39 Gripen 的飞行事故展开研究发现，在 PIO 中均出现了操纵面速率饱和现象[118]。对飞机操纵面进行专门研究的其他研究者也持类似观点[119]。上述 4 个案例均是由操纵面速率饱和而引发严重 PIO 事件的典型案例。在电传控制系统中，速率限制的有害影响主要体现在两方面：其一是增加了运输机的相位滞后，使运输机动力学特性变坏；其二是暴露了增稳飞机在稳定性方面存在的缺陷。但速率限制的积极面是有效控制了人机系统振荡的幅值。由于速率限制对现代电传操纵飞机 PIO 的巨大影响，以及速率限制代表了飞机线性动力学至非线性动力学的转变，使其成为当前 PIO 研究领域的焦点，本章将重点研究非线性因素中的速率限制对人机闭环系统稳定性的影响。

4.1　简化的速率限制环节模型

在整个电传飞行控制系统中常会发现速率限制环节和位置限制环节，如图 4.1 所示。在图 4.1 中，前向通道中非线性限制环节与线性控制系统环节相串联，在反馈通道中也存在非线性限制环节。在经典案例里，驾驶员座舱控制限制 (如驾驶杆) 发生作用时，相对应的控制面限制 (如升降舵) 将同样发生作用。其目的是确保飞机获得最大机动能力。

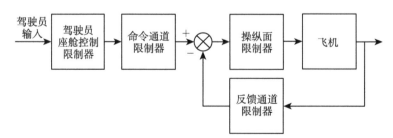

图 4.1　速率限制和位置限制在飞行控制系统中的可能位置

尽管在某些直升机的驾驶员座舱控制限制中有时会发现速率限制器，但在固定翼飞机的驾驶员座舱控制限制中很难发现速率限制器，在某些控制系统中是将驾驶杆阻尼器作为有效的限制器。驾驶杆限制器还被作为一种消除 PIO 的有效方法而加以应用,尽管这可能是以降低飞机飞行品质和飞机机动性为代价的。有的电传飞机 (如 Boeing 777) 拥有反馈型驾驶员座舱控制,该控制能为驾驶员提供杆力增强的信号。当飞机接近失速迎角或倾斜角超过 30° 时将增大,增强的信号将提示驾驶员增大杆力。该技术同样可用来消除潜在的 PIO 威胁,当速率限制舵机开始饱和时可将该信号反馈给驾驶员。

命令通道限制器限定了相对于反馈信号的最大命令信号。因此,它们建立了在命令信号和增稳信号 (确保运输机动力学特性不恶化) 的优先权。命令通道安放速率限制器的意图之一是防止舵机饱和,但如果该限制器发生饱和,则对驾驶员而言同样会出现操纵面速率饱和。命令通道速率限制器同样被用来设定最大滚转速率,以减小惯性耦合的影响。

操纵面速率和位置限制是控制系统设计过程中的基本约束。设计过程中不希望操纵面速率限制被激活,因为这将直接导致 II 型 PIO 的发生。操纵面速率限制实质是受液压舵机或电力舵机能力的约束。操纵面位置限制是由所需的控制能量决定的 (例如,最大升力、滚转时间、侧滑约束等)。

简化后舵机速率限制环节模型[119],如图 4.2 所示。输入偏角命令 δ_c 产生了输出偏角信号 δ,输出偏角反馈给命令通道产生了误差信号 $e = \delta_c - \delta$。前向通道误差信号被作为非线性饱和环节的输入。饱和环节具有 2 个特征参数:第 1 个参数是增益,该值等于线性舵机闭环带宽,或简化等于线性带宽 (ω_a);第 2 个参数是饱和值,该饱和值等于舵机速率限制 (V_L)。从图 4.2 可以清楚地发现,饱和点 $e_L = V_L/\omega_a$。非线性饱和模块的输出是操纵面速率 ($\dot{\delta}$),然后对此信号进行积分得到操纵面偏角 (δ)。

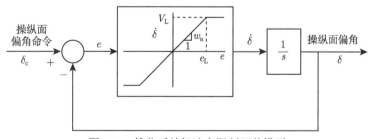

图 4.2 简化后舵机速率限制环节模型

该模型具有 3 个典型工作范围。第 1 个工作范围是 $e < e_L$,模型为线性一阶滞后环节,其响应完全取决于时间常数 $T(T = 1/\omega_a)$。速率限制环节的一阶频域特性如图 4.3 所示,其单位阶跃时间响应如图 4.4 所示。在频域内,时间常数 T 是线性带宽的倒数。在时域内,单位阶跃响应完全由时间常数来决定。当输入幅值超过线性域时,这些基本特性将会改变。

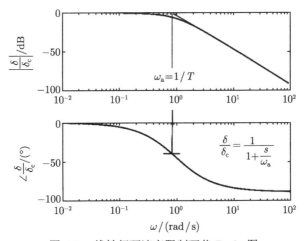

图 4.3　线性闭环速率限制环节 Bode 图

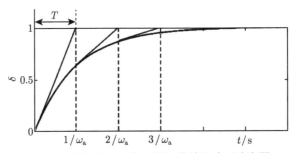

图 4.4　线性闭环速率限制环节单位阶跃响应图

第 2 个工作范围是近饱和工作范围。当最大误差仅少量超过 e_L 时，便进入该工作范围。该区域响应是拟线性的，仅间断性地出现速率限制。因此，在该工作范围内，非线性幅值影响对驾驶员而言是难以察觉的。

第 3 个工作范围是完全的非线性，其特点是多数时间输出速率等于舵机速率，即 $\dot{\delta} = V_L$。在此高度饱和区域，系统上升时间 T_{NL} 是阶跃输入和速率限制的函数，如图 4.5 所示。该函数定义了一个高度饱和情况下的阶跃输入描述函数，此描述函数可用来描述在完全发展 PIO 中的初始大幅值输入情况。此时上升时间完全独立于线性系统。对完全非线性情况，闭环频率响应特性和时间响应特性完全由速率限制和输入幅值来决定，独立于线性系统时间常数。

为对速率限制环节的时域特性进一步进行研究，这里假定输入信号 δ_c 为一正弦信号，$\delta_c = A \sin(\omega_i t + \phi_i)$。为了检验模型，这里规定了速率限制模型的设计参数值 ω_a 和 V_L，并设定了输入信号参数 A、ω_i 和 ϕ_i。系统地改变上述参数值，可获得一系列的模型时间响应。3 个案例被研究，以观测感兴趣的线性域、近饱和

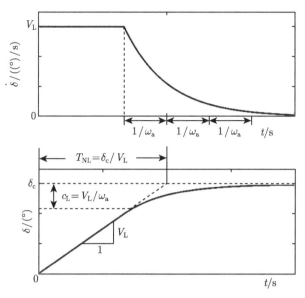

图 4.5 非线性闭环速率限制环节单位阶跃响应图

域和高度饱和域中速率限制环节的响应特性。在所有例子中，设计参数值 ω_a 和 V_L 为常数，数值分别为 20 rad/s 和 30(°)/s。当速率限制模型设计参数值为常数时，系统将不会饱和，直到误差 $e = 1.5°$。速率限制环节模型和输入信号参数值参见表 4.1。

表 4.1 速率限制环节模型和输入信号参数值

研究域	$\delta_c/(°)$	$\omega_a/(\text{rad/s})$	$V_L/((°)/\text{s})$
线性域	$3\sin(6t)$	20	30
近饱和域	$6\sin(6t)$	20	30
高度饱和域	$12\sin(6t)$	20	30

(1) 线性域。

图 4.6 给出了输入幅值为 3° 时的闭环舵机线性系统的时间响应。如图所示，误差信号始终小于 1.5° 的饱和点。舵机速率一直低于 30 (°)/s 的速率限制值，这就进一步例证了响应的线性特性。图 4.7 中对比了闭环舵机线性系统输入与输出命令间的关系，由一阶时间常数产生的输出响应滞后已在图 4.3 和图 4.4 中进行了说明。

(2) 近饱和域。

图 4.8 给出了输入幅值为 6° 时的闭环舵机线性系统的时间响应。如图所示，误差信号间断性地大于 1.5° 的饱和点。部分误差信号进入非线性域，舵机速率响

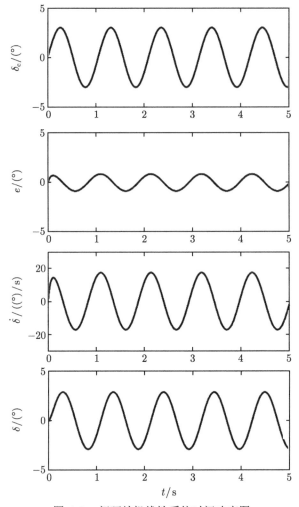

图 4.6   闭环舵机线性系统时间响应图

应有一小部分被 30 (°)/s 的速率限制削平。图 4.9 中对比了闭环舵机近饱和系统输入与输出时间响应，发现输出响应依旧是线性的，即使是饱和点已经被超过。

（3）高度饱和域。

图 4.10 给出了输入幅值为 12° 时的闭环速率限制模型的时间响应。如图所示，误差信号多数大于 1.5° 的饱和点，尽管此时误差信号类似于一个正弦波。非线性特点可从类似于"车厢"的舵机速率响应观察获得。图 4.11 中对比了舵机位置输出与输入命令间的关系，发现输出响应是一个三角波。与前面的情况不同，此时的相位滞后不再等于 T_{NL}，即 $\Delta\phi \neq \omega T_{\mathrm{NL}}$。后面的分析将会说明，$T_{\mathrm{NL}}$ 在非

线性系统的特性中仍扮演着重要角色。

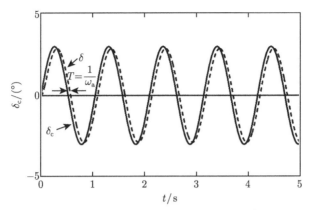

图 4.7　闭环舵机线性系统输入与输出时间响应对比图

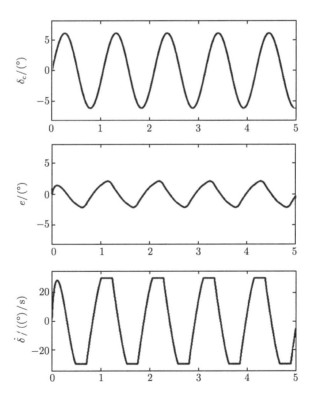

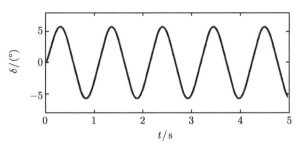

图 4.8　闭环舵机近饱和系统时间响应图

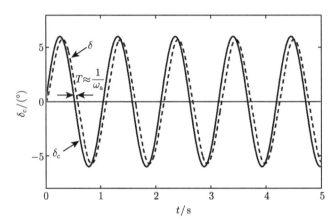

图 4.9　闭环舵机近饱和系统输入与输出时间响应对比图

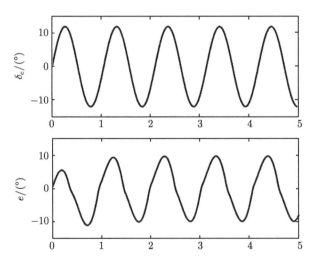

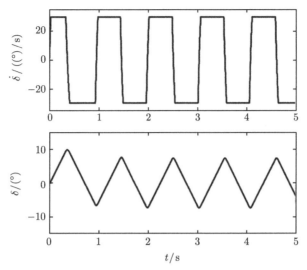

图 4.10 闭环舵机高度饱和系统时间响应图

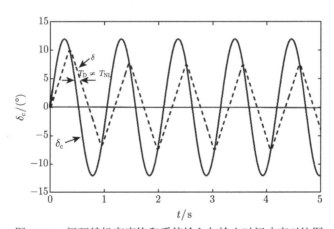

图 4.11 闭环舵机高度饱和系统输入与输出时间响应对比图

4.2 精确正弦描述函数模型

通过对输入–输出分量进行傅里叶积分可获得精确正弦描述函数。输入–输出分量的傅里叶积分式为

$$
\begin{aligned}
a_1 &= \frac{2}{p} \int_{-\frac{p}{2}}^{\frac{p}{2}} f(t) \cos\left(\omega_{\text{in}}\, t\right) \mathrm{d}t \\
b_1 &= \frac{2}{p} \int_{-\frac{p}{2}}^{\frac{p}{2}} f(t) \sin\left(\omega_{\text{in}}\, t\right) \mathrm{d}t
\end{aligned}
\tag{4-1}
$$

式中，$f(t)$ 为输入或输出周期函数。

运用式 (4-1) 可定义精确正弦描述函数的幅值和相位，定义式为

$$
\begin{aligned}
\left| \frac{\delta(\mathrm{j}\omega)}{\delta_{\mathrm{c}}(\mathrm{j}\omega)} \right| &= \frac{\sqrt{a_{1\,\mathrm{out}}^2 + b_{1\,\mathrm{out}}^2}}{b_{1\,\mathrm{in}}} \\
\angle \frac{\delta(\mathrm{j}\omega)}{\delta_{\mathrm{c}}(\mathrm{j}\omega)} &= -\arctan\left(\frac{a_{1\,\mathrm{out}}}{b_{1\,\mathrm{out}}} \right)
\end{aligned}
\tag{4-2}
$$

对式 (4-1) 和式 (4-2) 进行数值计算，可以获得一簇幅值和相位曲线，如图 4.12 所示。两幅图中的曲线均是正交频率 $\omega/\omega_{\mathrm{a}}$ 和线性与非线性时间常数比 T/T_{NL} 的函数。因此，这两幅图说明了非线性系统的幅值和相角与舵机设计参数 (V_{L} 和 ω_{a}) 及输入参数 (A 和 ω_{i}) 等已知量间的关系。通过对两幅图的分析，可得到几个有意义的结果：$T/T_{\mathrm{NL}} = 1$ 曲线代表线性情况；线性与非线性时间常数比 T/T_{NL} 越小，则舵机饱和程度越高。精确正弦描述函数与线性系统幅值差和相角差曲线如图 4.13 所示。观察图 4.13 可发现，已知的舵机设计参数 (V_{L} 和 ω_{a}) 及

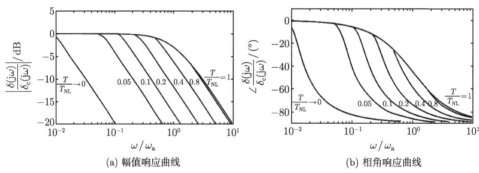

(a) 幅值响应曲线　　　　　　　　　　　　(b) 相角响应曲线

图 4.12　精确正弦描述函数的频域响应

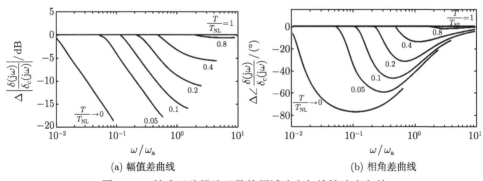

(a) 幅值差曲线　　　　　　　　　　　　(b) 相角差曲线

图 4.13　精确正弦描述函数的频域响应与线性响应之差

输入参数 (A 和 ω_i) 可被用来确定由速率限制舵机引起的相位滞后。正如预期的一样，图 4.13 表明，饱和度越高，则与线性系统的相位差越大。

4.3 正弦输入描述函数模型

对于某些非线性系统，一种扩展型的频率响应法，即所谓描述函数法，能用来近似地分析和预测非线性特性。尽管，它只是一种近似方法，但它继承了频率响应法的期望特性，这使得它成为一种分析非线性系统必不可少的工具。

考虑具有图 4.14 所示一般形式的非线性闭环系统。为了推导描述函数法的基本形式，系统必须满足下列四个条件 [120]：

(1) 系统只有一个单一的非线性分量；

(2) 这个非线性分量不随时间而变化；

(3) 对应于正弦输入 $x = \sin(\omega t)$，只须考虑输出 $\omega(t)$ 中的基波分量 $\omega_t(t)$；

(4) 非线性是奇函数类型。

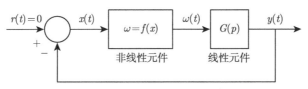

图 4.14　非线性闭环系统示意图

第一个假设是指如果系统中存在两个或更多的非线性分量，那么必须将它们归并为一个单一非线性 (例如，采用将两个非线性并联的方法)，或者只保留一个主要的非线性件而略去其余的非线性。

第二个假设是指我们只考虑自治的非线性系统。许多实际非线性都满足这个假设，例如放大器的饱和、齿轮的间隙、物体表面的库仑摩擦以及继电器的磁滞等。这个假设的理由是，作为描述函数法主要依据的奈奎斯特判据只能用于定常系统。

第三个假设是描述函数的基本假设。它表示一种近似。因为对应于正弦输入的非线性元件的输出，通常除包含基波之外还包含高次谐波。这个假设意味着，在分析中与基波成分相比，较高频率的谐波能完全被忽略。为使这个假设有效，则很重要的一点是，跟在非线性环节之后的线性元件必须具有低通特性，即

$$G|(j\omega)| \gg G|(jn\omega)|, \quad n = 2, 3, \cdots \tag{4-3}$$

这意味着输出中的高次谐波将会被有效地滤除，因此，第三个假设经常称作滤波假设。

第四个假设是指非线性元件的输入和输出间的非线性关系曲线 $f(x)$ 是关于原点对称的。这个假设是为简化而引入的，即为了能忽略输出的傅里叶展开式中的稳定项。

输出函数 $\omega(t)$ 的傅里叶级数展开式为

$$\omega(t) = \frac{a_0}{2} + \sum_{n=1}^{\infty} [a_n \cos(n\omega t) + b_n \sin(n\omega t)] \tag{4-4}$$

其中，

$$a_0 = \frac{1}{\pi} \int_{-\pi}^{\pi} \omega(t) \mathrm{d}(\omega t)$$

$$a_n = \frac{1}{\pi} \int_{-\pi}^{\pi} \omega(t) \cos(n\omega t) \mathrm{d}(\omega t) \tag{4-5}$$

$$b_n = \frac{1}{\pi} \int_{-\pi}^{\pi} \omega(t) \sin(n\omega t) \mathrm{d}(\omega t)$$

运用上述四个假设条件，所有奇函数 $a_0 = 0$，所有高阶分量可被忽略。于是有

$$\omega(t) \approx \omega_1(t) = a_1 \cos(\omega t) + b_1 \sin(\omega t) \tag{4-6}$$

上式可写为

$$\omega_1(t) = M \sin(\omega t + \phi) \tag{4-7}$$

其中，

$$M = \sqrt{a_1^2 + b_1^2}$$

$$\phi = \arctan\left(\frac{a_1}{b_1}\right) \tag{4-8}$$

将式 (4-7) 写为复数形式：

$$\omega_1(t) = M\mathrm{e}^{\mathrm{j}(\omega t + \phi)} = (b_1 + \mathrm{j}a_1)\,\mathrm{e}^{\mathrm{j}(\omega t)} \tag{4-9}$$

非线性环节的描述函数 $N(A, \omega)$ 可被写为

$$N(A, \omega) = \frac{M\mathrm{e}^{\mathrm{j}(\omega t + \phi)}}{A\mathrm{e}^{\mathrm{j}(\omega t)}} = \frac{M}{A}\mathrm{e}^{\mathrm{j}\phi} = \frac{1}{A}\left(b_1 + \mathrm{j}a_1\right) \tag{4-10}$$

考虑图 4.15 所示的饱和非线性的输入与输出间的关系。从图中可以发现，如果输入信号 $x(t) = A\sin(\omega t)$ 的最大幅值 $A \leqslant a$，则输入信号仍为线性的，且输出信号为 $\omega(t) = kA\sin(\omega t)$。但是若最大幅值 $A > a$，则输出信号将被 "削平"，且可被分为几何对称的两部分：

$$\omega(t) = \begin{cases} kA\sin(\omega t), & 0 \leqslant \omega t \leqslant \gamma \\ ka, & \gamma < \omega t \leqslant \dfrac{\pi}{2} \end{cases} \tag{4-11}$$

其中，$\gamma = \arcsin(a/A)$。

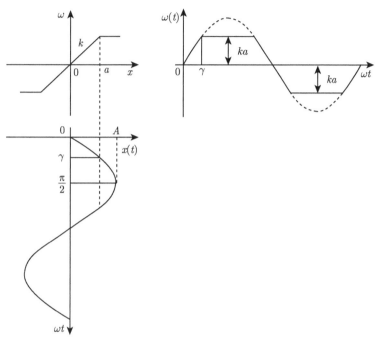

图 4.15　饱和非线性输入与输出间的关系

输出信号 $\omega(t)$ 为一个奇函数，因此式 (4-6) 中 $a_1 = 0$，于是有

$$\begin{aligned} b_1 &= \frac{4}{\pi} \int_0^{\frac{\pi}{2}} \omega(t)\sin(\omega t)\mathrm{d}(\omega t) \\ &= \frac{4}{\pi} \int_0^{\gamma} kA\sin^2(\omega t)\mathrm{d}(\omega t) + \frac{4}{\pi} \int_{\gamma}^{\frac{\pi}{2}} ka\sin(\omega t)\mathrm{d}(\omega t) \end{aligned} \tag{4-12}$$

$$b_1 = \frac{2kA}{\pi}\left[\gamma + \frac{a}{A}\sqrt{1 - \frac{a^2}{A^2}}\right] \tag{4-13}$$

将 $a_1 = 0$ 和式 (4-13) 代入式 (4-10)，于是有

$$N(A,\omega) = \frac{b_1}{A} = \frac{2k}{\pi}\left[\arcsin\frac{a}{A} + \frac{a}{A}\sqrt{1 - \frac{a^2}{A^2}}\right] \tag{4-14}$$

图 4.2 中的饱和非线性环节与图 4.15 中的饱和非线性环节是相一致的。假定

图 4.2 中的误差信号为 $e(t) = E\sin(\omega t + \phi)$，其中 E 为误差信号幅值，则图 4.2 中的饱和非线性环节的描述函数为

$$N(A,\omega) = \frac{2\omega_{\mathrm{a}}}{\pi}\left[\arcsin\left(\frac{e_{\mathrm{L}}}{E}\right) + \frac{e_{\mathrm{L}}}{E}\sqrt{1 - \left(\frac{e_{\mathrm{L}}}{E}\right)^2}\right] \tag{4-15}$$

对反正弦和平方根项进行幂级数展开，仅保留一阶线性项，描述函数化为

$$N(A,\omega) \approx \frac{2\omega_{\mathrm{a}}}{\pi}\left(\frac{e_{\mathrm{L}}}{E} + \frac{e_{\mathrm{L}}}{E}\right) = \frac{4}{\pi}\frac{\omega_{\mathrm{a}}e_{\mathrm{L}}}{E} \tag{4-16}$$

将 $V_{\mathrm{L}} = \omega_{\mathrm{a}}e_{\mathrm{L}}$ 代入上式得

$$N(A,\omega) \approx \frac{4}{\pi}\frac{V_{\mathrm{L}}}{E} \tag{4-17}$$

考虑图 4.14 经修改后的方框图，如图 4.16 所示，图中 N 被视为一个常数 [121]，于是有

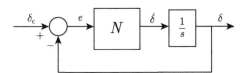

图 4.16　速率限制环节传递函数框图

$$\frac{e(s)}{\delta_{\mathrm{c}}(s)} = \frac{1}{1 + \dfrac{N}{s}} \tag{4-18}$$

假设输入信号为 $\delta_{\mathrm{c}}(t) = A\sin(\omega t)$，误差信号为 $e(t) = E\sin(\omega t + \phi)$，用 $\mathrm{j}\omega$ 代替 s，上述传递函数的幅值为

$$\left|\frac{e(s)}{\delta_{\mathrm{c}}(s)}\right| = \frac{1}{\sqrt{1 + \left(\dfrac{N}{\omega}\right)^2}} = \left|\frac{E\sin(\omega t + \phi)}{A\sin(\omega t)}\right| = \frac{E}{A} \tag{4-19}$$

将式 (4-17) 代入式 (4-19)，消去 E 可得

$$N = \frac{\omega}{\sqrt{\left(\dfrac{\pi}{4}\dfrac{A\omega}{V_{\mathrm{L}}}\right)^2 - 1}} \tag{4-20}$$

视 N 为常数，可得 δ 与 δ_{c} 之间的传递函数

$$\frac{\delta(s)}{\delta_{\mathrm{c}}(s)} = \frac{N}{s + N} \tag{4-21}$$

上述传递函数的幅值与相角分别为

$$\left| \frac{\delta(s)}{\delta_{c}(s)} \right| = \frac{\sqrt{N^2}}{\sqrt{\omega^2 + N^2}} = \sqrt{\frac{1}{1 + \left(\frac{\omega}{N}\right)^2}}$$

$$\angle \frac{\delta(s)}{\delta_{c}(s)} = \arctan\left(-\frac{\omega}{N}\right) \tag{4-22}$$

将式 (4-20) 代入式 (4-22)，求得幅值和相角：

$$\left| \frac{\delta(s)}{\delta_{c}(s)} \right| = \frac{4}{\pi} \frac{V_{L}}{A\omega}$$

$$\angle \frac{\delta(s)}{\delta_{c}(s)} = -\arctan\left[\sqrt{\left(\frac{\pi}{4}\frac{A\omega}{V_{L}}\right)^2 - 1}\right] \tag{4-23}$$

式 (4-23) 即为速率限制舵机高度饱和时的正弦输入描述函数模型。

文献 [122] 给出了速率限制舵机近饱和时的描述函数。饱和非线性环节的近饱和描述函数为

$$N(A, \omega) \approx \frac{V_{L}}{E} \tag{4-24}$$

比较式 (4-24) 与式 (4-17) 发现，两者仅相差一个比例因子 $4/\pi$，因此速率限制舵机近饱和时的正弦输入描述函数为

$$\left| \frac{\delta(s)}{\delta_{c}(s)} \right| = \frac{V_{L}}{A\omega}$$

$$\angle \frac{\delta(s)}{\delta_{c}(s)} = -\arctan\left[\sqrt{\left(\frac{A\omega}{V_{L}}\right)^2 - 1}\right] \tag{4-25}$$

饱和非线性的有效增益如图 4.17 所示。非线性有效增益的描述函数如图 4.18 所示，该图直观地表明了 3 种描述函数间的关系。由于线性与非线性时间常数比为

$$\frac{T}{T_{NL}} = \frac{V_{L}}{A\omega_{a}} \tag{4-26}$$

于是高度饱和与近饱和描述函数运用线性与非线性时间常数比可分别写为

$$\left| \frac{\delta(s)}{\delta_{c}(s)} \right| = \frac{4}{\pi} \frac{T}{T_{NL}} \frac{1}{(\omega/\omega_{a})}$$

$$\angle \frac{\delta(s)}{\delta_{c}(s)} = -\arctan\left[\sqrt{\left(\frac{\pi}{4}\frac{T_{NL}}{T}\frac{\omega}{\omega_{a}}\right)^2 - 1}\right] \tag{4-27}$$

$$\left|\frac{\delta(s)}{\delta_{\mathrm{c}}(s)}\right| = \frac{T}{T_{\mathrm{NL}}} \frac{1}{(\omega/\omega_{\mathrm{a}})}$$

$$\angle \frac{\delta(s)}{\delta_{\mathrm{c}}(s)} = -\arctan\left[\sqrt{\left(\frac{T_{\mathrm{NL}}}{T}\frac{\omega}{\omega_{\mathrm{a}}}\right)^2 - 1}\right] \tag{4-28}$$

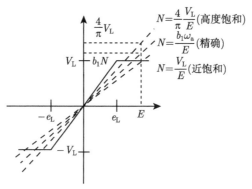

图 4.17　饱和非线性的有效增益

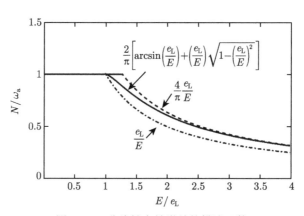

图 4.18　非线性有效增益的描述函数

此时，便可将高度饱和与近饱和描述函数模型频率响应与精确描述函数频率响应相比较，从而获得高度饱和与近饱和描述函数模型的使用域。高度饱和与近饱和描述函数模型频率响应同精确描述函数频率响应的对比如图 4.19~图 4.22 所示。

在使用域中，描述函数频率响应与精确描述函数频率响应有较理想的匹配。通过对上述结果的分析，描述函数使用域如下：

(1) $T/T_{\mathrm{NL}} \geqslant 0.8$ 时，运用近饱和描述函数模型；

(2) $0.2 \leqslant T/T_{\mathrm{NL}} < 0.8$ 时，运用高度饱和描述函数模型。

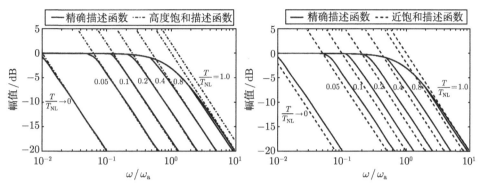

图 4.19 高度饱和与近饱和描述函数同精确描述函数幅值响应对比图

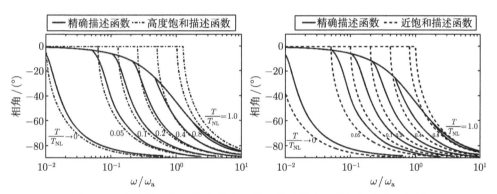

图 4.20 高度饱和与近饱和描述函数同精确描述函数相角响应对比图

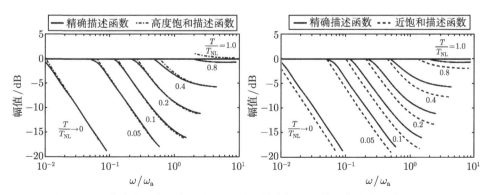

图 4.21 高度饱和与近饱和描述函数同精确描述函数频率响应幅值对比图

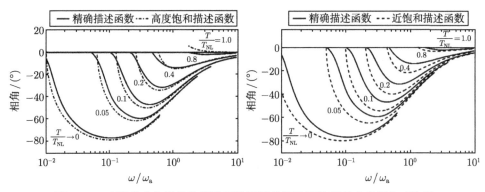

图 4.22　高度饱和与近饱和描述函数同精确描述函数频率响应相角对比图

4.4　正弦输入/三角输出描述函数模型

当速率限制环节高度饱和时, 且舵机带宽趋于无穷时, 可获得正弦输入/三角形输出的近似描述函数模型 [123], 速率限制环节正弦输入的时间响应如图 4.23 所示, 图中 L 表示幅值。

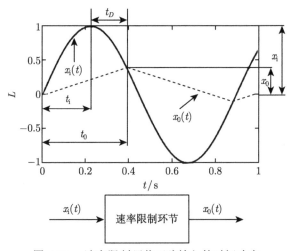

图 4.23　速率限制环节正弦输入的时间响应

输入的正弦信号为

$$x_i(t) = x_{i_{\max}} \sin(\omega t) \tag{4-29}$$

输入速率为

$$\dot{x}_i(t) = x_{i_{\max}} \omega \cos(\omega t) \tag{4-30}$$

令 $\omega = 2\pi/T$ 其中 $T = 4t_i$，则最大输入速率为

$$\dot{x}_{i_{\max}} = \frac{\pi}{2} \frac{x_{i_{\max}}}{t_i} \tag{4-31}$$

输出速率等于输出信号的斜率：

$$\dot{x}_0 = \pm \frac{x_0}{t_0} \tag{4-32}$$

引入新变量 K^*：

$$\frac{x_0}{x_{i_{\max}}} = \frac{\pi}{2} \frac{\dot{x}_0}{\dot{x}_{i_{\max}}} = K^* \tag{4-33}$$

当饱和时，输出速率为 V_L，最大输入速率为 $A\omega$。运用图 4.6 中的参数来描述变量 K^*：

$$K^* = \frac{\pi}{2} \frac{V_L}{A\omega} \tag{4-34}$$

描述函数的幅值运用 K^* 可表达为

$$\left| \frac{\delta(j\omega)}{\delta_c(j\omega)} \right| = \frac{8}{\pi^2} K^* = \frac{4}{\pi} \frac{V_L}{A\omega} \tag{4-35}$$

当 $t = t_i + t_D$ 时，输入信号与输出信号的幅值相等。

$$x_{i_{\max}} \sin\left[\omega \left(t_i + t_D \right) \right] = x_0 \tag{4-36}$$

由式 (4-36) 可得

$$\cos(\Delta\phi) = K^* \tag{4-37}$$

式 (4-37) 中，$\Delta\phi$ 是输入信号与输出信号间的相角差。于是有

$$\angle \frac{\delta(j\omega)}{\delta_c(j\omega)} = -\arctan\left[\sqrt{\left(\frac{1}{K^*} \right)^2 - 1} \right] = -\arctan\left[\sqrt{\left(\frac{2A\omega}{\pi V_L} \right)^2 - 1} \right] \tag{4-38}$$

若以 K^* 为自变量，则正弦输入/三角输出描述函数模型的幅值和相角曲线分别如图 4.24 和图 4.25 所示。

由图可知，参数 K^* 提供了速率限制严重程度的信息。由正弦输入/三角输出描述函数模型得到的相角表达式中，K^* 取值范围为 $0 \leqslant K^* \leqslant 1$。当 $K^* \to 1$ 时，速率限制削弱，与此同时非线性系统的线性增强。当 $K^* \to 0$ 时，速率限制增强，相应地幅值衰减，相位滞后增加。

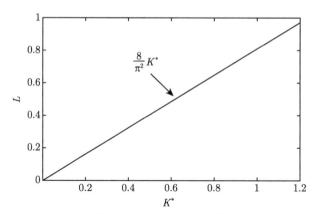

图 4.24　正弦输入/三角输出描述函数模型的幅值曲线

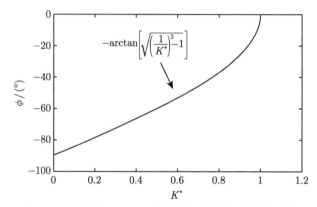

图 4.25　正弦输入/三角输出描述函数模型的相角曲线

由式 (4-35) 可得

$$K^* = \frac{\pi}{2} \frac{T}{T_{\mathrm{NL}}} \frac{\omega_{\mathrm{a}}}{\omega} \tag{4-39}$$

于是正弦输入/三角输出描述函数运用线性与非线性时间常数比可分别写为

$$\left| \frac{\delta(s)}{\delta_{\mathrm{c}}(s)} \right| = \frac{4}{\pi} \frac{T}{T_{\mathrm{NL}}} \frac{1}{(\omega/\omega_{\mathrm{a}})}$$

$$\angle \frac{\delta(s)}{\delta_{\mathrm{c}}(s)} = -\arctan\left[\sqrt{\left(\frac{2}{\pi}\frac{T_{\mathrm{NL}}}{T}\frac{\omega}{\omega_{\mathrm{a}}}\right)^2 - 1}\right] \tag{4-40}$$

注意比较式 (4-40) 和式 (4-27)，发现正弦输入/三角输出描述函数的幅值表达式与高度饱和描述函数的幅值表达式相同，因此仅将正弦输入/三角输出描述函数的相角与精确描述函数的相角进行比较。

在使用域中，描述函数频率响应与精确描述函数频率响应有较理想的匹配。观察图 4.26 和图 4.27 可知正弦输入/三角输出描述函数使用域为 $T/T_{\mathrm{NL}} < 0.2$。通过以上的综合分析可知，描述函数使用域如下：

(1) $T/T_{\mathrm{NL}} \geqslant 0.8$ 时，运用近饱和描述函数模型；

(2) $0.2 \leqslant T/T_{\mathrm{NL}} < 0.8$ 时，运用高度饱和描述函数模型；

(3) $T/T_{\mathrm{NL}} < 0.2$ 时，运用正弦输入/三角输出描述函数模型。

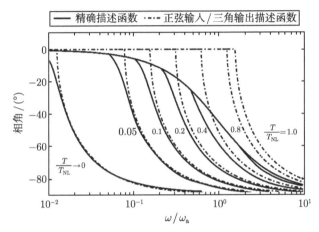

图 4.26　正弦输入/三角输出描述函数同精确描述函数相角响应对比图

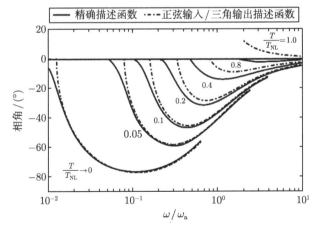

图 4.27　正弦输入/三角输出描述函数同精确描述函数频率响应相角对比图

4.5　本 章 小 结

非线性速率限制环节的理论模型是研究 II 型 PIO 问题的切入点，在后续一章的 II 型 PIO 预测方法中将用到此模型，它是多种预测准则的理论基础。此模型在非线性 PIO 的研究中居于重要地位，相关研究案例是能够描述非线性 PIO 特点的、具有代表性的案例。本章主要研究工作和结论如下所述。

(1) 本章依据舵机的物理特性建立了简化的速率限制环节模型，运用时域仿真法研究了此模型的线性、近饱和及高度饱和时的特性。借助描述函数法建立了速率限制环节的精确正弦描述函数模型，精确正弦描述函数模型是简化的速率限制环节最为精确的模型，通过非线性仿真可获得精确正弦描述函数模型的幅值与相角。由于在运用精确正弦描述函数模型的过程中每次均需进行非线性仿真，这就给频域内各种 II 型 PIO 预测方法的应用带来了困难。为解决此矛盾，便研发了多种近似描述函数模型。

(2) 本章推导了高度饱和与近饱和描述函数模型，并将高度饱和与近饱和描述函数模型求得的幅值与相角同精确正弦描述函数模型的幅值与相角进行了比较研究，获得了高度饱和与近饱和描述函数模型各自的使用域。同时，本章还推导了在无限舵机带宽条件下的正弦输入/三角输出描述函数模型，也将此模型的幅值与相角同精确正弦描述函数模型的幅值与相角进行了比较研究，获得了正弦输入/三角输出描述函数模型的使用域。上述三个近似描述函数模型的使用域覆盖了精确正弦描述函数模型的全部使用域，从而为在频域内运用多种准则对 II 型 PIO 进行预测奠定了坚实的理论基础。

第 5 章　基于抑制器的速率饱和 PIO 抑制方法研究

　　1977 年,"企业号"航天飞机在着陆时发生了 PIO 事件, 数字飞行控制计算机的时延及升降舵舵机速率限制的共同作用导致了此次 PIO 事件。于是 NASA 开始研究抑制航天飞机发生 PIO 的方法。文献 [40] 描述了一种 PIO 抑制滤波器, 当发生 PIO 潜在风险较高时, 此滤波器将衰减驾驶员增益, 同时减小相位滞后。此滤波器在航天飞机的控制律中被实现, 自 1977 年 PIO 事件后, 未再出现航天飞机发生俯仰轴 PIO 事件的公开报道 [124]。受此启发, 1980 年美国海军研发了一种时域滤波器以减少速率限制器的影响, 但该滤波器存在不足, 例如, 对输入噪声敏感, 误差补偿时间过长等 [125]。SAAB 公司发展了相位补偿技术以克服 JAS-39 Gripen 飞机与速率限制相关的缺陷 [126]。该相位补偿技术运用反馈信号通过一个低通滤波器, 该滤波器当输入信号反向时能几乎同时使速率限制的输出反向。该技术还具有旁支回路的特点, 以确保只有输入信号的低频部分在被限制时得到相位补偿。

　　随着航空技术的不断进步, 抑制非线性 II 型 PIO 发生的方法也在不断发展。其中之一是提高舵机系统的舵机速率, 但该方法因受限于舵机的尺寸和重量, 未能得到广泛应用 [127]。目前, 广泛采用的方法是运用补偿技术来抑制非线性 II 型 PIO 的发生 [128]。补偿技术之一是减少驾驶杆命令增益或减少反馈控制增益, 但这会使飞机飞行品质恶化, 以至于一架高增益飞机飞行起来如同一架运输机。另一种补偿技术是当速率限制被激活时对系统相位进行补偿 [91]。设计相位补偿系统可采用逻辑条件法和连续信号法。逻辑条件法仅在控制系统需要相位补偿时工作, 而连续信号法将对控制系统产生持续的补偿信号 [129]。

　　本章将对由逻辑条件法设计的 DS(Derivative Switching) 抑制器, 以及连续信号法设计的前馈结构 DASA(Dead Area Stability Augmentation) 抑制器、反馈结构 RLF(Rate-Limited Feedback) 抑制器, 展开一系列深入研究, 以期揭示设计非线性 II 型 PIO 抑制器的最佳方法。

5.1　抑制器开环特性分析

5.1.1　抑制器的结构

　　DS 抑制器结构如图 5.1 所示, 图中 u_1 为由驾驶员输出的操纵信号, u_2 为从物理速率限制器反馈回的信号, y 为抑制器输出信号, 该系统是一逻辑结构 [130]。

DS 相位补偿器主要由 3 部分组成。最上层部分由一个微分器、速率限制器及积分器组成。当非对称信号输入时，积分器被用来减小偏差量。中间部分提供了开关逻辑，信号中的高频噪声被滤除。滤波后信号的速率和加速度值与预置的速率值 C_1 和加速度值 C_2 相比较，当任一数值超过预置值时，补偿器上层部分被激活。当滤波后信号的速率和加速度值未超过两者的预置值时，信号可通过底层部分而直接通过补偿器。

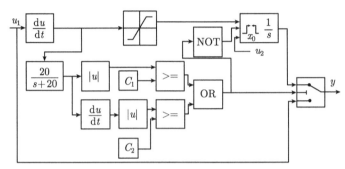

图 5.1　DS 抑制器结构框图

DASA 抑制器结构如图 5.2 所示，图中 u 为输入信号，y 为抑制器输出信号，该系统是一前馈结构[131]。当速率限制器未饱和时，该系统允许输入信号无衰减地通过。当速率限制器饱和时，输入信号的幅值将被衰减，同时速率将被降低。补偿网络中的死区环节的间隔等于速率限制器上下限之间的间隔。

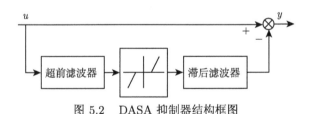

图 5.2　DASA 抑制器结构框图

RLF 抑制器结构如图 5.3 所示，图中 u 为输入信号，e 为误差信号，y 为抑制器输出信号，m 为速率限制值，该系统由一个速率限制反馈和一个用于补偿相位滞后的相位超前网络构成[132]。该系统通过反馈输出信号及获取误差信号的方式实现相位补偿。该误差信号 e 反馈给相位超前网络 $G_p(s)$ 以保证相位补偿最小化。最后，相位超前网络的输出信号与抑制器输出信号 y 相加后通过一个速率限制模块输出。

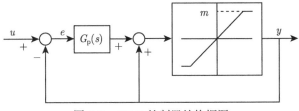

图 5.3　RLF 抑制器结构框图

5.1.2　抑制器频域特性分析

　　DS 抑制器、DASA 抑制器及 RLF 抑制器均是非线性的, 因此运用描述函数法研究它们的频率特性 [133]。描述函数取决于输入信号的幅值 C 和频率 ω, 当输入信号为 $u = C\sin(\omega t)$, 输出信号为 $y(t)$ 时, 则描述函数 $Y_N(C,\omega)$ 为

$$Y_N(C,\omega) = \frac{b_1 + \mathrm{i}a_1}{C}$$

$$a_1 = \frac{\omega}{\pi} \int_0^{\frac{2\pi}{\omega}} y(t)\cos(\omega t)\mathrm{d}t \tag{5-1}$$

$$b_1 = \frac{\omega}{\pi} \int_0^{\frac{2\pi}{\omega}} y(t)\sin(\omega t)\mathrm{d}t$$

或

$$Y_N(C,\omega) = \frac{c_1 \times \mathrm{e}^{\mathrm{i}\phi}}{C}$$

$$c_1 = \sqrt{(a_1)^2 + (b_1)^2} \tag{5-2}$$

$$\phi = \arctan\left(\frac{a_1}{b_1}\right)$$

式中, a_1 和 b_1 为傅里叶系数; c_1 和 ϕ 分别为描述函数 $Y_N(C,\omega)$ 的幅值与相位。

　　在进行频率特性计算时, 所有的速率限制 V_L 的值被设为 $\pm 1\mathrm{rad/s}$; DS 抑制器 C_1 值等于速率限制 V_L 的值, C_2 的值等于 600; DASA 抑制器中的超前滤波器为 $s/(0.05s+1)$, 滞后滤波器为 $1/(s+1)$; RLF 抑制器中 $G_p(s)$ 为 $(s+1)^2/(s+5)^2$。书中仅对驾驶员最关心的频率范围 (0.1~10rad/s) 进行研究。当频率低于 0.1rad/s 时, 周期已长到使驾驶员有时间进行操纵干预与修正。当频率高于 10rad/s 时, 即使产生了 180° 相位滞后, 也仅能产生小于 0.3s 的时延。

　　图 5.4 给出了速率限制器、DS 抑制器、DASA 抑制器、RLF 抑制器的 Bode 图。观察图 5.4 可发现, 随着速率限制与输入信号幅值之比 m/C 的逐渐减小, 3

种抑制器的相位补偿量越来越显著，且补偿起始频率值越来越小，但 3 种抑制器的幅值变化基本一致。由图 5.4 可知，当 $m/C = 0.5$ 时，DASA 抑制器补偿的相位最小，而 RLF 抑制器补偿的相位量最多。

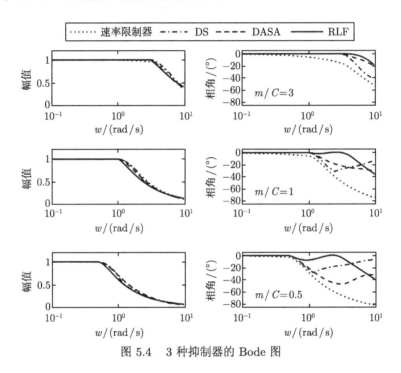

图 5.4   3 种抑制器的 Bode 图

5.1.3   抑制器时域特性分析

图 5.5 为输入信号是 $u = \sin(3t)$ 时，速率限制 V_L 为 1rad/s 情况下的，DS 抑制器、DASA 抑制器、RLF 抑制器的时间响应图。图中正弦输入信号和无补偿速率限制器三角输出信号均以点虚线表示，DS 抑制器、DASA 抑制器和 RLF 抑制器的时间响应见图中的标示。观察图 5.5 可发现，RLF 抑制器所产生的时延最小，表明其相位补偿能力最强，能有效地减少延迟时间。

如果输入信号为非对称、无稳态误差的偏差信号，则驾驶员的操纵将受到干扰，从而使驾驶员给出较低的飞行品质评价。图 5.6 为偏差输入信号时，速率限制 V_L 为 1rad/s 情况下，DS 抑制器、DASA 抑制器、RLF 抑制器的时间响应图。图中正弦输入信号和无补偿速率限制器三角输出信号均以点虚线表示，DS 抑制器、DASA 抑制器和 RLF 抑制器的时间响应见图中的标示。观察图 5.6 可发现，在对偏差输入信号的跟踪中，DS 抑制器和 RLF 抑制器均能有效消除输入信号偏差。

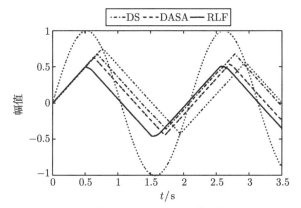

图 5.5 抑制器对 $u = \sin(3t)$ 的时间响应图

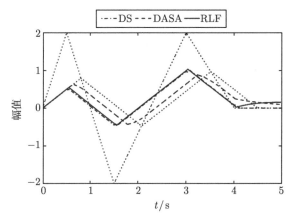

图 5.6 抑制器对偏差输入信号的时间响应图

5.2 抑制器相位补偿能力研究

根据抑制器的频率响应,可了解其相位补偿能力。根据图 5.4 中 DS 抑制器、DASA 抑制器、RLF 抑制器,可提供的相位补偿角如图 5.7 所示。观察图 5.7 可发现,随着 m/C 的减小,各个抑制器的相角补偿能力迅速增加,且补偿起始频率值越来越小。其中,RLF 抑制器的相角补偿能力增加迅速,且随着频率的增加其补偿能力不是线性增加的。RLF 抑制器所能补偿的最小相角不依赖于输入信号的幅值,而是由线性传递函数 $G_{\rm p}(s)$ 所能提供的相角来决定的,这就为运用频率技术来设计 RLF 抑制器的参数提供了前提。线性传递函数 $G_{\rm p}(s)$ 的结构为 $(s + a)^2/(s + b)^2$,通过调节参数 a、b 的数值便可控制 RLF 抑制器的补偿性能。

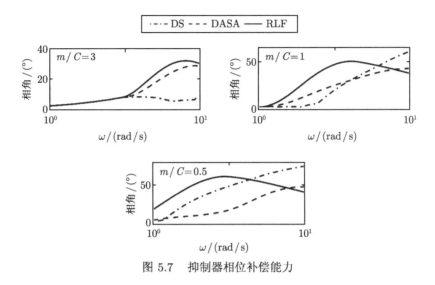

图 5.7   抑制器相位补偿能力

　　图 5.8 给出了参数 a、b 不同数值时，RLF 抑制器的补偿效果图。图 5.8 中 m/C 的数值选为 0.3，以增强速率限制的严重程度，从而使对比效果更为明显。观察图 5.8 可发现，RLF 抑制器的相位补偿能力取决于公式 $\Delta = b - a$ 中 Δ 数值的大小，若 Δ 值越大则补偿能力越强。但 RLF 抑制器的相位补偿能力并非越强越好，过强的相位补偿能力会影响飞机的飞行品质，使飞机响应速度迟缓。RLF 抑制器的相位补偿能力，以恰能抑制 II 型 PIO 的发生，而又不恶化飞机的飞行品质为最佳。由于速率限制的非线性作用，Δ 值的大小需根据具体机型来选择，当该值选定后，还需根据飞行任务需要，进行一系列的时域数值仿真，以优化 Δ 的数值。

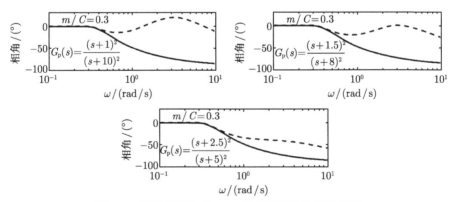

图 5.8   不同参数值时 RLF 抑制器相位补偿能力图

5.3 Ⅱ 型 PIO 抑制机理研究

Ⅱ 型 PIO 抑制器将被应用于如图 5.9 所示的人机闭环系统，图中 θ_c 为俯仰角指令，θ_e 为俯仰角误差，δ_c 为操纵面指令，$\dot{\delta}$ 为操纵面偏角速率，δ 为操纵面偏角，θ 为俯仰角。图中驾驶员模型采用同步驾驶员模型 [134]，驾驶员模型为 $G_p(s) = K_p$。飞机纵向传递函数如下式所示：

$$G_a(s) = \frac{\theta(s)}{\delta(s)} = \frac{3.476(0.0292)(0.883)}{[0.19, 0.1][0.366, 2.3]} \tag{5-3}$$

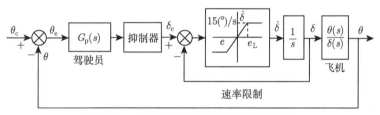

图 5.9 含抑制器的人机闭环系统示意图

上述非线性人机闭环系统的稳定性取决于下式：

$$G_p(j\omega)G_a(j\omega)N(A, j\omega) = -1 \tag{5-4}$$

求解线性传递函数，式 (5-4) 可写为

$$G_p(j\omega)G_a(j\omega) = \frac{-1}{N(A, j\omega)} \tag{5-5}$$

于是，$G_p(j\omega)G_a(j\omega)$ 成为负倒数描述函数的一个函数。仿照线性系统按开环频率特性曲线来判别闭环系统稳定性的方法，可以利用 Nichols 图上 $-1/N(A, j\omega)$ 曲线和 $G_p(j\omega)G_a(j\omega)$ 曲线之间的相对位置来判断人机闭环非线性系统的稳定性 [135]。若两条曲线相切或相交，则切点或交点即为不稳定点。$K_p = 4.5$ 未加抑制器的人机系统 Nichols 图如图 5.10 所示，线性传递函数的 Nichols 曲线与速率限制器的 Nichols 曲线此时有 2 个交点。$K_p = 2.52$ 未加抑制器的人机系统 Nichols 图如图 5.11 所示，线性传递函数的 Nichols 曲线与速率限制器的 Nichols 曲线此时仅有 1 个交点。$K_p = 1.5$ 未加抑制器的人机系统 Nichols 图如图 5.12 所示，线性传递函数的 Nichols 曲线与速率限制器的 Nichols 曲线此时无交点。由此可发现，驾驶员增益值 K_p 大于 2.52 时，人机系统存在 2 个极限环，其中一

个为稳定极限环，另一个为不稳定极限环；驾驶员增益值 K_p 小于 2.52 时，2 条 Nichols 曲线无交点，人机系统不存在极限环。在非线性系统的定性分析理论中，K_p 的这一数值点称为周期性轨道分歧鞍点。

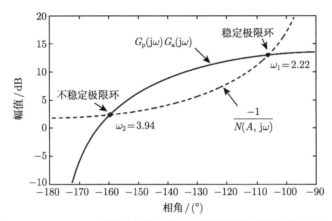

图 5.10　$K_p = 4.5$ 时线性传递函数与负倒数描述函数的 Nichols 图

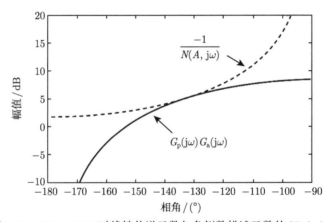

图 5.11　$K_p = 2.52$ 时线性传递函数与负倒数描述函数的 Nichols 图

受上述规律的启发可知，抑制器是否能抑制 Ⅱ 型 PIO，取决于下式是否无解：

$$\angle G_p(j\omega)G_a(j\omega) + \angle \psi(A, j\omega) = \angle \frac{-1}{N(A, j\omega)} \tag{5-6}$$

式中，$\angle \psi(A, j\omega)$ 为抑制器所能提供的相角。当 $G_p(s) = 4.5$ 时，若要避免 Ⅱ 型 PIO 的发生，抑制器需提供在频率 2.22~3.94rad/s 范围内所需的相角，使 2 型曲线既无交点也无切点。

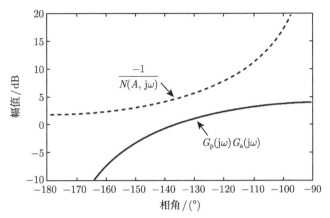

图 5.12 $K_{\mathrm{p}} = 1.5$ 时线性传递函数与负倒数描述函数的 Nichols 图

DS 抑制器 C_1 值等于速率限制 V_{L} 的值,C_2 的值等于 600。DASA 抑制器中的超前滤波器为 $s/(0.05s+1)$,滞后滤波器为 $1/(s+1)$。考虑到在抑制 Ⅱ 型 PIO 发生的同时,不对飞行品质产生过强影响,这里将 RLF 抑制器中的 $G_{\mathrm{p}}(s)$ 的参数值调整为 $(s+2)^2/(s+5)^2$。当 $m/C = 1$ 时,抑制器所能提供的相角及所需相角如图 5.13 所示,圆点表示所需相角,3 型曲线分别表示不同抑制器所能提供的相角。

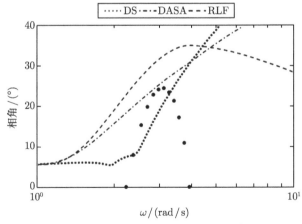

图 5.13 可供补偿相角与所需补偿相角图

观察图 5.13 可发现,3 型抑制器均可提供所需的补偿相角,但 RLF 抑制器补偿能力明显强于 DS 抑制器和 DASA 抑制器。同时发现,DS 抑制器不能完全满足所需相角的需求。加入抑制器后的人机系统 Nichols 图如图 5.14 所示。

观察图 5.14 可发现,RLF 抑制器使线性传递函数曲线与非线性描述函数曲

线相分离，两曲线无交点。DASA 抑制器虽同样使两曲线分离，但两曲线距离非
常靠近。DS 抑制器未能成功使得两曲线分离。上述分析结果与图 5.13 中对 3 种
抑制器所能提供的补偿相角分析结果相一致。通过对不同输入信号的时域仿真可
对比 3 种系统对 II 型 PIO 的抑制效果。

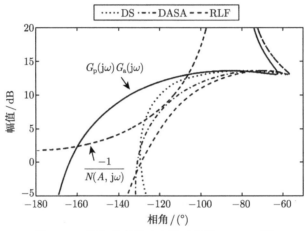

图 5.14　增加抑制器后人机系统的 Nichols 图

5.4　抑制器效能研究

5.4.1　阶跃跟踪任务

阶跃跟踪任务是一种典型的跟踪任务，可使速率限制器工作于恶劣的环境中，
此跟踪任务可被用来研究抑制器的效能。未加抑制器的人机闭环系统，其 6° 阶
跃输入时域仿真结果如图 5.15 所示，由图可知，飞机出现了持续俯仰振荡。图
中点虚线表示 6° 阶跃输入信号，实线表示未加抑制器的飞机俯仰角输出。加入
DS、DASA 和 RLF 抑制器的人机闭环系统，其 6° 阶跃输入的时域仿真结果如
图 5.16～图 5.18 所示。图中点虚线表示 6° 阶跃输入信号，实线表示加入相应抑
制器后的飞机俯仰角输出。

观察图 5.16 发现，DS 抑制器未能在全部的仿真时间内成功抑制 II 型 PIO，
在第 14s 后出现了持续振荡，且振荡有发散趋势，威胁飞行安全。观察图 5.17 与
图 5.18 发现 DASA 和 RLF 抑制器均能抑制 II 型 PIO，消除飞机俯仰角的持续
振荡。加入 RLF 抑制器的人机系统，俯仰角超调量更小且调节时间更短，这说
明 RLF 抑制器对飞机飞行品质的改善优于 DASA 抑制器。通过上述研究可发现，
在阶跃跟踪任务的时域仿真中获得的结论与频域分析中所获得的结论是一致的。

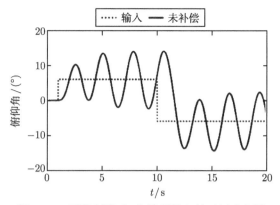

图 5.15　无抑制器时 6° 阶跃输入的时间响应图

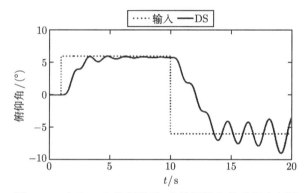

图 5.16　加入 DS 抑制器时 6° 阶跃输入的时间响应图

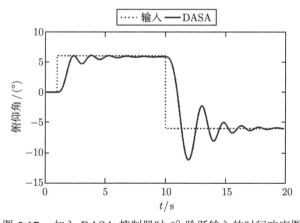

图 5.17　加入 DASA 抑制器时 6° 阶跃输入的时间响应图

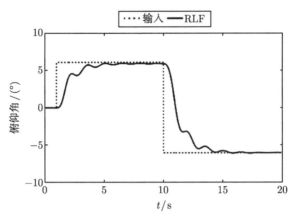

图 5.18　加入 RLF 抑制器时 6° 阶跃输入的时间响应图

5.4.2　离散俯仰跟踪任务

　　为进一步测试 3 种抑制器的性能，将采用 MIL-STD-1797A 中的离散俯仰跟踪任务和正弦跟踪任务[136]。在离散俯仰跟踪任务中，未加抑制器的人机闭环系统仿真结果如图 5.19 所示，由图可知，飞机出现了持续振荡。在离散俯仰跟踪任务中，DS 抑制器的仿真结果如图 5.20 所示，DASA 抑制器的仿真结果如图 5.21 所示，RLF 抑制器的仿真结果如图 5.22 所示，图中虚线为输入的离散俯仰跟踪任务，实线为加入相应抑制器后的俯仰角输出。观察图 5.20 发现，DS 抑制器消除了飞机的持续振荡，但在第 14s 之后输出信号才成功跟踪输入信号。观察图 5.21 发现 DASA 抑制器也成功消除了飞机的持续振荡，在第 13s 后输出信号成功跟踪输入信号，但在第 13s 前的调节过程中有幅值衰减的大幅振荡出现，且在第 44s

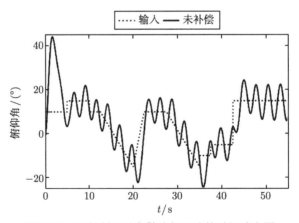

图 5.19　无抑制器时离散俯仰跟踪的时间响应图

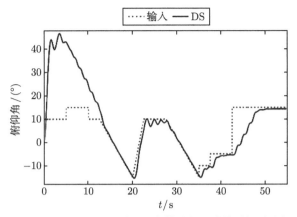

图 5.20 加入 DS 抑制器时离散俯仰跟踪的时间响应图

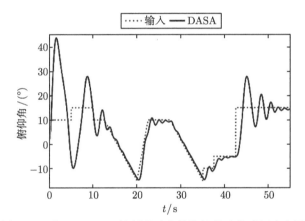

图 5.21 加入 DASA 抑制器时离散俯仰跟踪的时间响应图

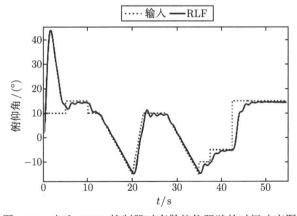

图 5.22 加入 RLF 抑制器时离散俯仰跟踪的时间响应图

之后的跟踪过程中也出现了幅值衰减的小幅振荡。观察图 5.22 发现，RLF 抑制器消除了飞机的持续振荡，在第 5s 后便实现了对输入信号的良好跟踪。通过上述对比研究可知，RLF 抑制器对 II 型 PIO 的抑制能力最强，且改善了飞机的飞行品质。

5.4.3　正弦跟踪任务

正弦跟踪任务出现在跟踪任务的最后阶段，其主要用途是发现相位滞后，该任务由下式产生：

$$
\begin{aligned}
\theta_{\text{command}} =& -\sin\left(\frac{4\pi}{63}t\right) + \sin\left(\frac{10\pi}{63}t\right) + \sin\left(\frac{18\pi}{63}t\right) \\
&+ \frac{1}{2}\sin\left(\frac{28\pi}{63}t\right) - \frac{1}{5}\sin\left(\frac{48\pi}{63}t\right) \\
&+ \frac{1}{5}\sin\left(\frac{84\pi}{63}t\right) - \frac{2}{25}\sin\left(\frac{180\pi}{63}t\right)
\end{aligned}
\tag{5-7}
$$

在正弦跟踪任务中，未加抑制器的人机闭环系统仿真结果如图 5.23 所示，由图可知，飞机出现了持续振荡，未能良好跟踪输入信号。在正弦跟踪任务中，DS 抑制器的仿真结果如图 5.24 所示，DASA 抑制器的仿真结果如图 5.25 所示，RLF 抑制器的仿真结果如图 5.26 所示，图中虚线为输入的正弦跟踪任务，实线为加入相应抑制器后的俯仰角输出。观察图 5.24 发现，DS 抑制器消除了飞机的持续振荡，使俯仰角输出信号能大致跟踪输入信号。观察图 5.25 发现，DASA 抑制器不但没有消除飞机的持续振荡，反而恶化了振荡，出现了发散现象。俯仰角发散将会导致飞机失控，出现灾难性的 PIO，尤其在飞机着陆阶段该现象应是极力避免

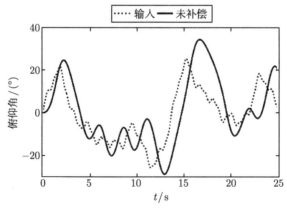

图 5.23　无抑制器时正弦跟踪的时间响应图

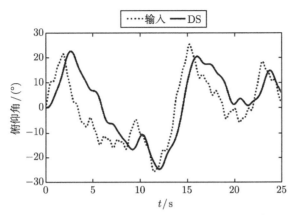

图 5.24   加入 DS 抑制器时正弦跟踪的时间响应图

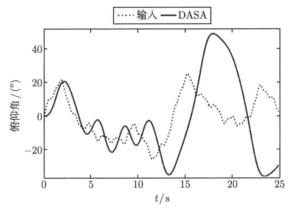

图 5.25   加入 DASA 抑制器时正弦跟踪的时间响应图

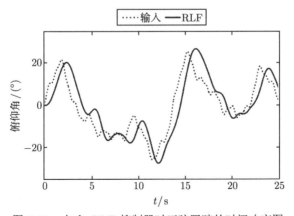

图 5.26   加入 RLF 抑制器时正弦跟踪的时间响应图

的。此现象说明,在正弦跟踪任务中,DASA 抑制器不但没有改善飞机飞行品质,反而恶化了飞机的飞行品质。观察图 5.26 发现,RLF 抑制器不仅消除了飞机的持续振荡,而且使输出信号实现对输入信号的良好跟踪。通过上述对比研究可知,RLF 抑制器在正弦跟踪任务中性能最佳,显著改善了飞机的飞行品质。

通过对阶跃跟踪任务、离散俯仰跟踪任务、正弦跟踪任务的仿真研究发现,RLF 抑制器的性能是最佳的,可以消除飞机振荡,实现对输入信号的良好跟踪。

5.5 应 用 实 例

5.5.1 人机闭环系统模型

本书将对如图 5.27 所示的人机闭环系统进行研究。该系统由飞行器小扰动模型、Neal-Smith 驾驶员模型、速率限制舵机模型、位置限制模型及待研究的抑制器构成。抑制器在离散跟踪任务和正弦跟踪任务中的性能将会获得深入研究。飞行器的小扰动模型为

$$\dot{X} = AX + BU$$
$$Y = CX + DU$$

(5-8)

其中,状态变量 $X = [v, \alpha, q, \theta]^{\mathrm{T}}$,这里 v 为前向速度,α 为迎角,q 为俯仰角速度,θ 为俯仰角;输入变量 $U = [\delta_e]^{\mathrm{T}}$,这里 δ_e 为升降舵偏角;输出变量 $Y = [v, \alpha, q, \theta]^{\mathrm{T}}$。

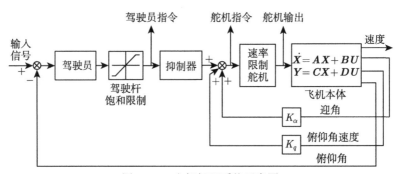

图 5.27   人机闭环系统示意图

5.5.2 飞机模型

本书将研究 2 种不同的飞机模型,这 2 种模型分别以 A 和 B 来标识。A 构型的飞机 A、B、C、D 矩阵如下:

$$A = \begin{bmatrix} -0.033114 & 0.3331 & -0.2587 & -0.56113 \\ -0.015512 & -1.2641 & 1.0063 & -0.002464 \\ 0.007874 & -0.16992 & -0.43222 & 0.00081 \\ 0 & 0 & 1 & 0 \end{bmatrix}; \quad B = \begin{bmatrix} -0.5193 \\ -0.05243 \\ -11.085 \\ 0 \end{bmatrix}$$

$$C = \begin{bmatrix} 1 & 0 & 0 & 0 \\ 0 & 1 & 0 & 0 \\ 0 & 0 & 1 & 0 \\ 0 & 0 & 0 & 1 \end{bmatrix}; \quad D = \begin{bmatrix} 0 \\ 0 \\ 0 \\ 0 \end{bmatrix}$$

B 构型的飞机 A、B、C、D 矩阵如下:

$$A = \begin{bmatrix} -0.033102 & 0.38576 & -0.20764 & -0.56119 \\ -0.015511 & -1.2588 & 1.0114 & -0.00247 \\ 0.008121 & 0.95415 & 0.65786 & -0.000441 \\ 0 & 0 & 1 & 0 \end{bmatrix}; \quad B = \begin{bmatrix} -0.5193 \\ -0.05243 \\ -11.085 \\ 0 \end{bmatrix}$$

$$C = \begin{bmatrix} 1 & 0 & 0 & 0 \\ 0 & 1 & 0 & 0 \\ 0 & 0 & 1 & 0 \\ 0 & 0 & 0 & 1 \end{bmatrix}; \quad D = \begin{bmatrix} 0 \\ 0 \\ 0 \\ 0 \end{bmatrix}$$

A 型和 B 型飞机 2 阶纵向动力学模型的短周期自然频率 ω_{nsp} 和短周期阻尼比 ζ_{sp} 如表 5.1 所示。A 型飞机本体的飞行品质较差,为 3 级飞行品质,增稳后达 1 级飞行品质。B 型飞机本体是静不稳定的,倍幅时间为 2.31s,增稳后可达 1 级飞行品质。B 型飞机本体的稳定性弱于 A 型飞机,当速率限制舵机未饱和时,通过增稳,使这两型飞机具有了近乎一致的闭环动力学特性。当速率限制舵机饱和时,A 型和 B 型飞机均有 PIO 趋势,而 B 型飞机在 PIO 中将有发散的趋势。B 型飞机类似于 Gripen 飞机,Gripen 飞机的倍幅时间为 0.4s。

表 5.1   飞机构型

机型	飞机本体极点	ω_{nsp}/(rad/s)	ζ_{sp}	K_q	K_α	飞机增稳后极点
A	$-0.009\pm0.097j$ $-0.86\pm0.084j$	0.86	0.995	0.24	0.51	$-0.017\pm0.074j$ $-2.20\pm2.22j$
B	$-0.017\pm0.033j$ $1.07,\ -1.67$		$T_2 = 2.31(s)$	0.34	0.61	$-0.017\pm0.074j$ $-2.20\pm2.22j$

5.5.3　驾驶员模型

尽管没有数学模型可以完美地表征驾驶员的复杂动力学特性，但大量的研究实践表明，Neal-Smith 驾驶员模型可在一定程度上较全面地描述驾驶员的复杂操纵特性，因此本书选择 Neal-Smith 驾驶员模型开展一系列研究。Neal-Smith 驾驶员模型的特点有：根据任务可调整的增益；驾驶员体内的净传输时间延迟；参与操纵的超前补偿器；平滑输出的滞后补偿器。在线性分析中所用的 4 阶传递函数飞机模型为

$$\frac{\theta(s)}{\delta_{\mathrm{e}}(s)} = \frac{-11.09(s + 1.26)(s + 0.038)}{(s^2 + 4.4s + 9.68)(s^2 + 0.034s + 0.0058)} \tag{5-9}$$

满足 MIL-HDBK-1797A 中 1 级飞行品质的驾驶员模型 $Y_{\mathrm{p}}(s)$ 为

$$Y_{\mathrm{p}}(s) = -0.145 \times \frac{5s + 1}{s} \times \frac{0.3s + 1}{0.01s + 1} \times \mathrm{e}^{-0.25s} \tag{5-10}$$

5.5.4　舵机动力学模型

舵机动力学模型由速率限制器和位置限制器组成，如图 5.28 所示。图中速率限制值 V_{L} 将分别被设置为 30(°)/s、45(°)/s、60(°)/s，来研究速率限制值的大小对 Ⅱ 型 PIO 发生的影响。图中舵机位置限制值 P_{L} 被设置为 ±35°。

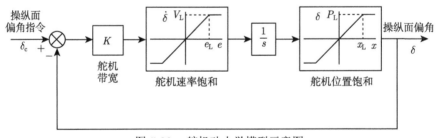

图 5.28　舵机动力学模型示意图

5.5.5　离散俯仰跟踪任务

MIL-STD-1797A 中的离散俯仰跟踪任务如图 5.29 所示。DS 抑制器 C_1 值等于速率限制 V_{L} 的值，C_2 的值为 1200。DASA 抑制器中的超前滤波器为 $s/(0.05s + 1)$，滞后滤波器为 $1/(s+1)$。RLF 抑制器经过优化后的参数为 $(s+2.5)^2/(s+6)^2$。当速率限制值取 30(°)/s 时，A 型飞机俯仰角仿真结果分别如图 5.30、图 5.32、图 5.34、图 5.36 所示。相应的舵机仿真结果如图 5.31、图 5.33、图 5.35、图 5.37 所示。

观察图 5.30 发现，无抑制器时，飞机俯仰角在第 42s 后出现振荡发散情况，相应的舵机输出为发散的三角波。观察图 5.32 发现，加入 DS 抑制器后，飞机俯仰角在第 42s 仍出现振荡发散情况，相应的舵机输出为发散的三角波。这说明 DS 抑制器未能成功抑制 II 型 PIO 的出现。观察图 5.34 发现，加入 DASA 抑制器后，飞机俯仰角未出现振荡，且飞机俯仰角输出信号成功跟踪了输入信号，相应的舵机输出信号收敛。这说明 DASA 抑制器成功抑制了 II 型 PIO 的出现。观察图 5.36 发现加入 RLF 抑制器后，飞机俯仰角未出现振荡，但在跟踪起始阶段飞机俯仰角输出信号未能良好地跟踪输入信号，相应的舵机输出信号收敛。这说明 RLF 抑制器也同样成功抑制了 II 型 PIO 的出现，由于实际驾驶员控制模式的多样性和极强的自适应能力，则 RLF 抑制器与 DASA 抑制器性能的优劣还需通过地面模拟仿真实验结果来进行比较研究。

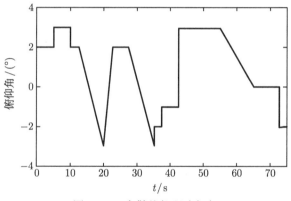

图 5.29 离散俯仰跟踪任务

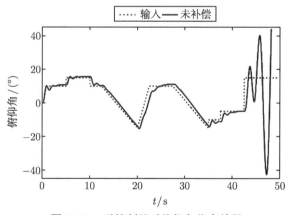

图 5.30 无抑制器时俯仰角仿真结果

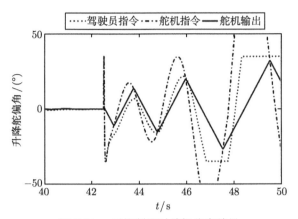

图 5.31　无抑制器时舵机仿真结果

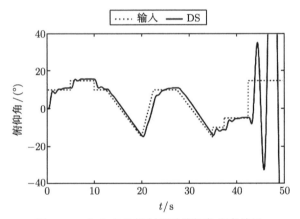

图 5.32　加入 DS 抑制器时俯仰角仿真结果

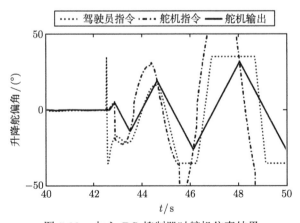

图 5.33　加入 DS 抑制器时舵机仿真结果

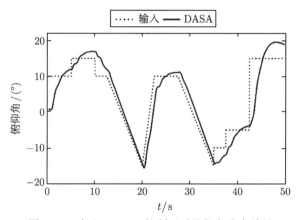

图 5.34 加入 DASA 抑制器时俯仰角仿真结果

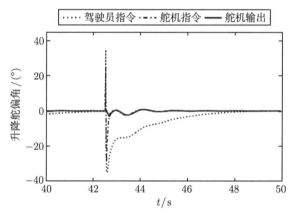

图 5.35 加入 DASA 抑制器时舵机仿真结果

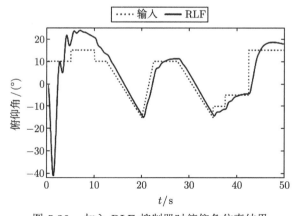

图 5.36 加入 RLF 抑制器时俯仰角仿真结果

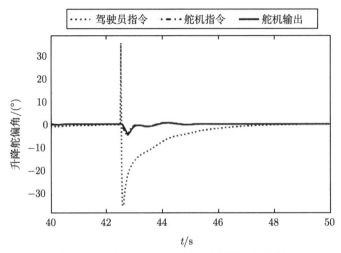

图 5.37   加入 RLF 抑制器时舵机仿真结果

当速率限制值为 45(°) /s 且无抑制器时，A 型飞机仿真结果如图 5.38 所示。当速率限制值为 60(°) /s 且无抑制器时，A 型飞机仿真结果如图 5.39 所示。通过仿真发现，此时 A 型飞机无 II 型 PIO 趋势，飞机俯仰角输出信号成功跟踪了输入信号。受此启发可知，在设计允许范围内提高舵机速率限制值，可在一定程度上避免 II 型 PIO 的出现。

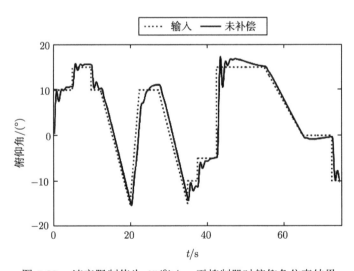

图 5.38   速率限制值为 45(°)/s、无抑制器时俯仰角仿真结果

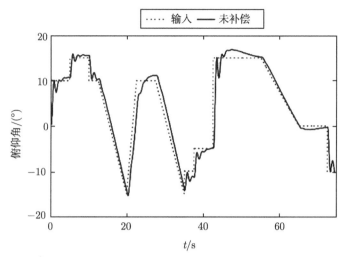

图 5.39　速率限制值为 60(°)/s、无抑制器时俯仰角仿真结果

5.5.6　正弦跟踪任务

正弦跟踪任务如图 5.40 所示。DS 抑制器 C_1 值等于速率限制 V_L 的值, C_2 的值为 1200。DASA 抑制器中的超前滤波器为 $s/(0.05s+1)$, 滞后滤波器为 $1/(s+1)$。RLF 抑制器经过优化后的参数为 $(s+1)^2/(s+6)^2$。当速率限制值取 30(°)/s 时, B 型飞机俯仰角仿真结果分别如图 5.41、图 5.43、图 5.45、图 5.47 所示。相应的舵机仿真结果如图 5.42、图 5.44、图 5.46、图 5.48 所示。

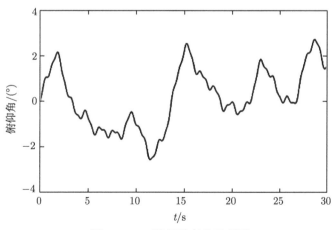

图 5.40　正弦跟踪任务示意图

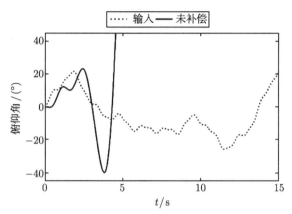

图 5.41　无抑制器时俯仰角仿真结果

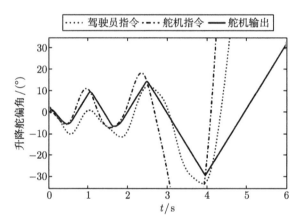

图 5.42　无抑制器时舵机仿真结果

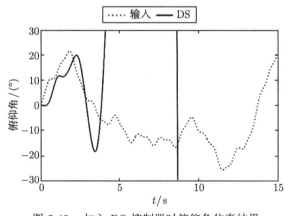

图 5.43　加入 DS 抑制器时俯仰角仿真结果

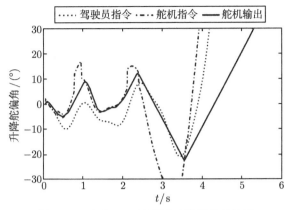

图 5.44 加入 DS 抑制器时舵机仿真结果

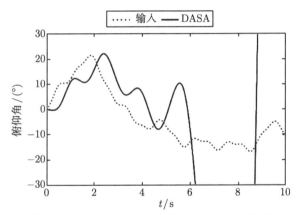

图 5.45 加入 DASA 抑制器时俯仰角仿真结果

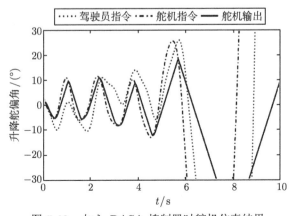

图 5.46 加入 DASA 抑制器时舵机仿真结果

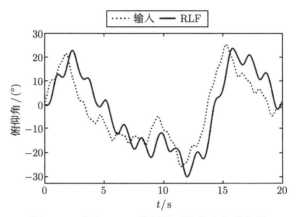

图 5.47　加入 RLF 抑制器时俯仰角仿真结果

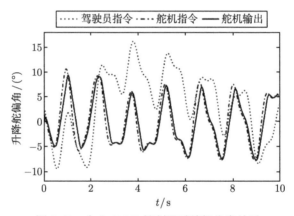

图 5.48　加入 RLF 抑制器时舵机仿真结果

　　观察图 5.41 发现，无抑制器时，飞机俯仰角在第 4s 后出现发散情况，相应的舵机输出为发散的三角波，此类发散严重威胁飞行安全，将导致飞行事故，必须竭力避免。观察图 5.43 发现，加入 DS 抑制器后，飞机俯仰角在第 4s 后仍出现发散情况，相应的舵机输出为发散的三角波。这说明 DS 抑制器未能成功抑制振荡的出现。观察图 5.45 发现，加入 DASA 抑制器后，飞机俯仰角在第 6s 后出现发散情况，相应的舵机输出为发散的三角波。这说明 DASA 抑制器未能成功抑制振荡的出现，但 DASA 抑制器推迟了振荡发散的时间，说明其产生了一定的抑制效果。观察图 5.47 发现，加入 RLF 抑制器后，飞机俯仰角未出现发散振荡，飞机俯仰角输出信号能跟踪输入信号，相应的舵机输出信号未出现发散三角波。这说明 RLF 抑制器成功抑制了发散振荡。通过正弦跟踪任务的仿真可发现，在 DS 抑制器、DASA 抑制器和 RLF 抑制器中，依据连续信号法设计的反馈结构 RLF

抑制器的效能最佳。

当速率限制值取 45(°) /s 且无抑制器时，B 型飞机仿真结果如图 5.49 所示。当速率限制值取 60(°) /s 且无抑制器时，B 型飞机仿真结果如图 5.50 所示。通过仿真发现，此时 B 型飞机无振荡趋势，飞机俯仰角输出信号成功跟踪了输入信号。

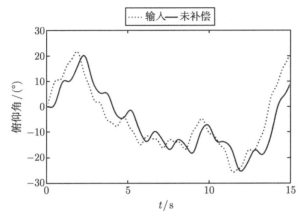

图 5.49　速率限制值为 45(°)/s、无抑制器时俯仰角仿真结果

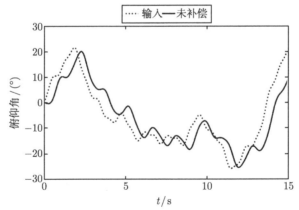

图 5.50　速率限制值为 60(°)/s、无抑制器时俯仰角仿真结果

5.6　本章小结

当飞行控制系统中的舵机速率限制饱和时，会产生附加时延，恶化飞行品质，触发 II 型 PIO。为解决这一问题，本章对由逻辑条件法设计的 DS 抑制器，以及由连续信号法设计的前馈结构 DASA 抑制器和反馈结构 RLF 抑制器开展了一系

列研究，以期寻找到抑制 II 型 PIO 的最佳方法。本章主要研究工作和结论如下所述。

(1) 剖析了 DS 抑制器、DASA 抑制器和 RLF 抑制器的结构，运用描述函数法对 3 种抑制器的开环频率特性进行了研究，并对 3 种抑制器的开环相位补偿能力进行了研究，提出了 RLF 抑制器的参数优化方法。运用具有代表性的正弦与偏差输入信号，对比研究了 3 种抑制器的开环时域特性。

(2) 建立了含速率限制器的人机闭环系统数学模型，提出运用描述函数法探究 II 型 PIO 的产生机理，推导了非线性人机系统失稳公式，得到了抑制 II 型 PIO 产生的一般方法。

(3) 通过对阶跃、离散和正弦三种跟踪任务的数值仿真，对比了 3 种抑制器对 II 型 PIO 的抑制能力。仿真结果表明，RLF 抑制器较 DS 抑制器和 DASA 抑制器对 II 型 PIO 的抑制能力更强，适用范围更广，显著降低了 II 型 PIO 发生的可能性。

(4) 在设计 II 型 PIO 抑制器时应采用连续信号法设计反馈型抑制器，该法优于由逻辑条件法设计的抑制器。同时在设计过程中需要根据具体机型精心选择设计参数，以使抑制器既能抑制 II 型 PIO 的发生，同时又能保证飞机具有良好的飞行品质。

(5) II 型 PIO 抑制器可作为软件滤波器加入飞行控制率，从而可降低为消除 II 型 PIO 所需付出的代价，并减少改型所带来的成本，具有工程应用价值。

(6) 通过一系列数值仿真发现，在设计允许范围内提高舵机速率限制值，可在一定程度上避免 II 型 PIO 的出现。

第 6 章 基于绝对稳定性理论的作动器速率限制人机闭环系统的稳定域估计

多数非线性物理系统可以表示为一个线性系统和非线性单元的反馈连接，如图 6.1 所示。而仅考虑作动器速率限制这样一种非线性的人机闭环系统恰好可以表示成形如图 6.1 所示的系统，这使得可以尝试应用"绝对稳定性理论"[137−146]来研究图 6.1 所示系统的稳定性，并同时给出系统稳定的充分条件，即速率饱和环节处于何种扇形区域时人机闭环系统能够保持绝对稳定，并判断作动器速率限制人机闭环系统是全局稳定还是局部稳定 (有限区域稳定)，如果作动器速率限制被激活后人机闭环系统仍然是全局稳定的，则可以不关心作动器速率限制对飞行安全的影响；如果作动器速率限制被激活后人机闭环系统仅仅是有限区域稳定，则很有必要作进一步分析，或分析其稳定域或研究失稳抑制策略。

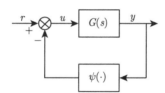

图 6.1 绝对稳定性理论研究的反馈连接系统

本章探索应用"绝对稳定性理论"中的"圆判据"定理[147−158]和"Popov 判据"定理[159−167]，研究考虑作动器速率限制的人机闭环系统稳定性以及作动器速率限制因素影响人机闭环系统稳定性的机理，为此首先引入无记忆系统、扇形区域、正实传递函数等概念，在此基础上引入圆判据定理和 Popov 判据定理。为了便于清晰地使用图解法分析问题，这里重点应用单作动器速率限制人机闭环系统算例进行稳定性分析。

6.1 预 备 知 识

6.1.1 扇形区域

1) 无记忆系统

无记忆系统是指这么一类系统，其输出值仅取决于该时刻的系统输入，与系统过去的状态无关。例如，全部由电阻元件组成的系统就是一种无记忆系统，课题研究所涉及的速率限制环节也可以看作无记忆系统。

2) 扇形区域

考虑标量函数 $y = h(t, u)$，对所有 (t, u) 满足不等式：

$$\alpha u^2 \leqslant uh(t, u) \leqslant \beta u^2 \tag{6-1}$$

其中，α 与 β 是实数，且 $\beta \geqslant \alpha$。该函数的曲线属于一个扇形区域，其边界为直线 $y = \alpha u$ 和 $y = \beta u$，此处称 h 属于扇形区域 $[\alpha, \beta]$。图 6.2 所示为当 $\beta > 0$，α 符号不同时 (α 分别为大于零、等于零、小于零) 的扇形区域。如果满足严格不等式 (6-1) 的任何一边，就说 h 明显属于扇形区域 $((\alpha, \beta])$、$[\alpha, \beta)$、$[\alpha, \beta])$。

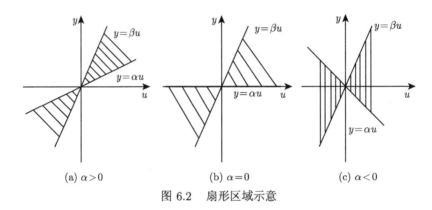

(a) $\alpha > 0$ (b) $\alpha = 0$ (c) $\alpha < 0$

图 6.2　扇形区域示意

下面将扇形区域的定义拓展到向量情况，注意到，式 (6-1) 等价于对所有 (t, u)，有

$$[h(t, u) - \alpha u][h(t, u) - \beta u] \leqslant 0 \tag{6-2}$$

假设每个分量 h_i 满足扇形区域条件式 (6-3)，式中 α_i 和 β_i 为常数，且 $\beta_i \geqslant \alpha_i$。

$$\alpha_i u^2 \leqslant uh_i(t, u) \leqslant \beta_i u^2 \tag{6-3}$$

取 $K_1 = \mathrm{diag}(\alpha_1, \alpha_2, \cdots, \alpha_p)$，$K_2 = \mathrm{diag}(\beta_1, \beta_2, \cdots, \beta_p)$，容易看出，对于所有 (t, u)，有

$$[h(t, u) - K_1 u]^{\mathrm{T}}[h(t, u) - K_2 u] \leqslant 0 \tag{6-4}$$

注意，$K = K_2 - K_1$ 是正定对称对角阵。由此给出如下定义。

定义 6.1[137]　对于无记忆函数 $\boldsymbol{h} : [0, \infty) \times \boldsymbol{R}^p \to \boldsymbol{R}^p$

(1) 如果 $\boldsymbol{u}^{\mathrm{T}} \boldsymbol{h}(t, \boldsymbol{u}) \geqslant 0$，则函数属于扇形区域 $[\boldsymbol{0}, \infty]$。

(2) 如果 $\boldsymbol{u}^{\mathrm{T}} [\boldsymbol{h}(t, \boldsymbol{u}) - \boldsymbol{K}_1 \boldsymbol{u}] \geqslant 0$，则函数属于扇形区域 $[\boldsymbol{K}_1, \infty]$。

(3) 如果 $\boldsymbol{h}^{\mathrm{T}}(t, \boldsymbol{u})[\boldsymbol{h}(t, \boldsymbol{u}) - \boldsymbol{K}_2 \boldsymbol{u}] \leqslant 0$, $\boldsymbol{K}_2 = \boldsymbol{K}_2^{\mathrm{T}} \geqslant 0$, 则函数属于扇形区域 $[\boldsymbol{0}, \boldsymbol{K}_2]$。

(4) 如果 $[\boldsymbol{h}(t, \boldsymbol{u}) - \boldsymbol{K}_1 \boldsymbol{u}]^{\mathrm{T}} [\boldsymbol{h}(t, \boldsymbol{u}) - \boldsymbol{K}_2 \boldsymbol{u}] \leqslant 0$, $\boldsymbol{K} = \boldsymbol{K}_2 - \boldsymbol{K}_1 = \boldsymbol{K}^{\mathrm{T}} > 0$, 则函数属于扇形区域 $[\boldsymbol{K}_1, \boldsymbol{K}_2]$。

在各种情况下，对于所有 $(t, \boldsymbol{u})$ 不等式均成立。如果在某种情况下不等式不是严格的，则可将扇形区域写为 $(\boldsymbol{0}, \infty)$，$(\boldsymbol{K}_1, \infty)$，$(0, \boldsymbol{K}_2)$ 或 $(\boldsymbol{K}_1, \boldsymbol{K}_2)$。

3) 正实传递函数

定义 6.2[138] 设 $p \times p$ 正则有理传递函数矩阵 $\boldsymbol{G}(s)$，如果同时满足：

(1) $\boldsymbol{G}(s)$ 所有元素的极点都满足 $\mathrm{Re}[s] \leqslant 0$；

(2) 对于所有实数 ω，$\mathrm{j}\omega$ 不是 $\boldsymbol{G}(s)$ 的任一元素的极点，矩阵 $\boldsymbol{G}(\mathrm{j}\omega) + \boldsymbol{G}^{\mathrm{T}}(-\mathrm{j}\omega)$ 是半正定的；

(3) $\boldsymbol{G}(s)$ 任一元素的任一纯虚数极点是单阶的，且留数矩阵 $\lim\limits_{s \to \mathrm{j}\omega}(s - \mathrm{j}\omega)\boldsymbol{G}(s)$ 是半正定厄米 (Hermitian) 矩阵；

则 $\boldsymbol{G}(s)$ 是正定的。如果对于某个 $\varepsilon > 0$，$\boldsymbol{G}(s - \varepsilon)$ 是正实的，则传递函数 $\boldsymbol{G}(s)$ 称为严格正实的。

6.1.2 绝对稳定性概念

考虑图 6.1 所示的反馈系统 [139]。假设外部输入 $\boldsymbol{r} = \boldsymbol{0}$，研究无激励系统的特性。系统的状态方程为

$$\dot{\boldsymbol{x}} = \boldsymbol{A}\boldsymbol{x} + \boldsymbol{B}\boldsymbol{u}$$
$$\boldsymbol{y} = \boldsymbol{C}\boldsymbol{x} + \boldsymbol{D}\boldsymbol{u} \tag{6-5}$$
$$\boldsymbol{u} = -\psi(t, \boldsymbol{y})$$

其中，$\boldsymbol{x} \in \boldsymbol{R}^n$，$\boldsymbol{u}, \boldsymbol{y} \in \boldsymbol{R}^p$，$(\boldsymbol{A}, \boldsymbol{B})$ 是可控的，$(\boldsymbol{A}, \boldsymbol{C})$ 是可观测的，且 $\psi : [0, \infty) \times \boldsymbol{R}^p \to \boldsymbol{R}^p$ 是具有无记忆特性的非线性环节，在 t 上分段连续，在 $\boldsymbol{y}$ 上满足局部利普希茨 (Lipschitz) 条件。其中

$$\boldsymbol{u} = -\psi(t, \boldsymbol{C}\boldsymbol{x} + \boldsymbol{D}\boldsymbol{u}) \tag{6-6}$$

假设当非线性问题满足扇形区域条件时，则原点是系统 (6-5) 的一个平衡点。这里所关心的问题是研究非线性问题原点的稳定性，不是对一个给定的非线性问题，而是对一类满足所给扇形区域条件的非线性问题。如果能够成功地证明对于扇形区域内的所有非线性问题，其原点都是一致渐近稳定的，就称系统是绝对稳定的，首先给出如下定义。

定义 6.3 考虑系统式 (6-5)，ψ 满足定义 6.1 的扇形区域条件。如果对于给定扇形区域内的所有非线性特性，原点都是全局一致渐近稳定的，则系统是绝对稳定的。如果原点并非全局一致渐近稳定，则系统是有限区域绝对稳定的。

6.2 圆 判 据

6.2.1 多变量与单变量圆判据定理

定理 6.1[137] 如果满足下列条件之一, 则系统 (6-5) 是绝对稳定的:

(1) $\psi \in [\boldsymbol{K}_1, \infty)$, 且 $\boldsymbol{G}(s)[\boldsymbol{I} + \boldsymbol{K}_1 \boldsymbol{G}(s)]^{-1}$ 是严格正实的;

(2) $\psi \in [\boldsymbol{K}_1, \boldsymbol{K}_2]$, 其中 $\boldsymbol{K} = \boldsymbol{K}_2 - \boldsymbol{K}_1 = \boldsymbol{K}^{\mathrm{T}} > 0$, 且 $[\boldsymbol{I} + \boldsymbol{K}_2 \boldsymbol{G}(s)][\boldsymbol{I} + \boldsymbol{K}_1 \boldsymbol{G}(s)]^{-1}$ 是严格正实的。

如果仅在集合 $Y \subset \boldsymbol{R}^p$ 上满足扇形区域条件, 则上述条件保证系统是有限区域绝对稳定的。

在 $p = 1$ 的标量情况下, 定理 6.1 的条件可以用图解法通过验证 $G(\mathrm{j}\omega)$ 的奈奎斯特 (Nyquist) 曲线验证。当 $\psi \in [\alpha, \beta]$, 其中 $\alpha < \beta$ 时, 如果标量传递函数 $Z(s) = \dfrac{1 + \beta G(s)}{1 + \alpha G(s)}$ 是严格正实的, 则系统绝对稳定。如果 $Z(s)$ 为赫尔维茨 (Hurwitz) 的, 且

$$\mathrm{Re}\left[\frac{1 + \beta G(\mathrm{j}\omega)}{1 + \alpha G(\mathrm{j}\omega)}\right] > 0, \quad \forall \omega \in [-\infty, \infty] \tag{6-7}$$

则 $Z(s)$ 是严格正实的。要把条件 (6-7) 与 $G(\mathrm{j}\omega)$ 的 Nyquist 曲线联系起来, 则必须根据参数 α 的符号区分三种不同的情况。

考虑第一种情况, $0 < \alpha < \beta$。此时条件 (6-7) 可重写为

$$\mathrm{Re}\left[\frac{(1/\beta) + G(\mathrm{j}\omega)}{(1/\alpha) + G(\mathrm{j}\omega)}\right] > 0, \quad \forall \omega \in [-\infty, \infty] \tag{6-8}$$

对于 $G(\mathrm{j}\omega)$ 的 Nyquist 曲线上的一点 q, 两个复数 $(1/\beta) + G(\mathrm{j}\omega)$ 和 $(1/\alpha) + G(\mathrm{j}\omega)$ 可以分别由连接 q 到 $-(1/\beta) + \mathrm{j}0$ 和 $-(1/\alpha) + \mathrm{j}0$ 的直线表示, 如图 6.3 所示, 显然只有当两个复数的辐角之差小于 $\pi/2$ 即 $(\theta_1 - \theta_2) < \pi/2$ 时, 式 (6-8) 才能得到满足。定义 $D(\alpha, \beta)$ 是复平面中的闭圆盘, 其直径是连接 $-(1/\beta) + \mathrm{j}0$ 和 $-(1/\alpha) + \mathrm{j}0$ 两点的线段, 则易知, 只要 q 在圆盘 $D(\alpha, \beta)$ 之外, 就有 $(\theta_1 - \theta_2) < \pi/2$。由于要求式 (6-8) 对所有的 ω 都成立, 所以在 $G(\mathrm{j}\omega)$ 的 Nyquist 曲线上的所有点必须严格在圆盘 $D(\alpha, \beta)$ 之外。

考虑第二种情况, $\beta > 0$ 且 $\alpha = 0$。定理 6.1 要求 $1 + \beta G(s)$ 是严格正实的, 这就要求 $G(s)$ 是 Hurwitz 的, 且有

$$\mathrm{Re}\left[1 + \beta G(\mathrm{j}\omega)\right] > 0, \quad \forall \omega \in [-\infty, \infty] \tag{6-9}$$

这等价于

$$\mathrm{Re}\left[G(\mathrm{j}\omega)\right] > -1/\beta, \quad \forall \omega \in [-\infty, \infty] \tag{6-10}$$

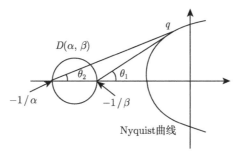

图 6.3 圆判据的图形表示

此条件相当于图解法中要求 $G(j\omega)$ 的 Nyquist 曲线全部位于直线 $\mathrm{Re}[G(s)] = -1/\beta$ 的右侧。

考虑第三种情况 $\alpha < 0 < \beta$。此时条件 (6-7) 相当于

$$\mathrm{Re}\left[\frac{(1/\beta) + G(j\omega)}{(1/\alpha) + G(j\omega)}\right] < 0, \quad \forall \omega \in [-\infty, \infty] \tag{6-11}$$

类似于第一种情况的分析，要使式 (6-11) 成立，则 $G(j\omega)$ 的 Nyquist 曲线必须位于圆盘 $D(\alpha, \beta)$ 的内部，因而 Nyquist 曲线不可能环绕 $-(1/\alpha) + j0$ 点。所以根据 Nyquist 判据可得，要使 $G(s)/(1 + \alpha G(s))$ 是 Hurwitz 的，则 $G(s)$ 必须是 Hurwitz 的。

以上三种情况的稳定性判据可总结为如下定理。

定理 6.2[138] 考虑形如系统 (6-5) 的单输入系统，即 $p=1$，这里 $\{A, B, C, D\}$ 是 $G(s)$ 的一个最小实现，且 $\psi \in [\alpha, \beta]$。如果满足以下条件之一，则系统绝对稳定：

(1) $0 < \alpha < \beta$，$G(j\omega)$ 的 Nyquist 曲线不进入圆盘 $D(\alpha, \beta)$ 内，且沿逆时针方向环绕其 m 次，其中 m 是 $G(s)$ 具有的正实部的极点数；

(2) $0 = \alpha < \beta$，$G(s)$ 是 Hurwitz 的，且 $G(s)$ 的 Nyquist 曲线位于直线 $\mathrm{Re}[s] = -1/\beta$ 的右侧；

(3) $\alpha < 0 < \beta$，$G(s)$ 是 Hurwitz 的，$G(j\omega)$ 的 Nyquist 曲线位于圆盘 $D(\alpha, \beta)$ 内部。

如果仅仅在一个区间 $[a, b]$ 内满足扇形区域条件，则上述条件保证了系统在有限区域内绝对稳定。

说明：上述定理称为标量圆判据定理，标量圆判据定理实现了仅通过 $G(j\omega)$ 的 Nyquist 曲线就能判别系统稳定性的方法。给定 $G(j\omega)$ 的 Nyquist 曲线，便确定了使系统绝对稳定所允许的区域。

6.2.2　简单实例验证

考虑图 6.1 所示的反馈连接系统, 选择不同类型的 $G(s)$ 进行分析。

1) $G(s)$ 是 Hurwitz 的

令 $G(s) = (s+1)/(s^4 + 2s^3 + 25s^2 + 3s + 1)$, 则 $G(s)$ 的 Nyquist 曲线如图 6.4 所示, 根据定理 6.2, 由图可知, 存在多个扇区使得反馈连接系统 (图 6.1) 在上述参数下绝对稳定。

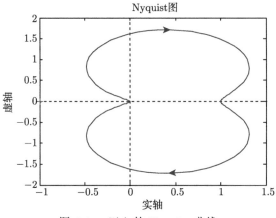

图 6.4　$G(s)$ 的 Nyquist 曲线

(1) 第一种情况, 令 $0 < \alpha < \beta$, 根据定理 2, $G(j\omega)$ 的 Nyquist 曲线不会进入圆盘 D, 则一个满足条件的圆盘如图 6.5 所示, 此时扇形区域为 $[\alpha, \beta] = [0.5, 3.5904]$。根据 $G(s)$ 的 Nyquist 曲线形状可知, 满足条件的圆盘有很多, 图 6.6 是满足圆

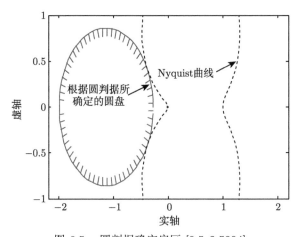

图 6.5　圆判据确定扇区 $[0.5, 3.5904]$

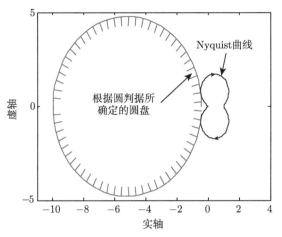

图 6.6   圆判据确定扇区 $[0.1, 2.3599]$

判据定理的另一种结果，此时可确定扇形区域为 $[\alpha, \beta] = [0.1, 2.3599]$。

(2) 由于 $G(s)$ 是 Hurwitz 的，第二种情况可使 $0 = \alpha < \beta$，$G(s)$ 的 Nyquist 曲线位于直线 $\text{Re}[s] = -1/\beta$ 的右侧，此种情况得到的分析结果如图 6.7 所示，显然存在这样一条直线满足圆判据定理，相应的扇形区域为 $[\alpha, \beta] = [0, 2.0682]$。

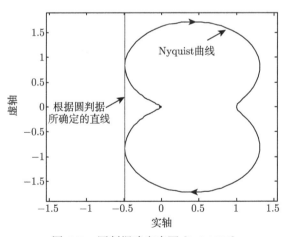

图 6.7   圆判据确定扇区 $[0, 2.0682]$

(3) 由于 $G(s)$ 是 Hurwitz 的，第三种情况可使 $\alpha < 0 < \beta$，$G(\mathrm{j}\omega)$ 的 Nyquist 曲线位于圆盘 $D(\alpha, \beta)$ 内部。满足此种条件的圆盘有很多，其中之一如图 6.8 所示，由此确定的扇形区域 $[\alpha, \beta] = [-0.5, 0.69]$。满足条件的另一圆盘如图 6.9 所示，由此确定的扇形区域 $[\alpha, \beta] = [-0.1, 1.7824]$。图 6.10 所示为圆盘与 Nyquist

曲线的另一种相切方式，由此确定的扇形区域 $[\alpha, \beta] = [-0.7, 0.135]$。

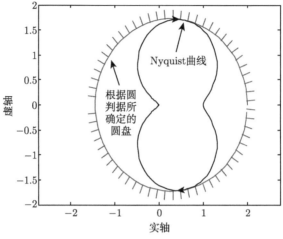

图 6.8　圆判据确定扇区 $[-0.5, 0.69]$

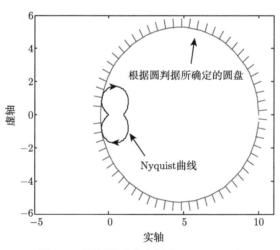

图 6.9　圆判据确定扇区 $[-0.1, 1.7824]$

根据 (1)~(3) 中的分析可知，对于 Hurwitz 式的传递函数，非线性环节 ψ 的输入-输出可以在很宽泛的扇形区域内使图 6.1 所示的反馈连接系统绝对稳定，完整的扇形区域如图 6.11 所示，其中 y 为非线性环节 ψ 的输入信号，h 为非线性环节 ψ 的输出信号 (下同)，则当 $G(s) = (s+1)/(s^4 + 2s^3 + 25s^2 + 3s + 1)$ 时，只要非线性环节 ψ 的输入-输出处于扇形区域 $[\alpha, \beta] = [-0.75, 43]$ 之内，则图 6.1 所示反馈连接系统绝对稳定。

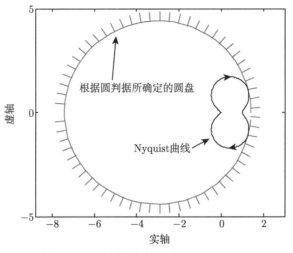

图 6.10　圆判据确定扇区 $[-0.7, 0.135]$

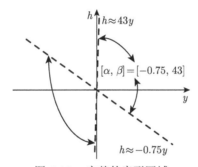

图 6.11　完整的扇形区域

2) $G(s)$ 是不稳定的

令 $G(s) = (s+2)/(s^2 - 4s - 5)$，则 $G(s)$ 的 Nyquist 曲线如图 6.12 所示，由于 $G(s)$ 不是 Hurwitz 的，因此必须限定 α 为正，然后应用定理 6.2 的第一种情况，即 $G(s)$ 的 Nyquist 曲线必须逆时针环绕圆盘 $D(\alpha, \beta)1$ 次，且圆盘必须落入右侧较大闭曲线之内，一个满足圆判据的分析结果如图 6.13 所示，此时允许非线性 ψ 的输入-输出处于扇形区域 $[\alpha, \beta] = [5, 27.83]$ 内。另一个满足圆判据的分析结果如图 6.14 所示，圆盘与 Nyquist 曲线的右侧相切，此时允许非线性 ψ 的输入-输出处于扇形区域 $[\alpha, \beta] = [6.7, +\infty]$ 内。

完整的扇形区域如图 6.15 所示，则当 $G(s) = (s+2)/(s^2 - 4s - 5)$ 时，只要非线性环节 ψ 的输入-输出处于扇形区域 $[\alpha, \beta] = [4.1, \infty]$ 之内，则图 6.1 所示反馈连接系统绝对稳定。

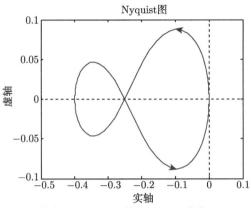

图 6.12 $G(s)$ 的 Nyquist 曲线

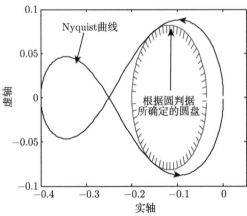

图 6.13   圆判据分析结果 1

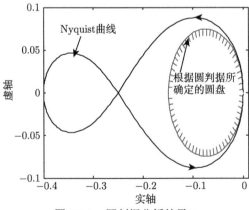

图 6.14   圆判据分析结果 2

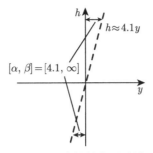

图 6.15 完整的扇形区域

3) $G(s)$ 在原点处有一个极点

令 $G(s) = 1/s^3 + 2s^2 + s$, 则 $G(s)$ 的 Nyquist 曲线如图 6.16 所示, 由于 $G(s)$ 不是 Hurwitz 的, 则必须限定 α 为正, 然后应用定理 6.2 的第一种情况。通过分析可知, 存在多个圆盘 (也即存在多个扇区) 使得反馈连接系统绝对稳定。

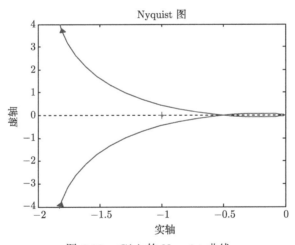

图 6.16 $G(s)$ 的 Nyquist 曲线

一个满足圆判据定理的分析结果如图 6.17 所示, 此时允许非线性 ψ 的输入-输出处于扇形区域 $[\alpha, \beta] = [0.2, 0.963]$ 内, 另一个满足圆判据定理的分析结果如图 6.18 所示, 圆盘与 Nyquist 曲线的右侧相切, 此时允许非线性 ψ 的输入–输出处于扇形区域 $[\alpha, \beta] = [0.9, 1.498]$ 内。由图 6.15 和图 6.16 可知, 圆盘面积越大, 所允许的扇形区域越小。

完整的扇形区域如图 6.19 所示, 则当 $G(s) = 1/s^3 + 2s^2 + s$ 时, 只要非线性环节 ψ 的输入-输出处于扇形区域 $(\alpha, \beta) = (0, 2)$ 之内, 则图 6.1 所示反馈连接系统绝对稳定。

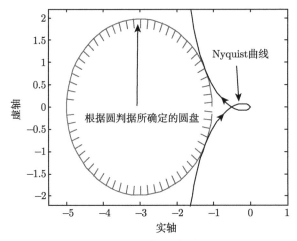

图 6.17 圆判据分析结果 1

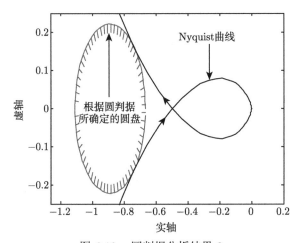

图 6.18 圆判据分析结果 2

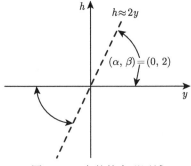

图 6.19 完整的扇形区域

6.3 Popov 判据

6.3.1 多变量与单变量 Popov 判据

考虑系统 (6-5) 的一个特例:

$$\dot{x} = Ax + Bu$$
$$y = Cx$$
$$u_i = -\psi_i(y_i), \quad 1 \leqslant i \leqslant p$$
(6-12)

其中, $x \in R^n$, $u, y \in R^p$, (A, B) 是可控的, (A, C) 是可观测的, 且 $\psi_i : R \to R$ 是局部 Lipschitz、无记忆的非线性函数, 属于扇形区域 $[0, k_i]$。

定理 6.3[137] 若系统 (6-12) 满足下述条件,则是绝对稳定的:对于 $1 \leqslant i \leqslant p$, $\psi_i \in [0, k_i]$, 其中 $0 < k_i \leqslant \infty$, 且存在常数 $\gamma_i \geqslant 0$, 对于 A 的每个特征值 λ_k, 有 $1 + \lambda_k \gamma_i \neq 0$, 使得 $M + (I + s\Gamma)G(s)$ 是严格正实的, 其中 $\Gamma = \mathrm{diag}(\gamma_1, \cdots, \gamma_p)$, $M = \mathrm{diag}(1/k_1, \cdots, 1/k_p)$。如果扇形区域条件 $\psi_i \in [0, k_i]$ 仅在集合 $Y \subset R^p$ 内满足, 那么上述条件保证了系统是有限区域绝对稳定的。

为便于直观理解, 下面给出单输入时的 Popov 判据。

定理 6.4[137] 考虑系统 (6-12) 的单输入情况, 即 $p = 1$, $\psi \in [0, k]$, 设 A 是 Hurwitz 矩阵, (A, B) 可控, (A, C) 可观测, 若存在一个常数 γ, 使得 A 的特征根不含 $-1/\gamma$, 且有理函数 $z(s) = (1/k) + (1 + s\gamma)G(s)$ 是严格正实的, 则系统 (6-12) 是绝对稳定的。

说明:同圆判据一样, 单输入情况也可以使用作图法来判断系统的绝对稳定性。定理 6.4 等价于:设 A 是 Hurwitz 矩阵, 系统 (6.12) 绝对稳定的充分条件为:存在某实数 γ, 使得对所有 $\omega \geqslant 0$, 下述不等式成立:

$$\mathrm{Re}[G(\mathrm{j}\omega)] - \gamma\omega\mathrm{Im}[G(\mathrm{j}\omega)] + (1/k) > 0$$
(6-13)

$G(\mathrm{j}\omega) = \mathrm{Re}[G(\mathrm{j}\omega)] + \mathrm{j}\mathrm{Im}[G(\mathrm{j}\omega)]$。引入新的频率特性, $G^*(\mathrm{j}\omega) = X + \mathrm{j}Y$, $X = \mathrm{Re}[G(\mathrm{j}\omega)]$, $Y = \omega\mathrm{Im}[G(\mathrm{j}\omega)]$, 则不等式 (6-13) 可表示为

$$X - \gamma Y + (1/k) > 0$$
(6-14)

在平面上, 实轴同时表示 X 轴, 虚轴同时表示 Y 轴, 于是 $X - \gamma Y + (1/k) = 0$ 是一条过 $(-1/k, 0)$, 斜率为 $1/\gamma$ 的直线, $(1/k) > 0$ 表明原点位于直线 $X - \gamma Y + (1/k) = 0$ 的右方, 如图 6.20 所示。

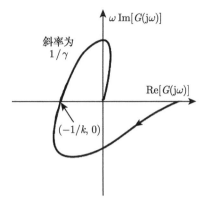

图 6.20　单输入 Popov 判据的图示曲线

注：文献 [139] 指出，Popov 判据的应用范围可以扩展至线性部件在原点具有一个极点的情况，此时要求非线性特性 ψ 除 $\psi(0) = 0$ 外，不存在其他使 $\psi = 0$ 的点。但是 Popov 判据无法用来判断线性部件在右半复平面具有极点的情况。

6.3.2　简单实例验证

仍然考虑图 6.1 所示的反馈连接系统，选择不同类型的 $G(s)$ 进行分析。

1) $G(s)$ 是 Hurwitz 的

令 $G(s) = (s+1)/(s^4 + 2s^3 + 25s^2 + 3s + 1)$，由定理 6.4 可知，Popov 判据所确定的扇区 $\psi \in [0, k]$，这里 k 是需要确定的参数。图 6.21 是分析结果，即当非线性 ψ 的输入-输出处于扇形区域 $[\alpha, \beta] = [0, 8.4706]$ 时，系统绝对稳定。如图 6.22

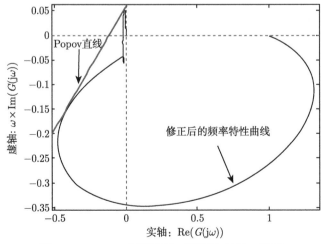

图 6.21　Popov 判据算例 1(彩图扫封底二维码)

所示为相应扇形区域，y 为非线性环节 ψ 的输入信号，h 为非线性环节 ψ 的输出信号 (下同)。

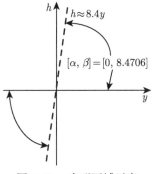

图 6.22　扇形区域示意

2) $G(s)$ 在原点处有一个极点

令 $G(s) = 1/s^3 + 2s^2 + s$，此种情况确定的扇区 $\psi \in [\varepsilon, k]$，其中 ε 可以无限接近零，但不等于零；k 是需要确定的参数。令 $\varepsilon = 0.01$，则分析结果如图 6.23 所示。图中红色直线定义为 Popov 直线 (下同)，由此确定的扇形区域 $[\varepsilon, k] = [0.01, 2]$。

令 $\varepsilon = 0.1$，则分析结果如图 6.24 所示。由此确定的扇形区域 $[\varepsilon, k] = [0.1, 2]$。

令 $\varepsilon = 1$，则分析结果如图 6.25 所示。由此确定的扇形区域 $[\varepsilon, k] = [1, 2]$。

如图 6.26 所示为允许非线性 ψ 的输入-输出所处的扇形区域，当 $G(s) = 1/s^3 + 2s^2 + s$，且 $(\alpha, \beta) = (0, 2)$ 时，图 6.1 所示反馈连接系统绝对稳定。

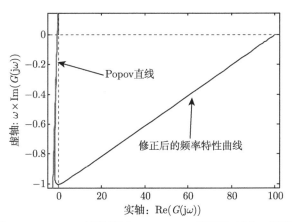

图 6.23　Popov 判据算例 2，$\varepsilon = 0.01$(彩图扫封底二维码)

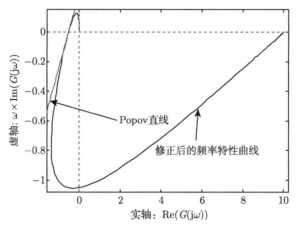

图 6.24   Popov 判据算例 2，$\varepsilon = 0.1$(彩图扫封底二维码)

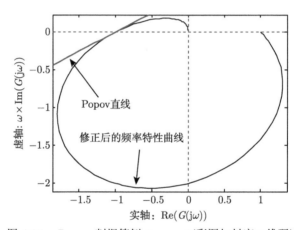

图 6.25   Popov 判据算例 2，$\varepsilon = 1$(彩图扫封底二维码)

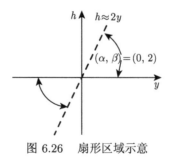

图 6.26   扇形区域示意

　　综上，对于 $G(s)$ 在原点处有一个极点的这种特殊情况，扇形区域的下界可以无限接近零，但是上界是固定的，尽管定理 6.3 和定理 6.4 要求线性部件的系

统矩阵 A 为 Hurwitz 矩阵，但是实际应用过程中可以采用环路变换[103]，以减弱定理对系统矩阵 A 的要求。

6.4 人机闭环系统稳定性分析算例

作动器速率限制人机闭环系统，按照飞机本体的静稳定性可分为两种：一种是本体静稳定飞机人机闭环系统；另一种是本体静不稳定飞机人机闭环系统。本节在前述基础上将绝对稳定性理论应用于人机闭环系统稳定性分析，给出速率限制环节处在何种扇形区域之内时人机闭环系统绝对稳定 (并说明是全局稳定还是有限区域稳定)。

6.4.1 判据的选择

考虑简化的作动器速率限制环节模型，饱和环节全局处于扇形区域 $[0,1]$ 之内，如图 6.27 所示。对于如图 6.1 所示的反馈连接系统，设非线性 ψ 为饱和环节。定义饱和环节的最大允许输入值为：当进入饱和环节的输入值超过最大允许输入值时，如图 6.1 所示的反馈连接系统将失稳。此种情况下只有当非线性 ψ 的输入-输出处于扇形区域 $[\alpha,1]$ 之内时，整个系统才绝对稳定。因此采用绝对稳定性理论分析作动器速率限制人机闭环系统的稳定性就是确定 α 值，当所确定的 $\alpha \leqslant 0$ 时，人机闭环系统全局稳定；当 $0 < \alpha \leqslant 1$ 时，人机闭环系统有限区域稳定 (或称局部稳定)。

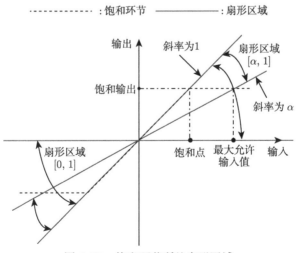

图 6.27　饱和环节所处扇形区域

对于静稳定飞机人机闭环系统，转化为形如图 6.1 所示反馈连接系统之后，线性部件在原点处有一个极点，此时可用圆判据或 Popov 判据分别确定人机闭环系统稳定的充分条件，其中较大的扇形区域可作为最终结果；对于静稳定飞机人机闭环系统，线性部件必然含有不稳定极点，本书用圆判据分析人机闭环系统稳定的充分条件。

6.4.2　静稳定飞机人机闭环系统算例

考虑如图 6.28 所示的静稳定飞机人机闭环系统，系统中速率限制 $V_\mathrm{L}=20(°)/\mathrm{s}$，作动器带宽为 $\omega_\mathrm{a}=20\mathrm{rad/s}$，驾驶员模型 $G_\mathrm{p}(s)=K_\mathrm{p}$，则飞机本体传递函数为

$$\frac{\theta(s)}{\delta(s)}=\frac{-11.09s^2-14.37s-0.5277}{s^4+8.512s^3+22.48s^2+0.8031s+0.1279} \tag{6-15}$$

这里将图 6.28 所示结构的人机闭环系统转化为图 6.1 所示的反馈连接结构，如图 6.29 所示。

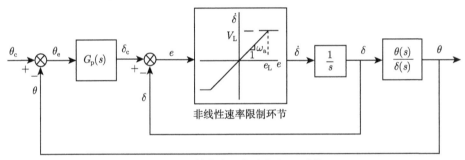

图 6.28　静稳定飞机人机闭环系统

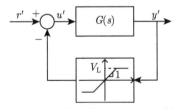

图 6.29　反馈连接形式的人机闭环系统结构

(1) 驾驶员操纵增益 $K_p=-3$ 的情况。

将此种参数下的人机闭环系统转化成图 6.29 所示结构，转化后为

$$G(s)=\frac{20s^4+170.2s^3+1114.7s^2+878.5s+34.2}{s^5+8.512s^4+22.4777s^3+0.803s^2+0.1279s} \tag{6-16}$$

图 6.30 是其 Nyquist 曲线图，图 6.31~ 图 6.34 是采用圆判据的分析结果。由于在左半开平面 $G(s)$ 的 Nyquist 曲线与横轴无交点，所以可以任意选择圆盘 $D(\alpha, \beta)$ 满足定理 6.3 的第一种情况，非线性 ψ 的输入-输出允许所处的扇形区域为 $(\alpha, \beta) = (0, +\infty)$。

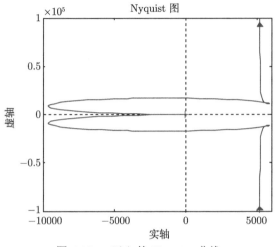

图 6.30　$G(s)$ 的 Nyquist 曲线

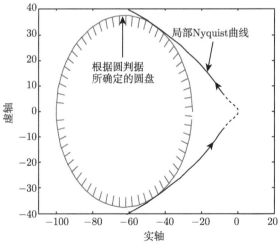

图 6.31　确定扇形区域 [0.01,0.04]

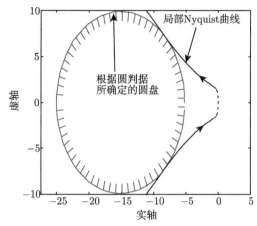

图 6.32　确定扇形区域 [0.04,0.195]

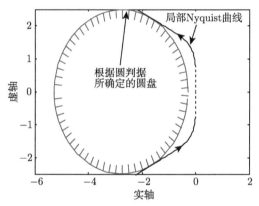

图 6.33　确定扇形区域 [0.19,3.542]

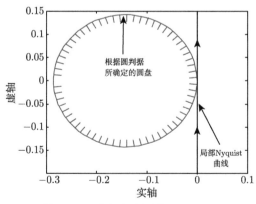

图 6.34　确定扇形区域 [3.5,+∞)

图 6.35 所示为饱和环节输入-输出特性在扇形区域 $(\alpha, \beta) = (0, +\infty)$ 中的位置, 饱和环节输入-输出特性属于扇形区域 $[0, 1]$, 显然扇形区域 $[0, 1]$ 包含于扇形区域 $(\alpha, \beta) = (0, +\infty)$ 中, 所以判断驾驶员操纵增益 $K_p = -3$ 时的人机闭环系统全局稳定, 作动器速率限制因素不影响人机闭环系统稳定性。图 6.36 为描述函数法分析结果, 速率限制作动器的描述函数负倒数曲线在 Nichols 图上与线性部分的频率特性曲线无交点, 可见系统是全局稳定的。

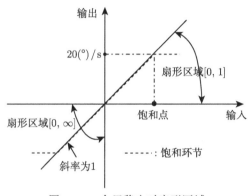

图 6.35　全局稳定时扇形区域

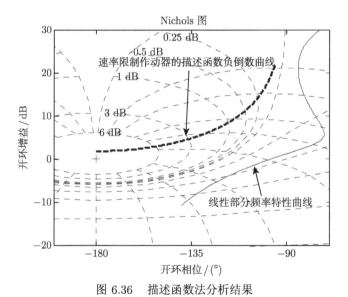

图 6.36　描述函数法分析结果

(2) 驾驶员操纵增益增大至 $K_p = -12.5$ 的情况。

将此种参数下的人机闭环系统转化成图 6.29 所示结构, 转化后为

$$G\left(s\right) = \frac{20s^4 + 170.2s^3 + 1114.7s^2 + 878.5s + 34.2}{s^5 + 8.512s^4 + 22.4777s^3 + 0.803s^2 + 0.1279s} \tag{6-17}$$

图 6.37 是 $G(s)$ 的 Nyquist 曲线图，根据定理 6.2，圆盘必须落入图 6.37(b) 所示区域才能保证闭环系统绝对稳定。

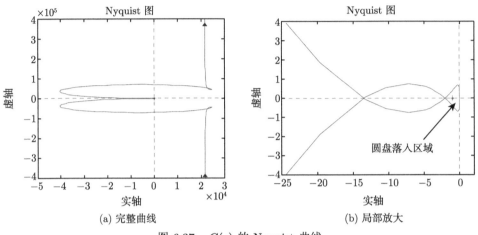

(a) 完整曲线   (b) 局部放大

图 6.37 $G(s)$ 的 Nyquist 曲线

图 6.38～ 图 6.40 是采用圆判据的分析结果，由此确定使系统绝对稳定的非线性 ψ 的输入-输出允许所处扇形区域为 $(\alpha, \beta) = (0.5, 1.488]$，显然饱和环节输入-输出特性并未全部落入扇形区域 $(\alpha, \beta) = (0.5, 1.488]$ 之内，饱和环节的扇形区域与系统绝对稳定时的扇形区域的关系如图 6.41 所示，因此，此种情况下的人机闭环系统并非全局稳定，仅仅是有限区域稳定。

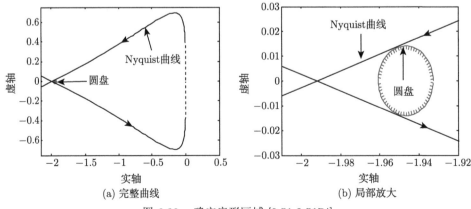

(a) 完整曲线   (b) 局部放大

图 6.38   确定扇形区域 [0.51,0.5174]

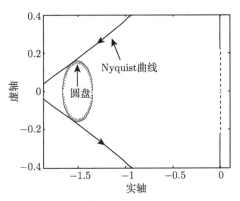

图 6.39　确定扇形区域 [0.6,0.743]

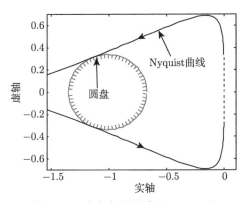

图 6.40　确定扇形区域 [0.74,1.488]

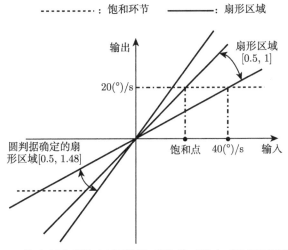

图 6.41　饱和环节所处扇形区域与系统绝对稳定时扇形区域的关系

图 6.42 为描述函数法分析结果,可见速率限制作动器的描述函数负倒数曲线在 Nichols 图上与线性部分的频率特性曲线相切,系统含有潜在极限环,人机闭环系统非全局稳定,仅是有限区域稳定。

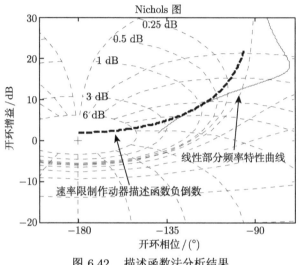

图 6.42　描述函数法分析结果

这里采用时域仿真的方法继续验证,图 6.43 是图 6.28 所示人机闭环系统跟踪阶跃指令信号的时间响应,俯仰姿态角出现了等幅振荡,即人机闭环系统呈现极限环失稳。

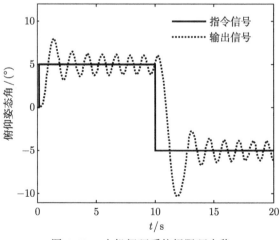

图 6.43　人机闭环系统极限环失稳

6.4.3　静不稳定飞机人机闭环系统算例

这里考虑如图 6.44 所示的静不稳定飞机人机闭环系统。系统中速率限制 $V_L = 20(°)/s$，作动器带宽为 $\omega_a = 20\text{rad/s}$，驾驶员模型 $G_p(s) = K_p$。

速率限制作动器中，δ_c 为偏角命令输入信号，δ 为偏角输出信号，e 为误差信号，ω_a 为作动器带宽，V_L 为速率限制，e_L 为饱和点。

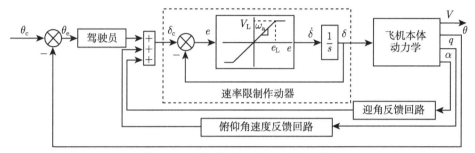

图 6.44　静不稳定飞机人机闭环系统

飞机本体采用状态空间模型：

$$\dot{x}_p = A_p x_p + B_p u_p$$
$$y_p = C_p x_p + D_p u_p \tag{6-18}$$

其中，状态变量 $x_p = [v, \alpha, q, \theta]^T$，这里 v 为前向速度，α 为迎角，q 为俯仰角速度，θ 为俯仰角；输入变量 $u_p = [\delta]$，这里 δ 为升降舵偏角；输出变量 $y_p = [\theta]$。

$$A_p = \begin{bmatrix} -0.033278 & 0.44459 & -0.21943 & -0.5614 \\ -0.015529 & -1.2588 & 1.0102 & -0.002491 \\ 0.004371 & 2.2099 & 0.40609 & -0.00486 \\ 0 & 0 & 1 & 0 \end{bmatrix}$$

$$B_p = \begin{bmatrix} -0.5193 \\ -0.05243 \\ -11.085 \\ 0 \end{bmatrix}, \quad C_p = [I_{4\times4}], \quad D_p = [0_{4\times1}]$$

这里将图 6.44 所示结构的人机闭环系统转化为反馈连接结构，仍然以图 6.29 表示。

(1) 驾驶员操纵增益 $K_p = -1$ 时的情况。

将此种参数下的人机闭环系统转化成图 6.29 所示结构，转化后为

$$G(s) = \frac{20s^4 + 288.261s^3 + 628.23s^2 + 303.74s + 11.2158}{s^5 + 0.886s^4 - 2.7025s^3 - 0.0882s^2 - 0.0158s} \tag{6-19}$$

图 6.45 是其 Nyquist 曲线图，图 6.46 和图 6.47 是采用圆判据的分析结果。由此确定使系统绝对稳定的非线性 ψ 的输入-输出允许所处的扇形区域为 $(\alpha, \beta) = (0.2, 18.7]$，显然饱和环节的全局输入-输出特性并未全部落入扇形区域 $(\alpha, \beta) = (0.2, 18.7]$ 之内，饱和环节的扇形区域与系统绝对稳定时的扇形区域的关系如图 6.48 所示，因此，此种情况下的人机闭环系统并非全局稳定，仅仅是有限区域稳定。

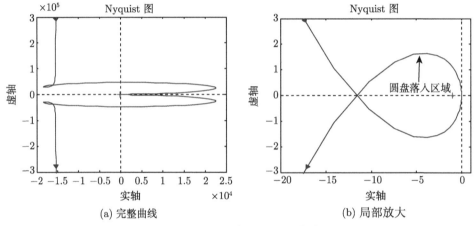

图 6.45　$G(s)$ 的 Nyquist 曲线

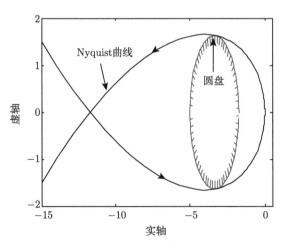

图 6.46　确定扇形区域 (0.2,0.575]

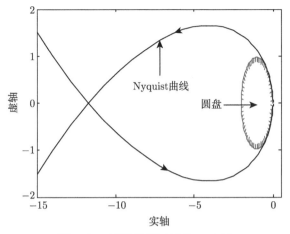

图 6.47   确定扇形区域 [0.5,18.7]

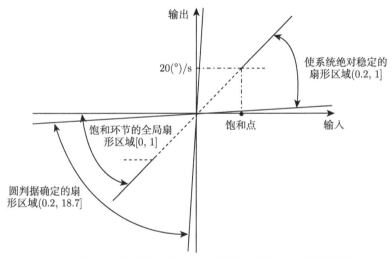

图 6.48   饱和环节所处扇形区域与系统绝对稳定时扇形区域关系

(2) 驾驶员操纵增益 $K_\mathrm{p} = -4$ 时的情况。

将此种参数下的人机闭环系统转化成图 6.29 所示结构，转化后为

$$G\left(s\right) = \frac{20s^4 + 288.3s^3 + 1293.3s^2 + 1170.2s + 43}{s^5 + 0.886s^4 - 2.7025s^3 - 0.0882s^2 - 0.0158s} \tag{6-20}$$

图 6.49 是其 Nyquist 曲线图，图 6.50、图 6.51 是采用圆判据的分析结果。由此确定使人机闭环系统绝对稳定的非线性 ψ 的输入-输出允许所处扇形区域为 $(\alpha,\beta) = (0.3, 69.2]$，显然饱和环节并未全部落入扇形区域 $(\alpha,\beta) = (0.3, 69.2]$ 之

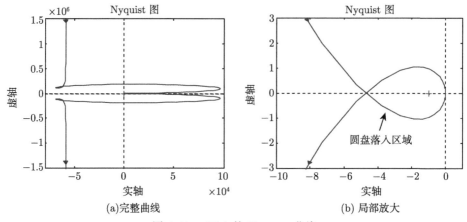

(a)完整曲线   (b) 局部放大

图 6.49 $G(s)$ 的 Nyquist 曲线

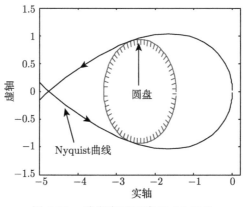

图 6.50   确定扇形区域 (0.3,0.689]

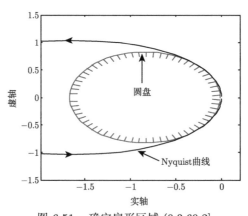

图 6.51   确定扇形区域 (0.3,69.2]

内，饱和环节的扇形区域与系统绝对稳定时的扇形区域的关系如图 6.52 所示，因此，此种情况下的人机闭环系统并非全局稳定，仅仅是有限区域稳定。

对比图 6.45 与图 6.49 可知，随着驾驶员操纵增益的增加，可供圆盘落入的区域面积减小。对比驾驶员操纵增益 $K_p = -1$ 与 $K_p = -4$ 两种情况下使人机闭环系统绝对稳定的扇形区域可知，驾驶员操纵增益越大，所允许的扇形区域范围越小。

采用时域仿真的方法验证，图 6.53 是图 6.44 所示人机闭环系统跟踪阶跃指令信号的时间响应，俯仰姿态角很快发散，即人机闭环系统呈现发散失稳。

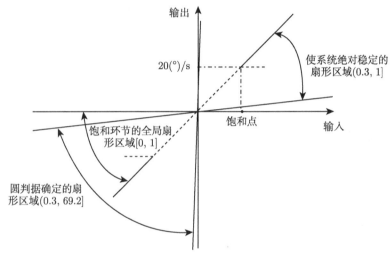

图 6.52　饱和环节所处扇形区域与系统绝对稳定时扇形区域的关系

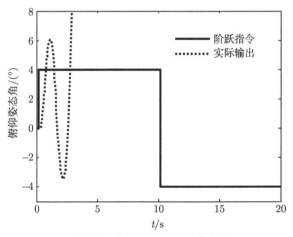

图 6.53　人机闭环系统发散失稳

6.5　本 章 小 结

运用描述函数法分析人机闭环系统稳定性时，对系统结构、速率限制环节特性、飞机本体动态特性都有严格要求，分析结果仅能预测特定条件下的闭环系统是否有潜在极限环，无法给出系统稳定的充分条件。针对描述函数法的这些不足，本章在引入有关绝对稳定性的理论之后，重点应用绝对稳定性理论中的"圆判据定理"，分析了作动器速率限制人机闭环系统的稳定性。本章的主要工作及结论如下所述。

(1) 归纳总结了能够用于人机闭环系统稳定性分析的相关绝对稳定性基础理论，这是应用圆判据定理的前提。

(2) 通过算例分析了"圆判据"定理和"Popov 判据"定理的适用范围。对于一个由线性部分和非线性元件组成的反馈连接系统，不论线性部分是稳定的、临界稳定的 (原点处有极点) 还是不稳定的，都可以使用"圆判据"定理确定非线性元件所允许进入的扇形区域，当非线性元件处于这个扇形区域内时，反馈连接系统绝对稳定；而对于"Popov 判据"定理即定理 6.4，在不加改进的前提下仅能应用于线性部分是稳定的或临界稳定的情况。

(3) 现代高性能战斗机为了获得高性能，常常设计成亚声速静不稳定，此时人机闭环系统转化为线性部分与非线性元件的反馈连接形式之后，线性部分变得不稳定，所以只能应用"圆判据"定理给出系统稳定的充分条件。当飞机本体静稳定时，此时组成的人机闭环系统其线性部分是临界稳定的，可以应用"圆判据"定理和"Popov 判据"定理给出系统稳定的充分条件。

(4) 6.3 节应用"圆判据"定理分析了静稳定飞机人机闭环系统以及静不稳定飞机人机闭环系统考虑作动器速率限制因素后的稳定性问题。对于静稳定飞机人机闭环系统，当系统没有潜在极限环时，闭环系统是全局稳定的；当系统具有潜在极限环时，闭环系统是有限区域稳定的 (局部稳定)。而对于静不稳定飞机人机闭环系统，考虑作动器速率限制因素后也是有限区域稳定的。

第 7 章　具有作动器速率限制的人机闭环系统的稳定域估计

　　采用绝对稳定性理论分析作动器速率限制人机闭环系统的稳定性，可以给出使系统保持稳定的充分条件，即当作动器速率饱和环节处于特定的扇区之内时，系统是稳定的，这种方法尽管应用简便却不直观，更进一步，如果能够描述人机闭环系统的稳定域，则可直接以当前飞行状态参数为依据评估系统是否有失稳的危险。

　　所谓的稳定域 [168−187] 是指在系统状态空间中划定的一定区域，如果系统受扰动后的状态仍处于这个区域之内，则系统的状态轨迹将维持在这个区域之内，系统保持稳定；而如果系统所受到的扰动大到使初始状态偏离这个区域，即处于这个区域外部，则系统的状态轨迹将逐渐远离这个区域，系统就进入了不稳定的运行状态。对于执行特定任务的人机闭环系统而言，作动器的速率限制因素未发生作用时，系统各状态量 (包括飞机的各状态量) 处于人机闭环系统稳定域之内，系统是稳定的；而当作动器速率限制因素介入系统之后，人机闭环系统的稳定域将发生变化，如果当前的飞行状态处于稳定域之内，系统将保持稳定，反之系统会失稳，PIO 随即发生。

　　因此，对人机闭环系统稳定域进行研究，一方面可以评估当前飞行状态是否有失稳的危险，另一方面可用于指导飞行控制律的设计，降低 PIO 的发生概率。所以本章将对作动器速率限制因素介入后的人机闭环系统稳定域进行研究，以期能够从稳定域的角度分析非线性 PIO 的机理。尽管本章所求得的建立在严格基础上的人机闭环稳定域具有解析表达，但这仅仅是对人机闭环系统真实稳定域的一种估计，根本原因在于速率饱和是一种本质非线性，它的介入会破坏系统的光滑性 [168−172]，因此无法采用光滑系统的稳定边界理论来刻画人机闭环系统的精确稳定域边界。这就使如何让求解的稳定域尽可能逼近系统实际的稳定域成为一个可以进一步研究的课题，这也是稳定域方法或稳定边界法预测非线性 PIO 工程应用化的关键。

　　本章在提出人机闭环系统稳定域的概念之后，将稳定域的估计转化为求解李雅普诺夫 (Lyapunov) 方程和线性矩阵不等式，得到了估计作动器速率限制人机闭环系统的两种方法，并采用具体算例进行了分析。

7.1　预 备 知 识

7.1.1　稳定域相关概念

定义 7.1　设 x^* 是非线性系统

$$\dot{x} = f(x) \tag{7-1}$$

的渐近稳定平衡点，其中，$f : D \to R^n$ 是局部 Lipschitz 的，且 $D \subset R^n$ 包含 x^* 的定义域，x^* 的吸引域或稳定域 R_{x^*} 定义为 $x_0 \in R^n$，当 $t \to \infty$ 时满足 $\phi(t, t_0, x_0) \to x^*$ 的所有初始状态 x_0 的集合。若 $x = 0$ 是系统 (7-1) 的渐近稳定平衡点，$\phi(t, x)$ 是系统 (7-1) 在 $t = 0$ 时刻始于初始状态的解，那么，原点的稳定域记为 R_0，定义为

$$R_0 = \{x \in D | \phi(t, x), \forall t \geqslant 0, \phi(t, x) \to 0, \text{当} t \to \infty\}$$

定义 7.2　对于系统 (7-1)，如果起始于集合 G 中的某状态点的状态轨迹在任何时间里都保持在 G 内，那么称 G 为系统 (7-1) 的一个不变集。

不变集概念是对平衡点概念的推广，是稳定性分析中一个非常重要的概念。

令 $P \in R^{n \times n}$ 是一正定矩阵，定义椭球体

$$\Omega(P, \rho) = \{x \in R^n : x^{\mathrm{T}} P x < \rho\} \tag{7-2}$$

令 $V(x) = x^{\mathrm{T}} P x$，则椭球体 $\Omega(P, \rho)$ 称为是收缩性不变的，当且仅当对于所有的 x，均有 $\dot{V}(x) < 0$。

显然，如果 $\Omega(P, \rho)$ 是收缩性不变的，则 $\Omega(P, \rho)$ 也必定在稳定域之内。

7.1.2　Lyapunov 方程

连续 Lyapunov 方程可以表示成

$$AX + XA^{\mathrm{T}} = -C \tag{7-3}$$

Lyapunov 方程来源于微分方程稳定性理论，其中要求 $-C$ 为对称正定的 $n \times n$ 矩阵，从而可以证明解 X 亦为 $n \times n$ 对称矩阵。

7.1.3　线性矩阵不等式 (LMI)

线性矩阵不等式 (Linear Matrix Inequality，LMI) 的求解属于凸优化问题的范畴。LMI 方法的出现主要是基于 3 个因素：① 大量的设计规范和约束能够用 LMI 来表示；② 一旦能表示成 LMI 问题，接下来就能精确地用有效的凸优化算

法来求解；③ 当具有多约束或多目标的问题用矩阵等式表达难以求得解析解时，用 LMI 方法往往能够得到很好的解决。

定义 7.3[188,189] 线性矩阵不等式就是具有形式为

$$F(x) = F_0 + \sum_{i=1}^{m} x_i F_i > 0 \tag{7-4}$$

的一个表达式，其中，$x = [x_1, \cdots, x_m]^{\mathrm{T}} \in R^m$ 是未知的，称为决策向量，元素 x_i 称为决策变量；$F_i = F_i^{\mathrm{T}} \in R^{n \times n}, i = 0, 1, \cdots, m$ 为给定的对称矩阵；不等号 ">" 表示矩阵 $F(x)$ 是正定的，即对所有非零向量 $\nu \in R^n$，$v^{\mathrm{T}} F(x) \nu > 0$ 或者 $F(x)$ 的最小特征值大于零。

称式 (7-4) 为一个严格线性矩阵不等式。当 $F(x)$ 为半正定时，对应的不等式为一个非严格 LMI。当集合 $\{x | F(x) > 0\}$ 为非空时，严格 LMI 是可行的。任何可行的非严格 LMI 总是可以通过消除一些隐含的等式约束将其转化为一个等价的严格 LMI。因此只需关注严格 LMI 即可。

令 x_1 和 x_2 是使得 $F(x_1) > 0$ 和 $F(x_2) > 0$ 的两个变量，$\lambda \in (0, 1)$，则

$$F(\lambda x_1 + (1 - \lambda) x_2) = \lambda F(x_1) + (1 - \lambda) F(x_2) \tag{7-5}$$

故集合 $\{x | F(x) > 0\}$ 是一个凸集，也就是说线性矩阵不等式 (7-4) 为关于自变量 x 的一个凸约束。正是这一特性，使得可以应用解决凸优化问题的有效方法来求解相关的线性矩阵不等式问题。

多个 LMI 可以用单一的 LMI 来表示，即多个 LMI：$F^1(x) > 0$；$F^2(x) > 0$；$\cdots$；$F^m(x) > 0$，可以等效为一个单一 LMI：

$$F(x) = \begin{bmatrix} F^1(x) & & & \\ & F^2(x) & & \\ & & \ddots & \\ & & & F^m(x) \end{bmatrix} = F_0 + \sum_{i=1}^{m} x_i F_i > 0 \tag{7-6}$$

其中，$F_i = \mathrm{diag}\{F_i^1, F_i^2, \cdots, F_i^m\}, \forall i = 0, 1, \cdots, m$；$\mathrm{diag}\{X_1, X_2, \cdots, X_m\}$ 为一个含有块为 $X_1, X_2, \cdots, X_m$ 的分块对角矩阵。

在控制理论的研究过程中，通常能遇到一类初看起来不是一个线性矩阵不等式问题，或者不具有式 (7-4) 的形式，但是通过适当处理可以将问题转化为 LMI 问题。舒尔 (Schur) 补引理就是将一类凸非线性矩阵不等式转化为线性矩阵不等式的一种常用工具。

引理 7.1[189] 对于分块对称矩阵 $S = S^{\mathrm{T}} \in R^{(n+m) \times (n+m)}$：

$$S = \begin{bmatrix} S_{11} & S_{12} \\ S_{21} & S_{22} \end{bmatrix}$$

其中，$S_{11} \in R^{n \times n}$，$S_{12} = S_{21} \in R^{n \times m}$，$S_{22} \in R^{m \times m}$，则以下三个条件等价：

(1) $S < 0$；

(2) $S_{11} < 0$，$\quad S_{22} - S_{12}^{\mathrm{T}} S_{11}^{-1} S_{12} < 0$；

(3) $S_{22} < 0$，$\quad S_{11} - S_{12} S_{22}^{-1} S_{12}^{\mathrm{T}} < 0$。

此外对一些非凸约束问题可以应用 S-procedure 将其转化为线性矩阵不等式约束。关于 S-procedure 的内容可参考相关文献，此处不再赘述。

基本的 LMI 问题分为三类 [190]：可行性问题、特征值问题以及广义特征值问题。大多数的控制问题都可以转化成这三种 LMI 问题的一种：

(1) 可行性问题 (Feasibility Problem, FP)：对给定的线性矩阵不等式 $F(x) > 0$，检验是否存在 x，使得 $F(x) > 0$ 成立的问题称为一个线性矩阵不等式的可行性问题。如果存在这样的 x，则该线性矩阵不等式问题是可行的，否则这个线性矩阵不等式就是不可行的，即无解。这类问题相关的求解器为 feasp。

(2) 特征值问题 (Eigenvalue Problem, EVP)：在给定的线性矩阵不等式约束下，对称的仿射矩阵函数最大特征值的最小化问题。一般形式为

$$\begin{aligned} & \text{minimize } \lambda \\ & \text{s.t. } \lambda I - A(x) > 0 \\ & \quad\quad B(x) > 0 \end{aligned} \tag{7-7}$$

其中，A、B 为关于变量 x 的对称仿射矩阵函数，该问题是一个凸优化问题。它的一个等价形式是关于决策变量 x 的线性函数的最小化问题：

$$\begin{aligned} & \text{minimize } c^{\mathrm{T}} x > 0 \\ & \text{s.t. } F(x) > 0 \end{aligned} \tag{7-8}$$

其中，$F(x) > 0$ 是 x 的仿射函数。

(3) 广义特征值问题 (Generalized Eigenvalue Problem, GEVP)：在线性矩阵不等式约束下，求两个仿射矩阵函数的最大广义特征值的最小化问题。一般形式为

$$\begin{aligned} & \text{minimize } \lambda \\ & \text{s.t. } \lambda B(x) - A(x) > 0 \\ & \quad\quad B(x) > 0 \\ & \quad\quad C(x) > 0 \end{aligned} \tag{7-9}$$

其中，A、B、C 是关于 x 的仿射矩阵函数。

此外，还有一类凸问题：

$$
\begin{aligned}
\text{minimize } &\ln \det \boldsymbol{A}(\boldsymbol{x})^{-1} \\
\text{s.t. } &\boldsymbol{A}(\boldsymbol{x}) > 0 \\
&\boldsymbol{B}(\boldsymbol{x}) > 0
\end{aligned}
\tag{7-10}
$$

其中，$\boldsymbol{A}$、$\boldsymbol{B}$ 是关于 $\boldsymbol{x}$ 的仿射矩阵函数，这类凸问题也可转化为 EVP 问题。

7.2 基于 Lyapunov 方程的静稳定飞机人机闭环系统的稳定域估计

静稳定飞机 (或指一架飞机的某种飞行状态，不需要增稳即可达到良好的飞行品质) 一般具有良好的稳定性，作为人机闭环系统中的被控对象，从非线性系统动力学的角度来看，即使作动器速率限制被激活，当系统中没有潜在的极限环时，整个人机闭环系统依然可以保持稳定；当人机闭环系统中有潜在稳定极限环时，整个人机闭环系统有失稳的危险，这要视极限环的幅值和频率而定，小幅值的极限环不会影响飞行安全但肯定影响飞行任务的完成，大幅值的极限环会导致飞机进入其他状态 (比如迎角进入失速区) 从而影响飞行安全。

所以对于静稳定飞机，根据现代控制理论，这类飞机的状态方程模型，其系统矩阵的特征值实部全部为负，组成人机闭环系统后能够达到全局渐近稳定，即使考虑作动器速率限制因素，也至少能够达到半全局稳定[179,181]。因此对于静稳定飞机，应该首先判断人机闭环系统会不会出现极限环，如果没有潜在的极限环，则系统是全局稳定的；当系统有极限环时，则有必要研究其稳定域。

7.2.1 控制输入幅值饱和单输入系统稳定域估计方法

文献 [191] 提出了一种估计控制输入幅值受限系统稳定域的算法，该算法基于求解一个连续型的 Lyapunov 方程，不需要对系统矩阵 $\boldsymbol{A}$ 作任何限制。其优点是便于计算，但缺点是利用该算法求解出的稳定域十分保守，很难满足工程应用的要求。下面介绍该算法。

考虑如下单输入系统[190]：

$$
\begin{cases}
\dot{\boldsymbol{x}} = \boldsymbol{A}\boldsymbol{x} + \boldsymbol{B}u \\
u = \text{sat}(\boldsymbol{C}\boldsymbol{x})
\end{cases}
\tag{7-11}
$$

式中，状态变量 $\boldsymbol{x} \in \boldsymbol{R}^n$；控制变量 $u \in R$；sat($\cdot$) 为饱和函数，sat($\boldsymbol{C}\boldsymbol{x}$) = sign($\boldsymbol{C}\boldsymbol{x}$) min$\{\Delta, |\boldsymbol{C}\boldsymbol{x}|\}$，反馈增益矩阵 $\boldsymbol{C} \in \boldsymbol{R}^{1 \times n}$，$\Delta > 0$ 为饱和环节的限制值；$\boldsymbol{A}$、$\boldsymbol{B}$ 为相应维数的实数矩阵。

假设系统 (7-11) 的 $(\boldsymbol{A}, \boldsymbol{B})$ 可控，由该假设可保证存在矩阵 $\boldsymbol{C}$，使得 $\boldsymbol{A} + \boldsymbol{B}\boldsymbol{C}$ 为 Hurwitz 稳定阵，也就保证存在对称正定矩阵 $\boldsymbol{P}$，满足 Lyapunov 方程：

$$(\boldsymbol{A} + \boldsymbol{B}\boldsymbol{C})^{\mathrm{T}} \boldsymbol{P} + \boldsymbol{P}(\boldsymbol{A} + \boldsymbol{B}\boldsymbol{C}) + \boldsymbol{I} = 0 \tag{7-12}$$

依据 $\boldsymbol{P}$ 阵和一个正数 γ，便可确定状态空间中的开椭球：

$$\Omega(\boldsymbol{P}, \gamma) = \{\boldsymbol{x} \in \boldsymbol{R}^n : \boldsymbol{x}^{\mathrm{T}} \boldsymbol{P} \boldsymbol{x} < \gamma\} \tag{7-13}$$

用式 (7-12) 的解 $\boldsymbol{P}$ 定义式 (7-13) 的 Lyapunov 函数 $V(\boldsymbol{x}) = \boldsymbol{x}^{\mathrm{T}} \boldsymbol{P} \boldsymbol{x}$。若存在 $\gamma > 0$，使得任意的 $\boldsymbol{x} \in \Omega(\boldsymbol{P}, \gamma)$，有 $\dot{V}(\boldsymbol{x}) < 0$ 成立，则 $\Omega(\boldsymbol{P}, \gamma)$ 是式 (7-13) 的不变椭球。

定义 7.4[190]　饱和度函数 $\sigma(\cdot) = \boldsymbol{R}^n \to [0, 1)$：

$$\sigma = \sigma(\boldsymbol{C}\boldsymbol{x}) = \begin{cases} 0, & |\boldsymbol{C}\boldsymbol{x}| \leqslant \Delta \\ 1 - \Delta/|\boldsymbol{C}\boldsymbol{x}|, & |\boldsymbol{C}\boldsymbol{x}| > \Delta \end{cases} \tag{7-14}$$

于是式 (7-11) 可写为

$$\dot{\boldsymbol{x}} = [\boldsymbol{A} + (1 - \sigma)\boldsymbol{B}\boldsymbol{C}]\boldsymbol{x} \tag{7-15}$$

求 $V(\boldsymbol{x}) = \boldsymbol{x}^{\mathrm{T}} \boldsymbol{P} \boldsymbol{x}$ 沿式 (7-15) 的时间导数：

$$\begin{aligned} \dot{V}(\boldsymbol{x}) &= \boldsymbol{x}^{\mathrm{T}} \{[\boldsymbol{A} + (1 - \sigma)\boldsymbol{B}\boldsymbol{C}]^{\mathrm{T}} \boldsymbol{P} + \boldsymbol{P}[\boldsymbol{A} + (1 - \sigma)\boldsymbol{B}\boldsymbol{C}]\}\boldsymbol{x} \\ &= \boldsymbol{x}^{\mathrm{T}} \{(\boldsymbol{A} + \boldsymbol{B}\boldsymbol{C})^{\mathrm{T}} \boldsymbol{P} + \boldsymbol{P}(\boldsymbol{A} + \boldsymbol{B}\boldsymbol{C}) - \sigma[(\boldsymbol{B}\boldsymbol{C})^{\mathrm{T}} \boldsymbol{P} + \boldsymbol{P}\boldsymbol{B}\boldsymbol{C}]\}\boldsymbol{x} \\ &= -\boldsymbol{x}^{\mathrm{T}} (\boldsymbol{I} + \sigma\boldsymbol{Q})\boldsymbol{x} \end{aligned} \tag{7-16}$$

其中，

$$\boldsymbol{Q} = (\boldsymbol{B}\boldsymbol{C})^{\mathrm{T}} \boldsymbol{P} + \boldsymbol{P}\boldsymbol{B}\boldsymbol{C} \tag{7-17}$$

若令 $\sigma^* = \sup(\sigma \in [0, 1) : \boldsymbol{I} + \sigma\boldsymbol{Q} > 0)$，根据上确界定义可知，$\boldsymbol{I} + \sigma\boldsymbol{Q} > 0, \forall \sigma \in [0, \sigma^*)$。若 $\sigma^* = 1$，则 $\dot{V}(\boldsymbol{x}) < 0$，$\forall \boldsymbol{x} \in \boldsymbol{R}^n$，此时式 (7-15) 所代表的系统为全局渐近稳定；若 $\sigma^* < 1$，则只对区域 $\{\boldsymbol{x} : \sigma(\boldsymbol{x}) < \sigma^*\}$ 中的 $\boldsymbol{x}$ 有 $\dot{V}(\boldsymbol{x}) < 0$，此时式 (7-15) 为区域渐近稳定。根据以上分析，应用矩阵理论，不难得出下式：

$$\sigma^* = \begin{cases} 1, & \lambda_{\min}(\boldsymbol{Q}) \geqslant -1 \\ -1/\lambda_{\min}(\boldsymbol{Q}), & \lambda_{\min}(\boldsymbol{Q}) < -1 \end{cases} \tag{7-18}$$

定理 7.1[191]　设式 (7-15) 所表示的系统满足 $(\boldsymbol{A}, \boldsymbol{B})$ 可控，按照式 (7-12) 与式 (7-17) 分别计算 $\boldsymbol{P}$ 与 $\boldsymbol{Q}$，若 $\lambda_{\min}(\boldsymbol{Q}) \geqslant -1$，则系统 (7-15) 是全局渐近稳定的；若 $\lambda_{\min}(\boldsymbol{Q}) < -1$，则系统 (7-15) 是区域渐近稳定的。

证明　由式 (7-16) 可知，式 (7-15) 稳定即 $\dot{V}(x) < 0$，等价于 $\boldsymbol{I} + \sigma\boldsymbol{Q} > 0$。当 $\lambda_{\min}(\boldsymbol{Q}) \geqslant -1$ 时，对 $\forall\sigma \in [0,1)$，$\boldsymbol{I} + \sigma\lambda_{\min}(\boldsymbol{Q})\boldsymbol{I} > 0$，而 $\boldsymbol{I} + \sigma\boldsymbol{Q} \geqslant \boldsymbol{I} + \sigma\lambda_{\min}(\boldsymbol{Q})\boldsymbol{I}$，于是对 $\forall\sigma \in [0,1)$，有 $\boldsymbol{I} + \sigma\boldsymbol{Q} > 0$，此时 $\sigma^* = 1$，闭环系统式 (7.15) 具有全空间的稳定域；当 $\lambda_{\min}(\boldsymbol{Q}) < -1$ 时，由于 $\sigma^* = -1/\lambda_{\min}(\boldsymbol{Q})$，显然对 $\forall\sigma \in [0, \sigma^*)$ 有 $\boldsymbol{I} + \sigma\boldsymbol{Q} \geqslant \boldsymbol{I} + \sigma\lambda_{\min}(\boldsymbol{Q})\boldsymbol{I} > 0$，此时 $\sigma^* < 1$，闭环系统式 (7-15) 是有限区域渐近稳定的。(证毕)

对于区域渐近稳定的系统，可计算其椭球状的稳定域，由数学分析求极值可得 [190]

$$\inf\{1 - \Delta/|\boldsymbol{C}x| : x \in \Omega(\boldsymbol{P}, \gamma)\backslash\{0\}\} = 1 - \Delta/\sqrt{\gamma(\boldsymbol{C}\boldsymbol{P}^{-1}\boldsymbol{C}^{\mathrm{T}})} \tag{7-19}$$

若令 σ^* 等于式 (7.18)，则可从中反解出椭球体不变集 $\Omega(\boldsymbol{P}, \gamma)$ 的参数 γ：

$$\gamma = \Delta^2/[(1 - \sigma^*)^2(\boldsymbol{C}\boldsymbol{P}^{-1}\boldsymbol{C}^{\mathrm{T}})] \tag{7-20}$$

7.2.2　考虑速率限制因素的人机闭环系统稳定域估计

考虑图 7.1 所示的俯仰姿态跟踪任务人机闭环系统，由驾驶员、速率限制作动器、飞机本体组成 [52,95]。

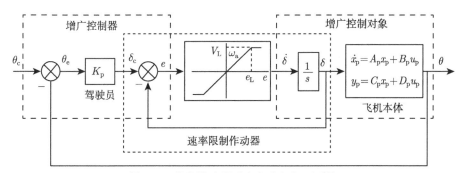

图 7.1　俯仰姿态跟踪任务人机闭环系统

δ_{c}-偏角指令输入信号；$\dot{\delta}$-作动器速率；δ-偏角输出信号；e-误差信号；ω_{a}-作动器带宽；V_{L}-作动器速率限制值；e_{L}-饱和点；θ_{c}-俯仰角指令信号；θ_{e}-俯仰角误差信号；θ-俯仰角输出信号；K_{p}-驾驶员模型增益

采用同步控制驾驶员模型，如下式所示：

$$G_{\mathrm{p}}(s) = K_{\mathrm{p}} \tag{7-21}$$

式中，K_{p} 为驾驶员增益。

飞机本体采用状态空间模型：

$$\begin{aligned} \dot{\boldsymbol{x}}_{\mathrm{p}} &= \boldsymbol{A}_{\mathrm{p}}\boldsymbol{x}_{\mathrm{p}} + \boldsymbol{B}_{\mathrm{p}}\boldsymbol{u}_{\mathrm{p}} \\ \boldsymbol{y}_{\mathrm{p}} &= \boldsymbol{C}_{\mathrm{p}}\boldsymbol{x}_{\mathrm{p}} + \boldsymbol{D}_{\mathrm{p}}\boldsymbol{u}_{\mathrm{p}} \end{aligned} \tag{7-22}$$

其中, 状态变量 $\boldsymbol{x}_{\mathrm{p}} = [v, \alpha, q, \theta]^{\mathrm{T}}$, 这里 v 为前向速度, α 为迎角, q 为俯仰角速度, θ 为俯仰角; 输入变量 $\boldsymbol{u}_{\mathrm{p}} = [\delta]$, 这里 δ 为升降舵偏角; 输出变量 $\boldsymbol{y}_{\mathrm{p}} = [\theta]$。

对于考虑作动器速率限制的人机闭环系统来说, 必须建立形如式 (7-11) 的状态方程模型才能采用 7.2.1 节所述的稳定域估计算法。如图 7.1 所示, 首先将速率限制作动器分解, 积分环节与飞机本体组合成增广控制对象, 保留饱和环节, 其余与驾驶员组成增广控制器; 然后将除饱和环节之外的其他环节变换为式 (7-11) 所描述的系统; 最后按照执行器饱和单输入系统稳定域估计方法进行稳定域求解。具体过程如下所述。

(1) 建立增广被控对象状态方程模型。

增广被控对象由飞机本体与速率限制作动器的积分环节组成。以飞机状态变量 v, α, q, θ 及作动器输出 δ 组成增广被控对象状态变量 $\boldsymbol{x}_{\mathrm{m}} = [v, \alpha, q, \theta, \delta]^{\mathrm{T}}$, 以 θ 和 δ 组成输出变量 $\boldsymbol{y}_{\mathrm{m}} = [\theta, \delta]^{\mathrm{T}}$, $\dot{\delta}$ 作为控制变量 $\boldsymbol{u}_{\mathrm{m}} = [\dot{\delta}]$, 则增广被控对象的单输入两输出状态方程为

$$\dot{\boldsymbol{x}}_{\mathrm{m}} = \boldsymbol{A}_{\mathrm{m}}\boldsymbol{x}_{\mathrm{m}} + \boldsymbol{B}_{\mathrm{m}}\boldsymbol{u}_{\mathrm{m}}$$
$$\boldsymbol{y}_{\mathrm{m}} = \left[\begin{array}{c} \theta \\ \delta \end{array}\right] = \boldsymbol{C}_{\mathrm{m}}\boldsymbol{x}_{\mathrm{m}} \tag{7-23}$$

其中, $\boldsymbol{A}_{\mathrm{m}} = \left[\begin{array}{cc} \boldsymbol{A}_{\mathrm{p}} & \boldsymbol{B}_{\mathrm{p}} \\ \boldsymbol{0} & \boldsymbol{0} \end{array}\right]$, $\boldsymbol{B}_{\mathrm{m}} = [\boldsymbol{0}, \boldsymbol{I}]^{\mathrm{T}}$, $\boldsymbol{C}_{\mathrm{m}} = \left[\begin{array}{ccccc} 0 & 0 & 0 & 1 & 0 \\ 0 & 0 & 0 & 0 & 1 \end{array}\right]$。

(2) 建立增广控制器状态方程模型。

增广控制器由驾驶员与速率限制作动器增益环节组成, 由于采用同步驾驶员模型, 所以增广控制器并未引入额外状态变量, 可等效为一两输入单输出的纯增益环节。

令 $\boldsymbol{u}_{\mathrm{m}} = [\dot{\delta}] = \mathrm{sat}(u_{\mathrm{r}})$, 则有

$$\begin{aligned} u_{\mathrm{r}} &= -\omega_{\mathrm{a}} \cdot [K_{\mathrm{p}}, 1] \cdot \boldsymbol{y}_{\mathrm{m}} \\ &= -\omega_{\mathrm{a}} \cdot [K_{\mathrm{p}}, 1] \cdot \boldsymbol{C}_{\mathrm{m}}\boldsymbol{x}_{\mathrm{m}} \end{aligned} \tag{7-24}$$

(3) 人机闭环系统状态方程模型。

以 $\dot{\delta}$ 为输入、u_{r} 为输出可得考虑作动器速率饱和的人机闭环系统状态方程模型, 状态变量为 $\tilde{\boldsymbol{x}} = [v, \alpha, q, \theta, \delta]^{\mathrm{T}}$, 则有

$$\begin{aligned} \dot{\tilde{\boldsymbol{x}}} &= \tilde{\boldsymbol{A}}\tilde{\boldsymbol{x}} + \tilde{\boldsymbol{B}}\dot{\delta} \\ \tilde{\boldsymbol{y}} &= \tilde{\boldsymbol{C}}\tilde{\boldsymbol{x}} + \tilde{\boldsymbol{D}}\dot{\delta} \\ \dot{\delta} &= \mathrm{sat}(\tilde{\boldsymbol{y}}) \end{aligned} \tag{7-25}$$

其中, $\tilde{\boldsymbol{A}} = \boldsymbol{A}_{\mathrm{m}}$, $\tilde{\boldsymbol{B}} = \boldsymbol{B}_{\mathrm{m}}$, $\tilde{\boldsymbol{C}} = -\omega_{\mathrm{a}} \cdot [K_{\mathrm{p}}, 1] \cdot \boldsymbol{C}_{\mathrm{m}}$, $\tilde{\boldsymbol{D}} = [\boldsymbol{0}]$, $u_{\mathrm{r}} = \tilde{\boldsymbol{y}}$。

至此，已将图 7.1 所示的系统建立了形如式 (7-11) 的状态方程模型。

根据以上分析，总结采用椭球体不变集法确定考虑作动器速率饱和的人机闭环系统稳定域的一般过程，如下所述。

算法 7.1　稳定域求解算法 1

步骤 1：选择待评估的闭环飞行任务，建立如图 7.1 所示的闭环模型；

步骤 2：将图 7.1 所示的系统转化为式 (7-25) 所示的形式，并验证是否满足可控性假设，若满足，继续下一步；若不满足，停止；

步骤 3：按式 (7-12) 求解正定对称矩阵 $\boldsymbol{P}$；

步骤 4：计算 $\boldsymbol{Q}$ 及 $\lambda_{\min}(\boldsymbol{Q})$，若 $\lambda_{\min}(\boldsymbol{Q}) \geqslant -1$，则系统 (7-25) 全局渐近稳定，停止；否则系统为有限区域渐近稳定，继续下一步；

步骤 5：按式 (7-20) 计算 γ，则 $\Omega(\boldsymbol{P}, \gamma)$ 是系统 (7-25) 的椭球体不变集，结束。

7.2.3　人机闭环系统有极限环时的稳定域估计算例

1) 参数设置

针对图 7.1 所示人机闭环系统，给出如下参数：

作动器带宽 $\omega_{\mathrm{a}} = 20\mathrm{rad/s}$，速率饱和值 $V_{\mathrm{L}} = 20(°)/\mathrm{s}$，驾驶员模型增益值 $K_{\mathrm{p}} = -3.23$，飞机本体参数见参考文献 [52]。

2) 稳定域估计

应用描述函数法判断此人机闭环系统是否具有潜在的极限环，如图 7.2 所示，线性部分的频率响应曲线与速率限制作动器负倒数描述函数有一个切点。

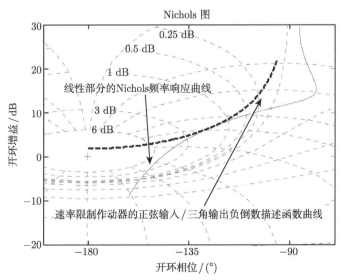

图 7.2　描述函数法预测极限环结果

　　下面按照算法 7.1 估计人机闭环系统的稳定域, 建立形如式 (7-29) 的状态方程模型, 经判断 $(\tilde{A}, \tilde{B})$ 可控。因此, 可以求得非线性人机闭环系统的 5 维超椭球体稳定域。为给出稳定域的直观估计, 将其投影到两维子空间, 选择 (α, q)、(θ, δ) 两个子空间进行投影, 分别如图 7.3 和图 7.4 所示。

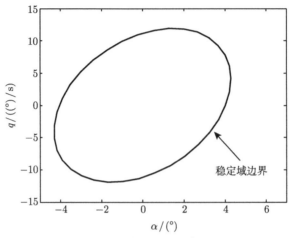

图 7.3　稳定域 (α, q) 子空间投影

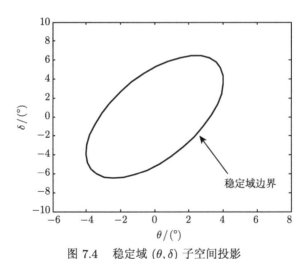

图 7.4　稳定域 (θ, δ) 子空间投影

3) 保守性分析

　　为了评估求解出的稳定域的保守性, 在如图 7.3、图 7.4 所示的稳定域内部以及外部分别选择两个初始状态点进行时域仿真, 如图 7.5、图 7.6 中状态轨迹 1、2 所示。图 7.5 中初始状态点 1 的状态轨迹始终保持在稳定域之内, 且最终收

敛到平衡点；初始状态点 2 虽然在稳定域外部，但是其状态轨迹最终回到稳定域之内，且最终收敛到平衡点。由此说明求解的稳定域有一定的保守性，与真实的人机闭环系统稳定域相比偏小。图 7.6 中初始状态点 1 的状态轨迹始终保持在稳定域之内，而初始状态点 2 的状态轨迹形成了极限环振荡，表明人机闭环系统出现了 PIO，与描述函数法的分析结果一致，并且此时作动器速率限制因素起作用，输出波形为三角波形式，如图 7.7 所示。

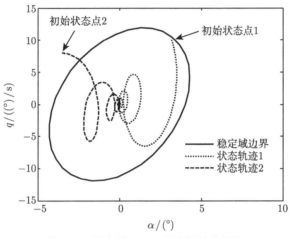

图 7.5 稳定域 (α, q) 子空间状态轨迹

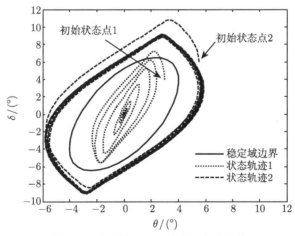

图 7.6 稳定域 (θ, δ) 子空间状态轨迹

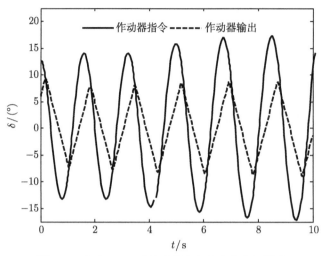

图 7.7   发生 PIO 时作动器偏角指令与实际输出

4) 极限环振荡特点

根据非线性动力学理论 [95]，一个稳定的极限环的邻域不可能有另外的极限环，因为其邻域的其他轨线都要趋于它，这也表示相平面上极限环都是孤立的闭曲线。如图 7.6 所示人机闭环系统出现了极限环振荡，根据描述函数法的分析，极限环振荡是稳定的，也就是说极限环之外的状态点的轨迹最终会形成稳定的等幅振荡，图 7.8 所示即为偏离极限环之外的比较远的状态点的轨迹在 (θ, δ) 子空间的投影，图 7.9 所示为轨迹在 (α, q) 子空间的投影。

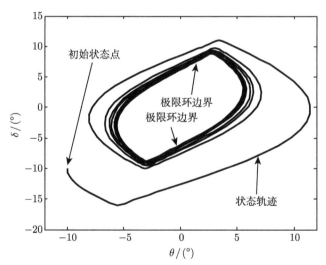

图 7.8   极限环之外状态点的轨迹在 (θ, δ) 子空间的投影

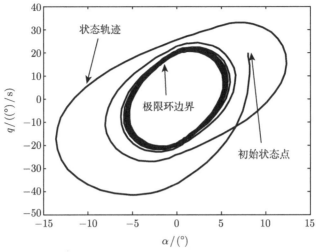

图 7.9　极限环之外状态点的轨迹在 (α, q) 子空间的投影

　　但是, 极限环内部是不是人机闭环系统的稳定域呢? 选择靠近极限环边界的点作为初始状态点, 状态轨迹如图 7.10 所示, 可见, 极限环内部并非全部是稳定域。从稳定域在 (θ, δ) 子空间的投影来看, 所给参数表示的人机闭环系统所能跟踪的俯仰姿态角很小, 图 7.11 是人机闭环系统跟踪 4° 俯仰姿态角时的时间响应, 表明人机闭环系统出现了极限环振荡, 发生了 PIO。

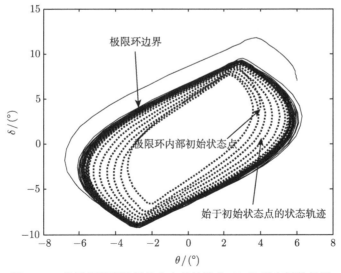

图 7.10　靠近极限环边界状态点的轨迹在 (θ, δ) 子空间的投影

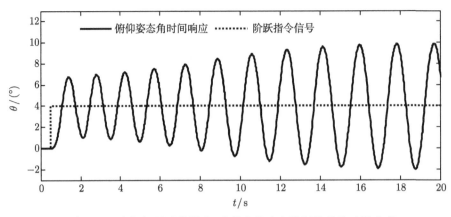

图 7.11　人机闭环系统跟踪 4° 俯仰姿态角阶跃信号的时间响应

5) 驾驶员操纵增益以及作动器速率限制值对稳定域的影响

增大作动器速率饱和值为 $V_{L1} = 40(°)/s$, 其他参数不变, 求解稳定域并投影到 (α, q) 子空间。结果如图 7.12 所示, 可见, 增大速率饱和值可以扩大人机闭环系统稳定域。

增大驾驶员操纵增益为 $K_{p1} = -4$, 其他参数不变, 求解稳定域并投影到 (α, q) 子空间, 结果如图 7.13 所示, 可见, 增大操纵增益会减小人机闭环系统稳定域。若驾驶员操纵增益增大到一定程度, 则当飞机受到一个很小的迎角扰动时, 人机闭环系统就有可能失稳, PIO 就会出现。

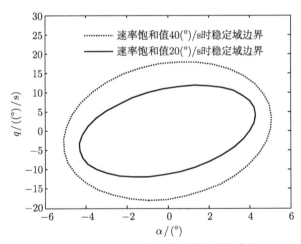

图 7.12　改变速率饱和值时稳定域的变化

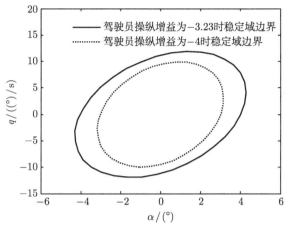

图 7.13 改变驾驶员模型增益值时稳定域的变化

7.2.4 人机闭环系统无极限环时的稳定域分析

给出图 7.1 所示人机闭环系统参数如下:

减小驾驶员模型增益值为 $K_p = -1.1$。

应用算法 7.1 分析上述参数设置下 $\lambda_{min}(Q) \geqslant -1$，表明此时系统是全局稳定的。为验证结论正确与否，采用圆判据定理和描述函数法进行验证。图 7.14 是圆判据的分析结果，使系统绝对稳定的扇形区域为 $(0, +\infty)$，速率限制环节显然处于这一扇形区域之内，闭环系统是全局稳定的。

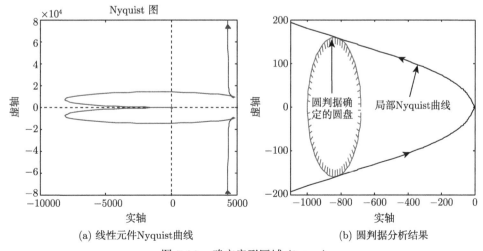

(a) 线性元件Nyquist曲线　　　　　　　　(b) 圆判据分析结果

图 7.14 确定扇形区域 $(0, +\infty)$

　　应用描述函数法分析系统无潜在极限环,如图 7.15 所示,这说明,在上述参数设置下,即使作动器速率限制发生作用也不会影响人机闭环系统稳定性。此种情况下,人机闭环系统稳定性不再是要关心的问题,人机闭环系统性能才是需要首先考虑的。图 7.16 是人机闭环系统跟踪大幅值阶跃指令信号的时间响应,仿真结果表明,人机闭环系统跟踪性能较好。

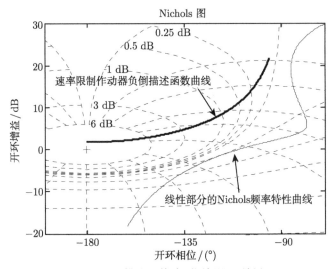

图 7.15　描述函数法预测极限环结果

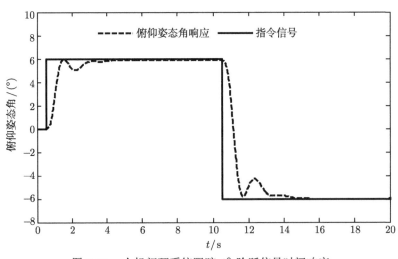

图 7.16　人机闭环系统跟踪 6° 阶跃信号时间响应

7.3 基于 LMI 的静不稳定飞机人机闭环系统的稳定域估计

根据绝对稳定性理论，静不稳定飞机其状态方程模型的系统矩阵含有实部为正的特征根，当考虑控制输入的有界性时，那么无论采取何种线性反馈控制，都只能使其在一定区域内达到渐近稳定[192,193]，这个区域就是稳定域。同样地，考虑作动器速率限制的人机闭环系统，当飞机本体是静不稳定时，其稳定域也仅仅是平衡点的一个邻域，这个邻域的大小除了与飞机本体动力学和驾驶员动力学有关外，作动器速率限制值是决定因素。7.2 节中所研究的执行器单饱和输入系统稳定域估计方法同样适用于静不稳定飞机人机闭环系统稳定域估计 (仅适用于有单个作动器情况)，但是这种方法保守性太强，本节将静不稳定飞机人机闭环系统稳定域的求解转化为线性矩阵不等式的求解，并总结成相应算法。该算法对含有多个作动器的人机闭环系统同样适用。

7.3.1　控制输入幅值饱和稳定域估计方法

考虑如下线性时不变系统：

$$\dot{\boldsymbol{x}} = \boldsymbol{A}\boldsymbol{x} + \boldsymbol{B}\boldsymbol{u} \tag{7-26}$$

式中，$\boldsymbol{x} \in R^n$ 为状态变量；$\boldsymbol{u} \in R^m$ 为控制输入变量；$\boldsymbol{A}$、$\boldsymbol{B}$ 为相应维数的实数阵，假设 $(\boldsymbol{A}、\boldsymbol{B})$ 可控。

考虑到执行器物理约束的影响，控制输入满足紧密集 $\Omega \subset R$：

$$\Omega = \{\boldsymbol{u} \in R^m, -\boldsymbol{u}_0 \leqslant \boldsymbol{u} \leqslant \boldsymbol{u}_0\} \tag{7-27}$$

式中，$\boldsymbol{u}_0$ 为输入的饱和值，各元素 $u_{0i} > 0$，$i = 1, 2, \cdots, m$。

饱和函数定义为

$$\text{sat}(\boldsymbol{C}\boldsymbol{x}) = [\text{sat}_1(\boldsymbol{C}_1\boldsymbol{x}), \text{sat}_2(\boldsymbol{C}_2\boldsymbol{x}), \cdots, \text{sat}_m(\boldsymbol{C}_m\boldsymbol{x})] \tag{7-28}$$

式中，$\boldsymbol{C} \in R^{m \times n}$ 为反馈增益矩阵；$\boldsymbol{C}_i$ 为 $\boldsymbol{C} \in R^{m \times n}$ 的第 i 行向量；sign 为符号函数，$\text{sat}(\boldsymbol{C}_i\boldsymbol{x}) = \text{sign}(\boldsymbol{C}_i\boldsymbol{x}) \min\{u_{0i}, |\boldsymbol{C}_i\boldsymbol{x}|\}$。

若饱和控制律 $\boldsymbol{u} = \text{sat}(\boldsymbol{C}\boldsymbol{x})$，则闭环系统为

$$\dot{\boldsymbol{x}} = \boldsymbol{A}\boldsymbol{x} + \boldsymbol{B}\text{sat}(\boldsymbol{C}\boldsymbol{x}) \tag{7-29}$$

保证控制量在限制范围之内，即对于所有的 $\boldsymbol{x} \in S(\boldsymbol{C}, \boldsymbol{u}_0)$ 满足

$$S(\boldsymbol{C}, \boldsymbol{u}_0) = \{\boldsymbol{x} \in R^n, -\boldsymbol{u}_0 \leqslant \boldsymbol{C}\boldsymbol{x} \leqslant \boldsymbol{u}_0\} \tag{7-30}$$

那么系统 (7-29) 变为新的线性系统：

$$\dot{\boldsymbol{x}} = (\boldsymbol{A} + \boldsymbol{BC})\boldsymbol{x} \tag{7-31}$$

式 (7-31) 的椭球体稳定域可表述为

$$\varepsilon(\boldsymbol{P}, 1) = \{\boldsymbol{x} \in \boldsymbol{R}^n : \boldsymbol{x}^{\mathrm{T}} \boldsymbol{P} \boldsymbol{x} < 1\} \tag{7-32}$$

式中，$\boldsymbol{P} \in \boldsymbol{R}^{n \times n}$ 是一个正定对称矩阵。

定理 7.2[51]　对系统 (7-26)，若控制输入 $\boldsymbol{u}$ 有界，$u_{0i} = 1$，$i = 1, 2, \cdots, m$，则满足饱和函数 (7-28) 的最大椭球稳定域 $\varepsilon(\boldsymbol{P}, 1)$ 可通过求解下面的凸优化问题得到 [95,194]：

$$\max \ln \det \boldsymbol{W}$$
$$\text{s.t.} \begin{cases} \boldsymbol{W} = \boldsymbol{W}^{\mathrm{T}} \\ \boldsymbol{C}_i \boldsymbol{W} \boldsymbol{C}_i^{\mathrm{T}} \leqslant 1, \quad i = 1, \cdots, m \\ (\boldsymbol{A} - \boldsymbol{BC})\boldsymbol{W} + \boldsymbol{W}(\boldsymbol{A} - \boldsymbol{BC})^{\mathrm{T}} < 0 \end{cases} \tag{7-33}$$

式中，$\boldsymbol{W} = \boldsymbol{P}^{-1}$；$\ln \det \boldsymbol{W}$ 为椭球稳定域的体积。

推论　对系统 (7-26)，若控制输入 $\boldsymbol{u}$ 有界，$u_{0i} > 0$，$i = 1, 2, \cdots, m$，则满足饱和函数 (7-28) 的最大椭球稳定域 $\varepsilon(\boldsymbol{P}, 1)$ 可通过求解下面的凸优化问题得到：

$$\max \ln \det \boldsymbol{W}$$
$$\text{s.t.} \begin{cases} \boldsymbol{W} = \boldsymbol{W}^{\mathrm{T}} \\ \boldsymbol{C}_i \boldsymbol{W} \boldsymbol{C}_i^{\mathrm{T}} \leqslant u_{0i}^2, \quad i = 1, \cdots, m \\ (\boldsymbol{A} - \boldsymbol{BC})\boldsymbol{W} + \boldsymbol{W}(\boldsymbol{A} - \boldsymbol{BC})^{\mathrm{T}} < 0 \end{cases} \tag{7-34}$$

式中，$\boldsymbol{W} = \boldsymbol{P}^{-1}$；$\ln \det \boldsymbol{W}$ 为椭球稳定域的体积。

运用 Schur 补引理，$\max \ln \det \boldsymbol{W}$ 可等效为如下不等式中 γ 极值的存在性问题 [51]：

$$\gamma \boldsymbol{V} \geqslant \boldsymbol{W}^{-1} \Leftrightarrow \begin{bmatrix} \gamma \boldsymbol{V} & \boldsymbol{I} \\ \boldsymbol{I} & \boldsymbol{W} \end{bmatrix} \geqslant 0, \quad \gamma > 0, \quad f_{\inf}(\gamma) \tag{7-35}$$

式中，$\boldsymbol{V}$ 为对称正定矩阵；$f_{\inf}(\cdot)$ 为下界函数。

为了便于编程求解，同时运用 Schur 补引理，可将约束 $\boldsymbol{CWC}^{\mathrm{T}} \leqslant u_{0i}^2$ 转化为标准线性矩阵不等式形式：

$$\boldsymbol{CWC}^{\mathrm{T}} \leqslant u_{0i}^2 \Leftrightarrow \begin{bmatrix} u_{0i}^2 & \boldsymbol{C}_i \\ \boldsymbol{C}_i^{\mathrm{T}} & \boldsymbol{W}^{-1} \end{bmatrix} \geqslant 0, i = 1, \cdots, m \tag{7-36}$$

综合式 (7-34)、(7-35)、(7-36)，系统 (7-29) 的最大椭球稳定域的求解可转化为如下矩阵不等式 [162]：

$$
f_{\mathrm{inf}}(\gamma)
$$

$$
\mathrm{s.t.}\quad
\begin{cases}
\boldsymbol{W} = \boldsymbol{W}^{\mathrm{T}} \\[4pt]
\begin{bmatrix} \gamma \boldsymbol{V} & \boldsymbol{I} \\ \boldsymbol{I} & \boldsymbol{W} \end{bmatrix} \geqslant 0 \\[10pt]
\boldsymbol{V} > 0 \\[4pt]
\gamma > 0 \\[4pt]
\begin{bmatrix} u_{0i}^2 & \boldsymbol{C}_i \\ \boldsymbol{C}_i^{\mathrm{T}} & \boldsymbol{W}^{-1} \end{bmatrix} \geqslant 0, \quad i = 1,\cdots,m \\[10pt]
(\boldsymbol{A} - \boldsymbol{B}\boldsymbol{C})\boldsymbol{W} + \boldsymbol{W}(\boldsymbol{A} - \boldsymbol{B}\boldsymbol{C})^{\mathrm{T}} < 0
\end{cases}
\tag{7-37}
$$

7.3.2 考虑速率限制因素的人机闭环系统的稳定域估计

考虑图 7.17 所示的人机闭环系统，由驾驶员、速率限制作动器、飞机本体组成 [51]。

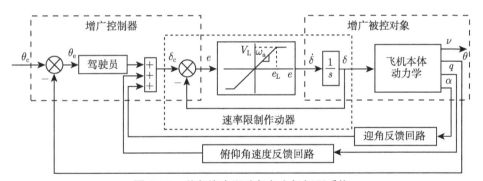

图 7.17 俯仰姿态跟踪任务人机闭环系统

δ_{c}-作动器输入指令信号；$\dot{\delta}$-作动器动作速率；e-误差信号；δ-作动器输出信号；V_{L}-速率限制值；θ_{c}-俯仰姿态指令信号；ω_{a}-作动器带宽；e_{L}-饱和点；θ_{e}-俯仰姿态误差信号

采用同步控制驾驶员模型，如下式所示

$$
G_{\mathrm{p}}(s) = K_{\mathrm{p}}
\tag{7-38}
$$

式中，K_{p} 为驾驶员增益。

飞机本体采用状态空间模型：

$$
\begin{aligned}
\dot{\boldsymbol{x}}_{\mathrm{p}} &= \boldsymbol{A}_{\mathrm{p}}\boldsymbol{x}_{\mathrm{p}} + \boldsymbol{B}_{\mathrm{p}}\boldsymbol{u}_{\mathrm{p}} \\
\boldsymbol{y}_{\mathrm{p}} &= \boldsymbol{C}_{\mathrm{p}}\boldsymbol{x}_{\mathrm{p}} + \boldsymbol{D}_{\mathrm{p}}\boldsymbol{u}_{\mathrm{p}}
\end{aligned}
\tag{7-39}
$$

其中，状态变量 $\boldsymbol{x}_{\mathrm{p}} = [v, \alpha, q, \theta]^{\mathrm{T}}$，这里 v 为前向速度，α 为迎角，q 为俯仰角速度，θ 为俯仰角；输入变量 $\boldsymbol{u}_{\mathrm{p}} = [\delta]$，这里 δ 为升降舵偏角；输出变量 $\boldsymbol{y}_{\mathrm{p}} = [\theta]$。

要估计图 7.17 所示考虑作动器速率限制的人机闭环系统稳定域，则必须建立闭环系统的状态方程模型。模型建立的具体过程如下所述。

(1) 建立增广被控对象状态方程模型。

增广被控对象由飞机本体与速率限制作动器的积分环节组成。以飞机状态变量 v, α, q, θ 及作动器输出 δ 组成增广被控对象状态变量 $\boldsymbol{x}_{\mathrm{m}} = [v, \alpha, q, \theta, \delta]^{\mathrm{T}}$，以 α, q, θ 和 δ 组成输出变量 $\boldsymbol{y}_{\mathrm{m}} = [\alpha, q, \theta, \delta]^{\mathrm{T}}$，$\dot{\delta}$ 作为控制变量 $\boldsymbol{u}_{\mathrm{m}} = [\dot{\delta}]$，则增广被控对象的单输入四输出状态方程为

$$\begin{aligned} \dot{\boldsymbol{x}}_{\mathrm{m}} &= \boldsymbol{A}_{\mathrm{m}} \boldsymbol{x}_{\mathrm{m}} + \boldsymbol{B}_{\mathrm{m}} \boldsymbol{u}_{\mathrm{m}} \\ \boldsymbol{y}_{\mathrm{m}} &= \begin{bmatrix} \alpha & q & \theta & \delta \end{bmatrix}^{\mathrm{T}} = \boldsymbol{C}_{\mathrm{m}} \boldsymbol{x}_{\mathrm{m}} \end{aligned} \tag{7-40}$$

其中，$\boldsymbol{A}_{\mathrm{m}} = \begin{bmatrix} \boldsymbol{A}_{\mathrm{p}} & \boldsymbol{B}_{\mathrm{p}} \\ \boldsymbol{0} & \boldsymbol{0} \end{bmatrix}$，$\boldsymbol{B}_{\mathrm{m}} = [\boldsymbol{0}, \boldsymbol{I}]^{\mathrm{T}}$，$\boldsymbol{C}_{\mathrm{m}} = \begin{bmatrix} \boldsymbol{0}_{1 \times 1} & \boldsymbol{I}_{4 \times 4} \end{bmatrix}$。

(2) 建立增广控制器状态方程模型。

增广控制器由驾驶员与速率限制作动器增益环节组成，由于采用同步驾驶员模型，因此增广控制器并未引入额外状态变量，可等效为一四输入单输出的纯增益环节。

令 $\boldsymbol{u}_{\mathrm{m}} = [\dot{\delta}] = \mathrm{sat}(\boldsymbol{u}_{\mathrm{r}})$，则有

$$\begin{aligned} \boldsymbol{u}_{\mathrm{r}} &= -\omega_{\mathrm{a}} \cdot \begin{bmatrix} -k_{\alpha} & -k_{q} & K_{\mathrm{p}} & 1 \end{bmatrix} \cdot \boldsymbol{y}_{\mathrm{m}} \\ &= -\omega_{\mathrm{a}} \cdot \begin{bmatrix} -k_{\alpha} & -k_{q} & K_{\mathrm{p}} & 1 \end{bmatrix} \cdot \boldsymbol{C}_{\mathrm{m}} \boldsymbol{x}_{\mathrm{m}} \end{aligned} \tag{7-41}$$

其中，k_{α} 为纯系数环节代表简化后的迎角反馈回路；k_{q} 亦为纯系数环节代表简化后的俯仰角速度反馈回路。

(3) 人机闭环系统状态方程模型。

以 $\dot{\delta}$ 为输入、$\boldsymbol{u}_{\mathrm{r}}$ 为输出，可得考虑作动器速率饱和的人机闭环系统状态方程模型，状态变量为 $\tilde{\boldsymbol{x}} = [v, \alpha, q, \theta, \delta]^{\mathrm{T}}$，则有

$$\begin{aligned} \dot{\tilde{\boldsymbol{x}}} &= \tilde{\boldsymbol{A}} \tilde{\boldsymbol{x}} + \tilde{\boldsymbol{B}} \dot{\delta} \\ \tilde{\boldsymbol{y}} &= \tilde{\boldsymbol{C}} \tilde{\boldsymbol{x}} \\ \dot{\delta} &= \mathrm{sat}(\tilde{\boldsymbol{y}}) \end{aligned} \tag{7-42}$$

其中，$\tilde{\boldsymbol{A}} = \boldsymbol{A}_{\mathrm{m}}$，$\tilde{\boldsymbol{B}} = \boldsymbol{B}_{\mathrm{m}}$，$\tilde{\boldsymbol{C}} = -\omega_{\mathrm{a}} \cdot \begin{bmatrix} -k_{\alpha} & -k_{q} & K_{\mathrm{p}} & 1 \end{bmatrix} \cdot \boldsymbol{C}_{\mathrm{m}}$，$\boldsymbol{u}_{\mathrm{r}} = \tilde{\boldsymbol{y}}$。

至此，便可通过求解式 (7-37) 来估计人机闭环系统的稳定域，总结采用线性矩阵不等式方法估计人机闭环系统椭球体稳定域的算法如下。

算法 7.2　稳定域求解算法 2

步骤 1：选择待评估的闭环飞行任务，建立图 7.17 所示的人机闭环系统；

步骤 2：建立图 7.16 所示系统形如式 (7-42) 的状态方程模型；

步骤 3：求解线性矩阵不等式 (7-37) 得到对称正定矩阵 $\boldsymbol{W}$，则 $\varepsilon(\boldsymbol{W}, 1)$ 是人机闭环系统的超椭球体稳定域；

步骤 4：为了直观地表示稳定域，可将超椭球体投影到二维或三维子空间，结束。

7.3.3　算例研究

1) 参数设置

作动器带宽 $\omega_a = 20\mathrm{rad/s}$，速率饱和值 $V_L = 30(°)/s$；驾驶员模型增益值 $K_p = -1.1$。

2) 稳定域估计

按照算法 7.2 的步骤，在求解线性矩阵不等式 (7-37) 之后，可得静不稳定飞机所组成的人机闭环系统考虑作动器速率限制之后的 5 维超椭球体稳定域，为了给出稳定域的直观估计，将其投影到两维 (α, q) 子空间和 (θ, δ) 子空间，分别如图 7.18 和图 7.19 所示。

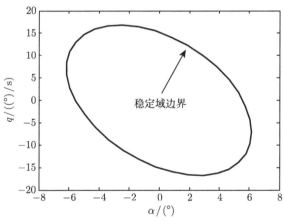

图 7.18　稳定域 (α, q) 子空间投影

3) 保守性分析

为了评估求解出的稳定域的保守性，在稳定域内部、外部以及边界上分别选择三个初始状态点进行时域仿真，如图 7.20 中状态轨迹 1～3 所示。图 7.20 中的

初始点 1、3 的状态轨迹始终保持在稳定域之内,初始点 2 虽然在稳定域外部但其状态轨迹最终收敛到稳定域内部,由此说明求解的稳定域具有一定的保守性,即所估计的稳定域包含在人机闭环系统真实稳定域之内。

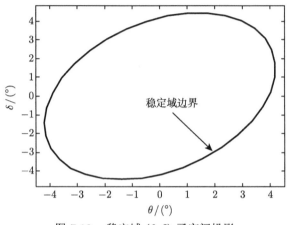

图 7.19　稳定域 (θ, δ) 子空间投影

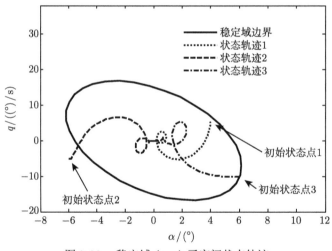

图 7.20　稳定域 (α, q) 子空间状态轨迹

4) 驾驶员操纵增益以及作动器速率限制值对稳定域的影响

作动器速率限制环节是导致 II 型 PIO 的主要原因,而驾驶员采用过大操纵增益往往是使速率限制环节起作用的直接原因,因此对于特定操纵任务的人机闭环系统,驾驶员操纵增益值与作动器速率限制值是影响其稳定性的两个重要因素,同时也是影响人机闭环系统稳定域的两个关键因素。

增大作动器速率限制值为 $V_{L1} = 40(°)/s$, 其他参数不变, 求解稳定域并投影到 (α, q) 子空间。结果如图 7.21 所示, 可见, 增大速率限制值可以扩大人机闭环系统稳定域。

增大驾驶员操纵增益为 $K_{p1} = -2$, 其他参数不变, 求解稳定域并投影到 (α, q) 子空间。结果如图 7.22 所示, 增大操纵增益会减小人机闭环系统稳定域。可见, 对于非线性系统, 增大前向增益也会降低系统的稳定裕度, 这一点与线性系统是一致的。若驾驶员操纵增益过大, 则当飞机受到一个很小的迎角扰动时, 人机闭环系统就有可能失稳, PIO 就会出现。

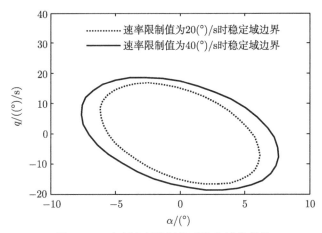

图 7.21　改变速率限制值时稳定域的变化

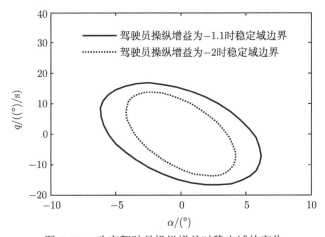

图 7.22　改变驾驶员操纵增益时稳定域的变化

7.3.4　人机闭环系统非线性失稳模式分析

7.2 节中的研究表明, 对于静稳定飞机, 其人机闭环系统失稳 (又称为 Ⅱ 型 PIO) 具有极限环特征, 且作动器输出具有等幅三角波的形式。那么对于静不稳定的电传飞机 Ⅱ 型 PIO 是否具有同样特征, 这里采用穷举法在人机闭环系统稳定域外部选取一个初始点进行时域仿真, 如图 7.23 所示, 结果显示, 其状态轨迹呈发散特性而并不具有极限环特点。同时, 作动器输出偏角如图 7.24 所示, 仿真结果表明, 作动器输出呈发散特性而不具有等幅三角波形式。

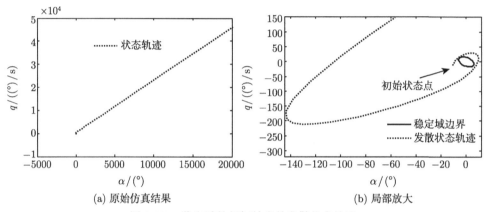

(a) 原始仿真结果　　　　　　　　　　(b) 局部放大

图 7.23　稳定域外部初始点的发散状态轨迹

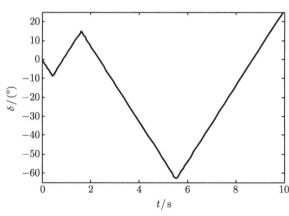

图 7.24　作动器实际输出

图 7.24 显示, 发生 PIO 时舵偏角达到了 $60°$, 而实际飞机的舵面偏角最大在 $30°$ 左右。迎角 α 随时间变化曲线如图 7.25 所示, 图中显示在 3.5s 时迎角远远超过了失速迎角值, 说明此时飞机已进入其他状态; 而在图 7.24 中, 时间进行

到 3.5s 时，舵偏角还未达到 30°，即时域仿真符合实际情况。

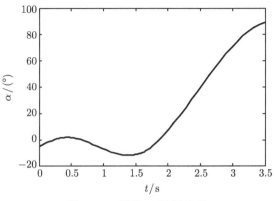

图 7.25 迎角 α 时间响应

第 3 章应用描述函数法建立了速率限制作动器的描述函数模型，然后通过观察 Nichols 图上速率限制作动器的负倒数描述函数曲线与人机闭环系统线性部分 Nichols 曲线的相对位置来分析系统的稳定性。事实上，也可采用另外一种方法，即直接建立速率限制环节的描述函数模型，用 $N(X)$ 表示，X 为进入限制环节的输入信号幅值，$G(j\omega)$ 为除限制环节以外的线性部分传递函数，参照线性频域理论中的 Nyquist 稳定判据，可以得到人机闭环系统具有等幅振荡的周期运动的条件为等效的开环幅相特性

$$N(X)G(j\omega) = -1 \qquad (7\text{-}43)$$

即

$$G(j\omega) = -1/N(X) \qquad (7\text{-}44)$$

其中，$-1/N(X)$ 为非线性特性的负倒数描述函数。则可得非线性系统稳定性判据：若线性系统频率特性曲线 $G(j\omega)$ 不包围非线性部分的负倒数描述函数曲线 $-1/N(X)$，则系统稳定；反之，若 $G(j\omega)$ 曲线包围 $-1/N(X)$ 曲线，则系统不稳定。

采用描述函数法分析图 7.17 所示系统，在同一复平面上绘制速率限制环节的负倒数描述函数与线性部分的 Nyquist 曲线，如图 7.26 所示，图 7.26(a) 为完整的复平面，"*" 所示为速率限制环节的负倒数描述函数，为便于分析，图 7.26(b) 为其局部放大，并代之以实线表示。

由图 7.26 可知,速率限制环节的负倒数描述函数完全包围于线性部分的 Nyquist 曲线之内，因此速率饱和一旦起作用，则系统振荡的振幅将不断增加，直至发散，这与时域仿真所得结论相同。由此可以说明，对于本体不稳定的电传飞机来说，一旦发生 II 型 PIO, 后果将是灾难性的。这里对 7.2 节中的静稳定飞机算例进行描述函数分析, $H(j\omega)$ 为线性部分的传递函数, 饱和环节的负倒数描述函数为 $-1/M(X)$, 结果如图 7.27 所示, 图 7.27(a) 为完整的复平面, "*"所示为速率限制环节的负倒数描述函数, 图 7.27(b) 为局部放大, 且代之以实线表示。根据描述函数法分析非线性系统自振的原理可知, "AA"点为自振点, 即系统存在稳定的极限环。人机闭环系统出现极限环时迎角 α 的时间历程如图 7.28 所示, 可见此时迎角以一定的频率作等幅正弦波形式振荡。

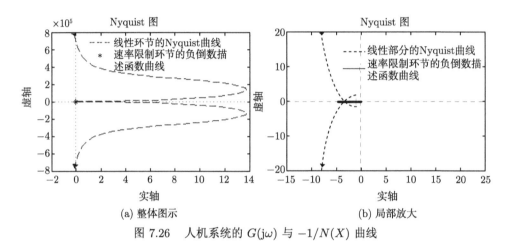

(a) 整体图示　　　　　　　　　　　　　(b) 局部放大

图 7.26　人机系统的 $G(j\omega)$ 与 $-1/N(X)$ 曲线

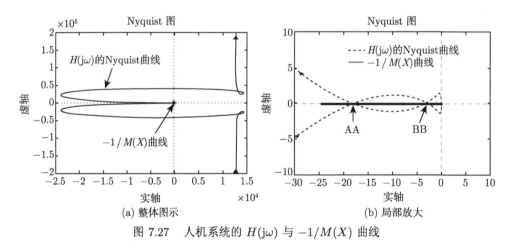

(a) 整体图示　　　　　　　　　　　　　(b) 局部放大

图 7.27　人机系统的 $H(j\omega)$ 与 $-1/M(X)$ 曲线

对比图 7.25 与图 7.28、图 7.26 与图 7.27 可知, 静稳定飞机与静不稳定飞机的 II 型 PIO 具有不同的失稳特征, 本体稳定飞机 II 型 PIO 具有极限环特征, 在驾驶员不改变操纵行为的前提下, 这种状态理论上只会影响飞行任务的完成而

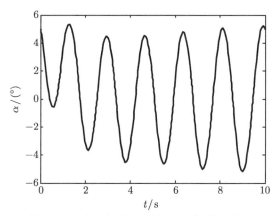

图 7.28　出现极限环时迎角 α 的时间历程

不会影响飞行安全；而对于本体静不稳定飞机，一旦发生 II 型 PIO，即使此时驾驶员不改变操纵行为，飞机也会快速进入发散状态，留给驾驶员的反应时间极短，将严重影响飞行安全。

7.4　本章小结

尽管采用绝对稳定性理论分析作动器速率限制人机闭环系统的稳定性可以给出系统稳定的充分条件，即速率限制环节处于特定扇形区域之内时系统绝对稳定，但是该方法并不直观，针对这一不足，本章将两种稳定域求解方法应用于作动器速率限制人机闭环系统，所做主要工作及结论如下所述。

(1) 提出了作动器速率限制人机闭环系统稳定域的概念，归纳总结了求解人机闭环系统稳定域的基础理论。

(2) 引入增广状态变量以及饱和度函数处理速率限制环节，建立了静稳定飞机作动器速率限制人机闭环系统的状态方程模型，从而将执行器饱和单输入系统稳定域估计方法 (定义为方法一) 扩展到对作动器速率限制人机闭环系统稳定域的求解。在采用该方法求解算例飞机的人机闭环系统稳定域时发现，该方法所求解的稳定域十分保守。

(3) 同样地，引入增广状态变量分离速率限制环节，建立了静不稳定飞机人机闭环系统的状态方程模型。为得到尽可能大的人机闭环系统稳定域估计，首先将稳定域求解问题转化为凸优化问题，再通过 Schur 补引理将其转化为线性矩阵不等式的求解问题，最终得到了人机闭环系统椭球体稳定域估计的一般算法。算例分析表明，该方法所求解的稳定域仍然偏保守。

(4) 对于静稳定飞机所组成的人机闭环系统，当系统具有潜在极限环时，其稳定域位于极限环之内，此种情况下的人机闭环系统失稳模式称为极限环失稳，并且极限环是稳定的，虽然此时作动器速率限制已起作用，但在驾驶员不增大操纵增益的前提下人机闭环系统可以保持等幅振荡；当系统没有潜在极限环时，其稳定域为整个状态空间。而对于静不稳定飞机所组成的人机闭环系统，其失稳模式为发散失稳，当作动器速率限制环节起作用时，飞机运动经过振荡后直接发散，从振荡到发散，时间很短，将严重威胁飞行安全。

(5) 驾驶员操纵增益以及作动器速率限制值是影响人机闭环系统稳定域的重要因素。驾驶员操纵增益越大、作动器速率限制值越小，则人机闭环系统稳定域越小；反之，驾驶员操纵增益越小、作动器速率限制值越大，则人机闭环系统稳定域越大。为降低发生 PIO 的可能性，应尽可能增大人机闭环系统稳定域，一方面可以增大作动器速率饱和值，这就要求使用较大体积和功率的作动器，但对现代战机的设计来说是个矛盾；另一方面驾驶员要避免粗暴地操纵飞机，当发生 PIO 时，果断放弃操纵以避免灾难性事故。

本章算例所针对的均是纵向的人机闭环系统，其对于横侧向人机闭环系统同样适用。不足之处在于求解出的稳定域偏保守，并非人机闭环系统稳定域的精确刻画，因此探索求解速率限制作动器人机闭环系统精确稳定域的方法是可以继续研究的方向。

第 8 章　基于 Anti-Windup 补偿的人机闭环系统失稳抑制

驱动飞行器舵面偏转的作动器，其动作速率不可能无限大，这是影响人机闭环系统稳定性的潜在因素，消除作动器速率饱和时对人机闭环系统稳定性乃至性能的影响，是解决人机闭环系统失稳的根本途径。Anti-Windup 补偿 [195-207] 最初应用于控制输入幅值受限系统，而控制输入速率受限系统本质上可以转化为幅值受限系统 [208-232]，因此本章尝试将 Anti-Windup 补偿方法应用于作动器速率受限人机闭环系统的失稳抑制，其基本思想是：当闭环系统中的速率限制环节发生作用时对系统进行补偿 (修改控制器的状态变量或修改控制器的输入–输出信号)，从而将速率限制环节对闭环系统的影响降到最低。这种方法的优点 [186-198] 是：①在速率限制未被激活之前，可以维持预先设计的闭环系统性能指标，因为这种方法首先忽略速率限制环节而采用线性系统理论设计线性控制器，然后考虑速率限制的影响进行补偿，只要速率限制不被激活，补偿器就不起作用；②当速率限制被激活时，能尽量改善系统性能损失；③实际工程应用时仅需要更改控制软件，而不需要额外添加硬件。

相较于一般的自动控制系统，人机闭环系统中的 "人" 充当了控制器的角色，根据 Anti-Windup 补偿方法的基本思想，其需要作用于控制器的状态变量或控制器的输入–输出信号，但是人的控制行为很难用精确的数学模型来表示，所以为了研究 Anti-Windup 补偿方法的失稳抑制效果，本章将采用文献 [195] 针对控制输入幅值受限系统所提出的一种基于条件技术的 Anti-Windup 补偿方法，以减弱控制输入幅值受限对系统稳定性的影响，此种方法的补偿信号作用于控制器的输入端和输出端而不修改控制器的状态变量。文献 [233] 将这种基于条件技术的 Anti-Windup 补偿方法用于控制输入速率受限系统，且通过求解里卡蒂 (Riccati) 方程获得补偿器的关键参数。

基于前述人机闭环系统两种失稳模式的分析，本章首先引入这种基于条件技术的 Anti-Windup 补偿方法，然后将其扩展至作动器速率受限人机闭环系统 [233-237]，并且通过求解线性矩阵不等式 (LMI) 而不是 Riccati 方程来获得补偿器的参数，以避免文献 [233] 中方法的不足，针对具体算例分别进行补偿器的设计，最后仿真研究了补偿器的失稳抑制效果。

8.1　预 备 知 识

考虑一个系统，其输入-输出关系表示如下：

$$y = Hu \tag{8-1}$$

其中，H 是某种映射或算子，定义了 y 与 u 的关系。输入 u 属于信号空间，信号空间把时间区间 $[0,\infty)$ 映射到欧几里得空间 R^m，即 $u : [0,\infty) \to R^m$。例如分段连续的有界函数空间 $\sup\limits_{t\geqslant 0} \|u(t)\| < \infty$ 和分段连续的平方可积函数空间 $\int_0^\infty u^T(t)u(t)\mathrm{d}t < \infty$。为度量信号的大小，引入范数 $\|u\|$，它满足下面三个性质：

(1) 当且仅当信号恒为零时，信号的范数等于零，否则严格为正；

(2) 对于任意正常数 a 和信号 u，数乘信号的范数等于范数的数乘，即 $\|au\| = a\|u\|$；

(3) 对于任意信号 u_1 和 u_2，范数满足不等式 $\|u_1 + u_2\| \leqslant \|u_1\| + \|u_2\|$。

对于分段连续有界函数空间，其范数定义为

$$\|u\|_{L_\infty} = \sup_{t\geqslant 0} \|u(t)\| < \infty \tag{8-2}$$

该空间表示为 L_∞^m。对于分段连续平方可积函数空间，其范数定义为

$$\|u\|_{L_2} = \sqrt{\int_0^\infty u^T(t)u(t)\mathrm{d}t} < \infty \tag{8-3}$$

该空间表示为 L_2^m。一般情况下，对于 $1 \leqslant p \leqslant \infty$，空间 L_p^m 定义为连续函数 $u : [0,\infty) \to R^m$ 的集合，满足：

$$\|u\|_{L_p} = \left(\int_0^\infty \|u(t)\|^p \mathrm{d}t \right)^{1/p} < \infty \tag{8-4}$$

其中，L_p^m 的下标 p 用于表示定义空间 p 范数的类型，而上标 m 表示信号 u 的维数。

定义 8.1[103]　如果存在定义在 $[0,\infty)$ 上的 K 类函数 α 和非负常数 β，对于所有 $u \in L_e^m$ 和 $\tau \in [0,\infty)$ 满足

$$\|(Hu)_\tau\|_L \leqslant \alpha (\|u_\tau\|_L) + \beta \tag{8-5}$$

则映射 $L_e^m \to L_e^q$ 是 L 稳定的。如果存在非负常数 γ 和 β,对于所有的 $\boldsymbol{u} \in L_e^m$ 和 $\tau \in [0, \infty)$ 满足

$$\|(\boldsymbol{Hu})_\tau\|_L \leqslant \gamma \|\boldsymbol{u}_\tau\|_L + \beta \tag{8-6}$$

则称该映射是有限增益 L 稳定的。

式 (8-5) 和式 (8-6) 中的常数 β 称为偏项,加在定义中是为了保证当 $\boldsymbol{u} = \boldsymbol{0}$ 时 $\boldsymbol{Hu}$ 不为零。通常我们最感兴趣的是:对于最小的 γ,存在 β 使式 (8-6) 成立。具有明确定义的 γ 称为系统的增益。当存在 $\gamma \geqslant 0$ 满足不等式 (8-6) 时,称系统的 L 增益小于或等于 γ。文献 [238] 定义了另一种没有考虑偏项的 L 增益,定义如下:

考虑非线性系统

$$\begin{aligned} \dot{\boldsymbol{x}} &= f(\boldsymbol{x}) + g(\boldsymbol{x})\boldsymbol{u} \\ \boldsymbol{z} &= h(\boldsymbol{x}) \end{aligned} \tag{8-7}$$

其中,$\boldsymbol{x} = [x_1, x_2, \cdots, x_n]^{\mathrm{T}}$ 取值于局部区域 $\boldsymbol{M}(\boldsymbol{M} \subseteq \boldsymbol{R}^n)$;$\boldsymbol{u} \subseteq \boldsymbol{R}^m$ 为输入信号;$\boldsymbol{z} \subseteq \boldsymbol{R}^p$ 为评价信号;$f(\boldsymbol{x})$ 和 $h(\boldsymbol{x})$ 为充分可微的函数向量;$g(\boldsymbol{x})$ 是具有适当维数的充分可微的函数矩阵。假设 $\boldsymbol{x} = \boldsymbol{x}_0$ 是系统 (8-7) 所对应的自治系统

$$\dot{\boldsymbol{x}} = f(\boldsymbol{x}) \tag{8-8}$$

的局部平衡点,即 $f(\boldsymbol{x}_0) = 0$。

定义 8.2[138] 设 $\gamma > 0$ 为给定实数,如果对于任意的 $T_0 \geqslant 0$,系统的输入–输出信号满足

$$\|\boldsymbol{z}(t)\|_{T_0} \leqslant \gamma \|\boldsymbol{u}(t)\|_{T_0}, \quad \forall \boldsymbol{u} \in L_2[0, T_0] \tag{8-9}$$

则称该系统的 L_2 增益小于等于 γ,其中 $L_2[0, T_0]$ 表示平方可积且满足 $\displaystyle\int_0^{T_0} \boldsymbol{u}^{\mathrm{T}}(t)$ $\boldsymbol{u}(t)\mathrm{d}t < \infty$ 的所有信号 $\boldsymbol{u}(t)$ 的集合,$\|\boldsymbol{u}(t)\|_{T_0}$ 定义为

$$\left\{ \int_0^{T_0} \boldsymbol{u}^{\mathrm{T}}(t)\boldsymbol{u}(t)\mathrm{d}t \right\}^{\frac{1}{2}} \tag{8-10}$$

定义 8.3[137] 如果存在正常数 r,使得对所有 $u \in L_e^m$,$\displaystyle\sup_{0 \leqslant t \leqslant r} \|u(t)\| \leqslant r$,不等式 (8-5) 或不等式 (8-6) 成立,则映射 $L_e^m \to L_e^q$ 为小信号 L 稳定的 (或小信号有限增益 L 稳定的)。

　　通常用由信号范数所诱导的系统范数来度量系统的大小 (system size)，对于给定的 $p \in [1, \infty)$，系统 G 的 L_p 诱导范数定义为

$$\|G\|_p = \sup_{0 \neq u \in L_p} \frac{\|G(u)\|_p}{\|u\|_p} \tag{8-11}$$

相应的系统的诱导 L_2 范数定义为

$$\|G\|_2 = \sup_{0 \neq u \in L_2} \frac{\|G(u)\|_2}{\|u\|_2} \tag{8-12}$$

　　当 G 为线性系统时，系统的诱导 L_2 范数为

$$\|G\|_2 = \|G\|_\infty := \sup_{\omega \in [0,\infty]} \bar{\sigma}\left[G(\mathrm{j}\omega)\right] \tag{8-13}$$

其中，$\bar{\sigma}(\cdot)$ 表示矩阵的最大奇异值；$G(\mathrm{j}\omega)$ 为系统 G 的傅里叶变换。通常系统 G 的诱导 L_2 范数又称为系统的 L_2 增益。

　　L_2 稳定性在系统分析中起着特殊的作用，对于控制系统的输入信号一般是一种能量有限信号 (平方可积信号)，在许多控制问题当中，把系统表示为一种输入–输出映射，即从一个干扰输入到受控输出的映射，并且要求受控输出要足够小。对于 L_2 输入信号，控制系统要设计为使输入–输出映射为有限增益 L_2 稳定的，并使 L_2 增益最小。

　　因为系统增益可以跟踪信号通过系统时信号范数的增加或减少，所以输入–输出稳定性的形式在研究互联系统稳定性中特别重要，图 8.1 所示的反馈连接的两个系统，$\boldsymbol{L}_e^m \to \boldsymbol{L}_e^q$ 和 $\boldsymbol{L}_e^q \to \boldsymbol{L}_e^m$。假设两个系统都是有限增益 L 稳定的，即

$$\begin{aligned} \|y_{1\tau}\|_L \leqslant \gamma_1 \|e_{1\tau}\|_L + \beta_1, \forall e_1 \in \boldsymbol{L}_e^m, \forall \tau \in [0, \infty) \\ \|y_{2\tau}\|_L \leqslant \gamma_2 \|e_{2\tau}\|_L + \beta_2, \forall e_2 \in \boldsymbol{L}_e^q, \forall \tau \in [0, \infty) \end{aligned} \tag{8-14}$$

　　进一步假设对每对输入 $u_1 \in \boldsymbol{L}_e^m$ 和 $u_2 \in \boldsymbol{L}_e^q$ 都存在唯一的输出 $e_1, y_2 \in \boldsymbol{L}_e^m$ 和 $e_2, y_1 \in \boldsymbol{L}_e^q$，定义

$$\boldsymbol{u} = \begin{bmatrix} u_1 \\ u_2 \end{bmatrix}, \quad \boldsymbol{y} = \begin{bmatrix} y_1 \\ y_2 \end{bmatrix}, \quad \boldsymbol{e} = \begin{bmatrix} e_1 \\ e_2 \end{bmatrix} \tag{8-15}$$

　　定理 8.1[137](小增益定理)　在上述假设条件下，如果 $\gamma_1 \gamma_2 < 1$，则反馈连接是有限增益 L 稳定的。

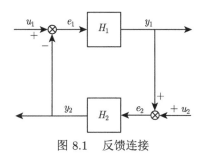

图 8.1 反馈连接

8.2 控制输入幅值受限系统的 Anti-Windup 补偿

8.2.1 基本理论

考虑如图 8.2 所示的带 Anti-Windup 补偿器的闭环系统结构[199,234,237]，$G(s)$ 为被控系统传递函数，其状态空间模型为

$$
\begin{aligned}
\dot{x}_{\mathrm{p}} &= A_{\mathrm{p}} x_{\mathrm{p}} + B_{\mathrm{p}} u_{\mathrm{s}} \\
y &= C_{\mathrm{p}} x_{\mathrm{p}} + D_{\mathrm{p}} u_{\mathrm{s}}
\end{aligned}
\tag{8-16}
$$

其中，$x_{\mathrm{p}} \in \mathbf{R}^{n_{\mathrm{p}}}$ 为状态变量；$u_{\mathrm{s}} \in \mathbf{R}^{m}$ 为进入被控系统的控制输入；$y \in \mathbf{R}^{q}$ 是被控系统输出。

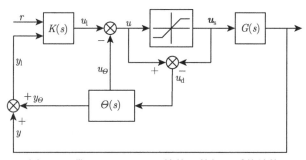

图 8.2 带 Anti-Windup 补偿器的闭环系统结构

线性控制器 $K(s) = [K_1(s) \quad K_2(s)]$，其状态空间模型为

$$
\begin{aligned}
\dot{x}_{\mathrm{c}} &= A_{\mathrm{c}} x_{\mathrm{c}} + B_{\mathrm{c}} y_1 + B_{\mathrm{cr}} r \\
u_1 &= C_{\mathrm{c}} x_{\mathrm{c}} + D_{\mathrm{c}} y_1 + D_{\mathrm{cr}} r
\end{aligned}
\tag{8-17}
$$

其中，$x_{\mathrm{c}} \in \mathbf{R}^{n_{\mathrm{c}}}$ 为控制器状态变量；$u_1 \in \mathbf{R}^{m}$ 为控制器输出；$r \in \mathbf{R}^{n_{\mathrm{r}}}$ 为进入控制器的扰动信号；$y_1 \in \mathbf{R}^{q}$ 是控制器的输入变量，并且 $y_1 = y + y_{\Theta}$，这里 y_{Θ} 由补偿器 $\Theta(s)$ 产生，补偿器未被激活时，$y_1 = y$。

$\boldsymbol{u} = \boldsymbol{u}_\mathrm{l} - \boldsymbol{u}_\Theta \in \boldsymbol{R}^m$, $\boldsymbol{u}_\Theta$ 由补偿器 $\Theta(s)$ 产生, 补偿器未被激活时, $\boldsymbol{u} = \boldsymbol{u}_\mathrm{l}$。
$\boldsymbol{u}$ 与 $\boldsymbol{u}_\mathrm{s}$ 之间为静态非线性饱和函数 $\mathrm{sat}(\cdot) : \boldsymbol{R}^m \to \boldsymbol{R}^m$, 定义为

$$\mathrm{sat}(\boldsymbol{u}) = [\mathrm{sat}_1(u_1)\ \mathrm{sat}_2(u_2)\ \cdots\ \mathrm{sat}_m(u_m)]^\mathrm{T} \tag{8-18}$$

其中, $\mathrm{sat}_i(u_i) = \mathrm{sign}(u_i)\min\{|u_i|, \bar{u}_i\}$。

显然, 饱和函数将进入被控系统的信号限制在超长方体 $\boldsymbol{\Omega}$ 中:

$$\boldsymbol{\Omega} = [-\bar{u}_1, \bar{u}_1] \times [-\bar{u}_2, \bar{u}_2] \times \cdots \times [-\bar{u}_m, \bar{u}_m] \tag{8-19}$$

$\boldsymbol{u}_\mathrm{s} = \mathrm{sat}(\boldsymbol{u})$, $\boldsymbol{u}_\mathrm{d} = \boldsymbol{u} - \boldsymbol{u}_\mathrm{s} = \boldsymbol{u} - \mathrm{sat}(\boldsymbol{u}) = Dz(\boldsymbol{u})$, $Dz(\cdot)$ 为死区函数, 定义为

$$Dz(\boldsymbol{u}) = [Dz_1(u_1)\ Dz_2(u_2)\ \cdots\ Dz_m(u_m)]^\mathrm{T} \tag{8-20}$$

其中, $Dz_i(u_i) = \mathrm{sign}(u_i)\max\{0, |u_i| - \bar{u}_i\}$。

假设 8.1[235]   被控系统 $\boldsymbol{G}(s)$ 的极点全部分布在开左半复平面, 等价于 $\boldsymbol{G}(s) \in RH\infty$。

假设 8.2[236] $\begin{bmatrix} \boldsymbol{I} & -\boldsymbol{K}_2(s) \\ -\boldsymbol{G}(s) & \boldsymbol{I} \end{bmatrix}^{-1} \in RH\infty$ 并且 $\lim\limits_{s\to\infty} \boldsymbol{K}_2(s)\boldsymbol{G}(s) \neq \boldsymbol{I}$。

文献 [223] 中令 $\boldsymbol{G}(s) = \boldsymbol{N}(s)\boldsymbol{M}(s)^{-1}$, 其中 $\boldsymbol{M}(s) \in RH\infty$, 将 $\Theta(s)$ 参数化为互相解耦的两部分, 如图 8.3 中所示。

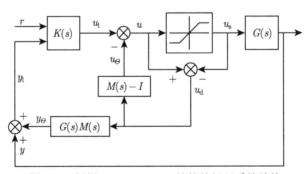

图 8.3   解耦 Anti-Windup 补偿的闭环系统结构

应用死区函数 (8-20), 则图 8.3 所示的闭环系统结构等价于图 8.4 所示结构, 如图 8.4 所示, 此时系统可分为三个部分: 标称线性部分、非线性回路部分以及扰动滤波器部分 [223]。

由假设 8.1 与假设 8.2 以及 $\boldsymbol{G}(s) = \boldsymbol{N}(s)\boldsymbol{M}(s)^{-1}$, 其中 $\boldsymbol{M}(s) \in RH\infty$ 可得, 如果非线性回路部分是渐近稳定的, 那么在有限时间 $T \in (0, \infty)$ 内, 控制器

的输出信号 $\boldsymbol{u}_1$ 可以降低到饱和值以内，也就是说可以回到线性域之内，即存在 $T \in (0, \infty),\ \forall t > T, \boldsymbol{u}_1 \in \boldsymbol{\Omega}$。

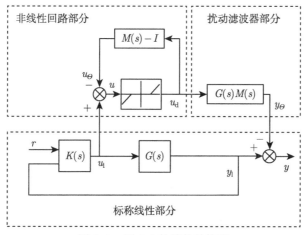

图 8.4　图 8.3 的等价结构图

为了评估 Anti-Windup 补偿器的性能，定义映射 $\Gamma_{\mathrm{p}}: \boldsymbol{u}_1 \rightarrow \boldsymbol{y}_\Theta$，该映射代表了当饱和发生后闭环系统的线性特性向非线性特性转变的偏差，如果该映射的某种范数是小的，则表示 Anti-Windup 补偿器成功地将闭环系统的行为保持在期望的线性范围内。实际上，文献 [220] 的结果表明，合理地选择 $\boldsymbol{M}(s)$，可使映射 Γ_{p} 的 L_2 增益尽可能小，同时 Anti-Windup 补偿器的性能达到最优或次优。

由此给出如下定义。

定义 8.4[233]　Anti-Windup 补偿器 $\Theta(s)$ 是可行的，如果图 8.4 所示的闭环系统是稳定的，且满足如下条件：

①如果 $\mathrm{dist}(\boldsymbol{u}_1, \boldsymbol{\Omega}) = 0$，对于 $\forall t \geqslant 0$，有 $\boldsymbol{y}_\Theta = 0$；

②如果 $\mathrm{dist}(\boldsymbol{u}_1, \boldsymbol{\Omega}) \in L_2$，那么 $\boldsymbol{y}_\Theta \in L_2$；

定义 Anti-Windup 补偿器 $\Theta(s)$ 的严格有效性，如果还满足以下条件：

③映射 $\Gamma_{\mathrm{p}}: \boldsymbol{u}_1 \rightarrow \boldsymbol{y}_\Theta$ 具有明确定义，且是有限增益 L_2 稳定的。

由于 $\boldsymbol{G}(s) = \boldsymbol{N}(s)\boldsymbol{M}(s)^{-1}$，其中 $\boldsymbol{M}(s) \in RH\infty$，所以补偿器 $\Theta(s)$ 的状态空间模型为 [236]

$$
\begin{aligned}
\dot{\boldsymbol{x}}_{\mathrm{aw}} &= (\boldsymbol{A}_{\mathrm{aw}} + \boldsymbol{B}_{\mathrm{aw}}\boldsymbol{F})\boldsymbol{x}_{\mathrm{aw}} + \boldsymbol{B}_{\mathrm{aw}}\boldsymbol{u}_{\mathrm{d}} \\
\boldsymbol{u}_\Theta &= \boldsymbol{F}\boldsymbol{x}_{\mathrm{aw}} \\
\boldsymbol{y}_\Theta &= (\boldsymbol{C}_{\mathrm{aw}} + \boldsymbol{D}_{\mathrm{aw}}\boldsymbol{F})\boldsymbol{x}_{\mathrm{aw}} + \boldsymbol{D}_{\mathrm{aw}}\boldsymbol{u}_{\mathrm{d}}
\end{aligned}
\tag{8-21}
$$

其中，矩阵 $\boldsymbol{F}$ 为待求解参数；$\boldsymbol{A}_{\mathrm{aw}} + \boldsymbol{B}_{\mathrm{aw}}\boldsymbol{F}$ 必须是 Hurwitz 矩阵；$\boldsymbol{x}_{\mathrm{aw}}$ 为补偿

器的状态变量，与被控系统的状态变量维数相同；A_{aw}、B_{aw}、C_{aw}、D_{aw} 为相应维数矩阵，且 $A_{\mathrm{aw}} = A_{\mathrm{p}}$，$B_{\mathrm{aw}} = B_{\mathrm{p}}$，$C_{\mathrm{aw}} = C_{\mathrm{p}}$，$D_{\mathrm{aw}} = D_{\mathrm{p}}$。

为了求解矩阵 F，给出如下定理。

定理 8.2[220]　在假设 1 和假设 2 的前提下，如果存在矩阵 $Q > 0$，$U = \mathrm{diag}(\mu_1, \cdots, \mu_m) > 0$，$L \in R^{m \times n_p}$、正实数 γ 满足式 (8-22) 所示的线性矩阵不等式 (LMI)，则存在由式 (8-21) 决定的 Anti-Windup 补偿器 $\Theta(s)$，更进一步，如果该 LMI 能够满足，则 $F = LQ^{-1}$ 且 $\|\Gamma_{\mathrm{p}}\|_{i,2} < \gamma$。

$$\begin{bmatrix} QA_{\mathrm{aw}}^{\mathrm{T}} + A_{\mathrm{aw}}Q + L^{\mathrm{T}}B_{\mathrm{aw}}^{\mathrm{T}} + B_{\mathrm{aw}}L & B_{\mathrm{aw}}U - L^{\mathrm{T}} & 0 & QC_{\mathrm{aw}}^{\mathrm{T}} + L^{\mathrm{T}}D_{\mathrm{aw}}^{\mathrm{T}} \\ * & -2U & I & UD_{\mathrm{aw}}^{\mathrm{T}} \\ * & * & -\gamma I & 0 \\ * & * & * & -\gamma I \end{bmatrix} < 0$$

$$(8\text{-}22)$$

证明略。

8.2.2　算例仿真验证

这里引用文献 [235] 中 BTT(bank-to turn) 导弹的数据，导弹本体采用状态方程模型，侧滑角、偏航角速率、滚转角速率为状态变量；方向舵偏角、副翼偏角为输入变量；侧滑角、偏航角速率为输出变量，单位均用角度 (°) 表示。

自动驾驶仪采用 LQG/LTR(线性二次型高斯函数/回路传递恢复) 方法设计。

给定 3s 的脉冲指令信号 $r = [6 \quad -6]$，图 8.5 中短划线是在标称控制器下不考虑舵面偏角限制时的跟踪响应，虚线部分是方向舵偏角、副翼偏角均限定在 $\pm 8°$ 时系统跟踪指令信号的响应，可见，考虑舵面偏角限制之后闭环系统性能会显著降低。图 8.6 是考虑控制受限情况时的方向舵偏角、副翼偏角输入–输出时间响应。

应用定理 8.2 为系统设计 Anti-Windup 补偿器，关键在于确定矩阵 F，求解线性矩阵不等式 (8.22) 可得 $F = \begin{bmatrix} 5.323 & 29.986 & 1.004 \\ -0.201 & -0.754 & -0.02 \end{bmatrix}$，图 8.7 是补偿器作用于闭环系统之后跟踪指令信号的时间响应，可见系统性能得到很大改善。

文献 [124] 设计 Anti-Windup 补偿器所采用的方法是求解 Riccati 方程，所求出的矩阵 $F = \begin{bmatrix} 4.8324 & 31.0935 & 0.947 \\ -0.1224 & -0.686 & -0.0004 \end{bmatrix}$，也能改善舵面偏角限制带来的性能下降，但是对侧滑角跟踪指令改善不足。

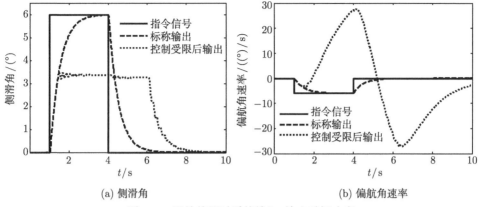

(a) 侧滑角

(b) 偏航角速率

图 8.5 无补偿器时系统输入–输出时间响应

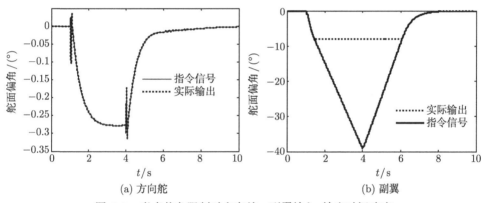

(a) 方向舵

(b) 副翼

图 8.6 考虑偏角限制时方向舵、副翼输入–输出时间响应

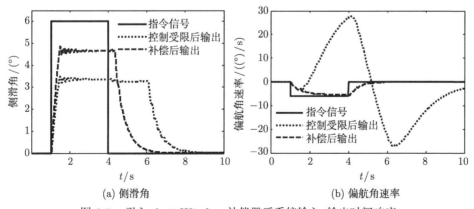

(a) 侧滑角

(b) 偏航角速率

图 8.7 引入 Anti-Windup 补偿器后系统输入–输出时间响应

8.3　控制输入速率受限系统的 Anti-Windup 补偿

8.3.1　基本理论

这种考虑图 8.8 所示的带速率限制作动器的闭环系统，被控系统 $G(s)$ 与控制器 $K(s)$ 的状态空间模型同式 (8-16) 与式 (8-17) 相同。速率限制作动器的物理意义与第 3 章中的模型相同，其状态空间模型为

$$
\begin{aligned}
\dot{\boldsymbol{x}}_{\mathrm{r}} &= \mathrm{sat}(-\boldsymbol{\omega}_{\mathrm{a}}\boldsymbol{x}_{\mathrm{r}} + \boldsymbol{\omega}_{\mathrm{a}}\boldsymbol{u}_{\mathrm{l}}) \\
\boldsymbol{u}_{\mathrm{r}} &= \boldsymbol{x}_{\mathrm{r}}
\end{aligned}
\tag{8-23}
$$

其中，$\boldsymbol{x}_{\mathrm{r}} \in \boldsymbol{R}^{m}$ 为状态变量；$\boldsymbol{\omega}_{\mathrm{a}} = \mathrm{diag}(\omega_{\mathrm{a}1},\ldots,\omega_{\mathrm{a}m})$ 为作动器的带宽；$\boldsymbol{u}_{\mathrm{l}} \in \boldsymbol{R}^{m}$ 为控制器 $K(s)$ 的输出。

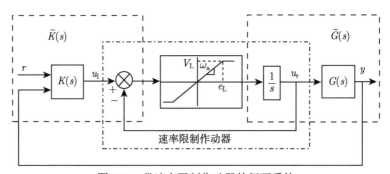

图 8.8　带速率限制作动器的闭环系统

将饱和环节分离出来，速率限制作动器的积分环节与 $G(s)$ 组成 $\tilde{G}(s)$，其他环节组成 $\tilde{K}(s)$，则采用带 Anti-Windup 补偿的速率限制作动器的闭环系统结构如图 8.9 所示。

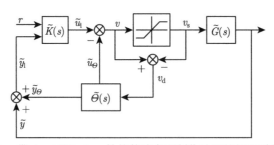

图 8.9　带 Anti-Windup 补偿的速率限制作动器的闭环系统结构

$\tilde{G}(s)$ 的状态空间模型为

$$\dot{\tilde{x}}_{\mathrm p} = \tilde{A}_{\mathrm p}\tilde{x}_{\mathrm p} + \tilde{B}_{\mathrm p}v_{\mathrm s}$$
$$\tilde{y} = \tilde{C}_{\mathrm p}\tilde{x}_{\mathrm p} + \tilde{D}_{\mathrm p}v_{\mathrm s}$$

(8-24)

其中，$\tilde{x}_{\mathrm p} \in \boldsymbol{R}^{\tilde{n}_{\mathrm p}}$ 为状态变量；$v_{\mathrm s} \in \boldsymbol{R}^m$ 为进入被控系统的控制输入；$\tilde{y} \in \boldsymbol{R}^{\tilde{q}}$ 是被控系统输出。

线性控制器 $\tilde{K}(s) = \begin{bmatrix} \tilde{K}_1(s) & \tilde{K}_2(s) \end{bmatrix}$ 的状态空间模型为

$$\dot{\tilde{x}}_{\mathrm c} = \tilde{A}_{\mathrm c}\tilde{x}_{\mathrm c} + \tilde{B}_{\mathrm c}\tilde{y}_1 + \tilde{B}_{\mathrm{cr}}r$$
$$\tilde{u}_1 = \tilde{C}_{\mathrm c}\tilde{x}_{\mathrm c} + \tilde{D}_{\mathrm c}\tilde{y}_1 + \tilde{D}_{\mathrm{cr}}r$$

(8-25)

其中，$\tilde{x}_{\mathrm c} \in \boldsymbol{R}^{\tilde{n}_c}$ 为控制器状态变量；$\tilde{u}_1 \in \boldsymbol{R}^m$ 为控制器输出；$r \in \boldsymbol{R}^{n_r}$ 为进入控制器的扰动信号；$\tilde{y}_1 \in \boldsymbol{R}^{\tilde{q}}$ 是控制器的输入变量。

由于 $\tilde{G}(s)$ 含有积分环节，所以不能采用 8.2 节中的方法来求解补偿器 $\tilde{\Theta}(s)$，在 8.2 节中，$G(s) \in RH\infty$，因此可以找到使闭环系统全局渐近稳定的补偿器 $\Theta(s)$，同时使映射 $\Gamma_{\mathrm p}$ 达到全局有限 L_2 增益。当 $\tilde{G}(s)$ 中含有零极点或正实部极点时，引入补偿器 $\tilde{\Theta}(s)$ 通常只能使闭环系统半全局渐近稳定或有限区域渐近稳定[238]。

根据死区函数的定义，$v_{\mathrm d} = Dz(v)$，且当 $\forall v \in \tilde{\Omega}$ 时，$Dz(v) = 0$，其中超长方体 $\tilde{\Omega}$ 定义为

$$\tilde{\Omega} = [-\bar{v}_1, \bar{v}_1] \times [-\bar{v}_2, \bar{v}_2] \times \cdots \times [-\bar{v}_{\mathrm m}, \bar{v}_{\mathrm m}]$$

(8-26)

其中，$\bar{v}_i > 0, i = 1, \cdots, m$ 表示每个作动器的速率限制值。

死区属于特定的扇形区域，即 $Dz(v) \in \mathrm{sector}[\boldsymbol{0}, \boldsymbol{I}]$，考虑图 8.10 所示的死区及扇形边界，斜率为 1 的实线代表死区函数，显然处于斜率为 1 的虚线与横轴所形成的扇形区域之间。

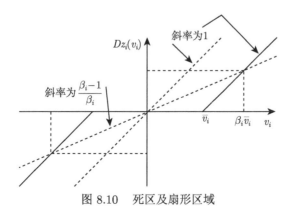

图 8.10 死区及扇形区域

应用第 6 章所介绍的绝对稳定性理论可知，若 $\tilde{\boldsymbol{G}}(s) \notin RH\infty$，则当饱和发生时，在饱和环节全局特性处于整个扇形区域 $[0,1]$ 之内，图 8.6 所示的系统不能达到全局渐近稳定，只能在扇形区域 $[\eta,1], 0 < \eta < 1$ 内一致渐近稳定。由死区函数与饱和函数的关系可知，反映到死区函数即为系统只能在扇形区域 $[0,1-\eta], 0 < \eta < 1$ 内一致渐近稳定。以图 8.10 为例，假设 $0 < |v_i| < \beta_i \bar{v}_i, \beta_i > 1, i = 1, \cdots, m$，系统是一致渐近稳定的，那么改用死区函数表示，则当 $Dz_i(v_i) \in$ sector $\left[0, \dfrac{\beta_i - 1}{\beta_i}\right]$ 时，系统是一致渐近稳定的。令 $\alpha_i = \dfrac{\beta_i - 1}{\beta_i}, i = 1, \cdots, m$，则 $Dz(\boldsymbol{v}) \in$ sector$[0, \boldsymbol{\Lambda}]$，其中 $\boldsymbol{\Lambda} = \mathrm{diag}(\alpha_1, \cdots, \alpha_m)$。

考虑图 8.9、图 8.11、图 8.12，令 $\boldsymbol{\beta} = [\beta_1, \cdots, \beta_m]$，定义集合

$$\Xi(\boldsymbol{\beta}) = \{\boldsymbol{v} \in \boldsymbol{R}^m : \boldsymbol{v} \leqslant \boldsymbol{\beta}\bar{\boldsymbol{v}}\} \tag{8-27}$$

为定义小信号 L_2 增益，定义集合

$$\boldsymbol{\Phi} = \{\tilde{\boldsymbol{u}}_{\mathrm{l}} \in \boldsymbol{R}^m : \boldsymbol{v}(t) \in \Xi(\boldsymbol{\beta}), \forall t \geqslant 0\} \tag{8-28}$$

为证明局部稳定性，引入正不变集 ψ，保证当 $\tilde{\boldsymbol{u}}_{\mathrm{l}} = \boldsymbol{0}$ 时，对于所有 $\boldsymbol{x}_{\mathrm{ml}}(\boldsymbol{0}) \in \psi$，$\boldsymbol{v} \leqslant \boldsymbol{\beta}\bar{\boldsymbol{v}}$，其中 $\boldsymbol{x}_{\mathrm{ml}} \in \boldsymbol{R}^{ml}$ 是图 8.11 中非线性回路部分 $\boldsymbol{M}(s)$ 的状态变量，给出正不变集定义：

$$\psi = \left\{\boldsymbol{x}_{\mathrm{ml}}(0) \in \boldsymbol{R}^{ml} : \boldsymbol{v}(t) \in \Xi(\boldsymbol{\beta}) \ , \forall t \geqslant 0\right\} \tag{8-29}$$

定义 8.5[233]　Anti-Windup 补偿器 $\tilde{\Theta}(s)$ 是可解的，如果图 8.11 或图 8.12 所示的闭环系统满足如下条件：

(1) 存在非空紧集 Π，对于所有 $\boldsymbol{x}_{\mathrm{ml}}(\boldsymbol{0}) \in \Pi \subset \psi$，闭环系统是稳定的；

(2) 如果 $\mathrm{dist}(\boldsymbol{v}_{\mathrm{l}}, \bar{\boldsymbol{\Omega}}) = 0$，对 $\forall t \geqslant 0$，有 $\tilde{\boldsymbol{y}}_{\Theta} = \boldsymbol{0}$；

(3) 存在非空集合 Φ，如果 $\mathrm{dist}(\boldsymbol{v}_{\mathrm{l}}, \bar{\boldsymbol{\Omega}}) \in L_2 \cap \Phi$，则 $\tilde{\boldsymbol{y}}_{\Theta} \in L_2$。

定义 Anti-Windup 补偿器 $\Theta(s)$ 的严格有效性，如果还满足以下条件：

(4) 映射 $\tilde{\varGamma}_{\mathrm{p}} : \boldsymbol{v}_{\mathrm{l}} \to \tilde{\boldsymbol{y}}_{\Theta}$ 具有明确定义且是有限增益 L_2 稳定的，等价于对某些 γ，$\left\|\tilde{\varGamma}_{\mathrm{p}}\right\|_{i,2,\Phi} < \gamma$。

补偿器 $\tilde{\Theta}(s)$ 的结构与控制输入幅值受限闭环系统的补偿器 $\Theta(s)$ 结构相同，其状态空间模型为

$$\begin{aligned}
\dot{\tilde{\boldsymbol{x}}}_{\mathrm{aw}} &= (\tilde{\boldsymbol{A}}_{\mathrm{aw}} + \tilde{\boldsymbol{B}}_{\mathrm{aw}}\boldsymbol{F})\tilde{\boldsymbol{x}}_{\mathrm{aw}} + \tilde{\boldsymbol{B}}_{\mathrm{aw}}\boldsymbol{v}_{\mathrm{d}} \\
\boldsymbol{v}_{\mathrm{l}\tilde{\Theta}} &= \boldsymbol{F}\tilde{\boldsymbol{x}}_{\mathrm{aw}} \\
\tilde{\boldsymbol{y}}_{\Theta} &= \begin{bmatrix} \boldsymbol{y}_{\tilde{\Theta}}^{\mathrm{T}} & \boldsymbol{u}_{\mathrm{r}\tilde{\Theta}}^{\mathrm{T}} \end{bmatrix}^{\mathrm{T}} = (\tilde{\boldsymbol{C}}_{\mathrm{aw}} + \tilde{\boldsymbol{D}}_{\mathrm{aw}}\boldsymbol{F})\tilde{\boldsymbol{x}}_{\mathrm{aw}} + \tilde{\boldsymbol{D}}_{\mathrm{aw}}\boldsymbol{v}_{\mathrm{d}}
\end{aligned} \tag{8-30}$$

其中, 矩阵 $\boldsymbol{F}$ 为待求解参数; $\tilde{\boldsymbol{A}}_{\mathrm{aw}} + \tilde{\boldsymbol{B}}_{\mathrm{aw}}\boldsymbol{F}$ 必须是 Hurwitz 矩阵; $\tilde{\boldsymbol{x}}_{\mathrm{aw}}$ 为补偿器的状态变量, 与被控系统的状态变量等价; $\tilde{\boldsymbol{A}}_{\mathrm{aw}}$、$\tilde{\boldsymbol{B}}_{\mathrm{aw}}$、$\tilde{\boldsymbol{C}}_{\mathrm{aw}}$、$\tilde{\boldsymbol{D}}_{\mathrm{aw}}$ 为相应维数矩阵, 且 $\tilde{\boldsymbol{A}}_{\mathrm{aw}} = \tilde{\boldsymbol{A}}_{\mathrm{p}}$, $\tilde{\boldsymbol{B}}_{\mathrm{aw}} = \tilde{\boldsymbol{B}}_{\mathrm{p}}$, $\tilde{\boldsymbol{C}}_{\mathrm{aw}} = \tilde{\boldsymbol{C}}_{\mathrm{p}}$, $\tilde{\boldsymbol{D}}_{\mathrm{aw}} = \tilde{\boldsymbol{D}}_{\mathrm{p}}$。

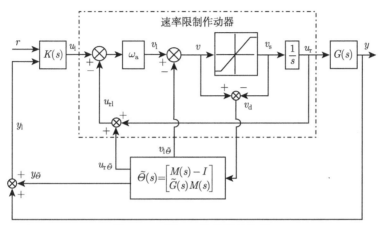

图 8.11 图 8.9 的等效结构图

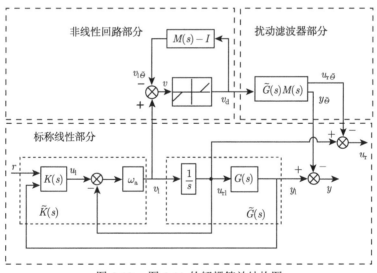

图 8.12 图 8.11 的解耦等效结构图

假设 8.3[233] $\left[\begin{array}{cc} \boldsymbol{I} & -\tilde{\boldsymbol{K}}_2(s) \\ -\tilde{\boldsymbol{G}}(s) & \boldsymbol{I} \end{array}\right]^{-1} \in RH\infty$ 并且 $\lim\limits_{s\to\infty} \tilde{\boldsymbol{K}}_2(s)\tilde{\boldsymbol{G}}(s) \neq \boldsymbol{I}$。

为求解矩阵 $\boldsymbol{F}$, 给出如下定理。

定理 8.3[220] 在假设 8.3 的前提下, 如果存在矩阵 $\boldsymbol{Q} > 0, \boldsymbol{U} = \mathrm{diag}(\mu_1, \cdots,$

$\mu_m) > 0$，$\boldsymbol{L} \in R^{(m+\tilde{q}) \times m}$、正实数 γ 满足式 (8-31) 所示的线性矩阵不等式 (LMI)，则存在由式 (8-30) 决定的 Anti-Windup 补偿器 $\tilde{\Theta}(s)$，更进一步，如果该 LMI 能够满足，则 $\boldsymbol{F} = \boldsymbol{L}\boldsymbol{Q}^{-1}$ 且 $\|\Gamma_{\mathrm{p}}\|_{i,2,\Phi} < \gamma$。

$$\begin{bmatrix} \boldsymbol{Q}\tilde{\boldsymbol{A}}_{\mathrm{aw}}^{\mathrm{T}} + \tilde{\boldsymbol{A}}_{\mathrm{aw}}\boldsymbol{Q} + \boldsymbol{L}^{\mathrm{T}}\tilde{\boldsymbol{B}}_{\mathrm{aw}}^{\mathrm{T}} + \tilde{\boldsymbol{B}}_{\mathrm{aw}}\boldsymbol{L} & \tilde{\boldsymbol{B}}_{\mathrm{aw}}\boldsymbol{U} - \boldsymbol{L}^{\mathrm{T}}\boldsymbol{\Lambda} & \boldsymbol{0} & \boldsymbol{Q}\tilde{\boldsymbol{C}}_{\mathrm{aw}}^{\mathrm{T}} + \boldsymbol{L}^{\mathrm{T}}\tilde{\boldsymbol{D}}_{\mathrm{aw}}^{\mathrm{T}} \\ * & -2\boldsymbol{U} & \boldsymbol{\Lambda} & \boldsymbol{U}\tilde{\boldsymbol{D}}_{\mathrm{aw}}^{\mathrm{T}} \\ * & * & -\gamma\boldsymbol{I} & \boldsymbol{0} \\ * & * & * & -\gamma\boldsymbol{I} \end{bmatrix} < 0$$

$$(8\text{-}31)$$

证明　证明的过程同定理 8.2 的证明，不同之处在于线性矩阵不等式 (8-31) 所决定的 Anti-Windup 补偿器仅保证局部稳定性或小信号有限增益 L_2 稳定。考虑

$$J = \frac{\mathrm{d}}{\mathrm{d}t}\tilde{\boldsymbol{x}}_{\mathrm{aw}}^{\mathrm{T}}(t)\boldsymbol{P}\tilde{\boldsymbol{x}}_{\mathrm{aw}}(t) + \|\boldsymbol{y}_{\tilde{\Theta}}\|^2 - \gamma^2 \|\boldsymbol{v}_{\mathrm{l}}\|^2 < 0, \quad \forall \begin{bmatrix} \tilde{\boldsymbol{x}}_{\mathrm{aw}}^{\mathrm{T}} & \boldsymbol{v}_{\mathrm{d}}^{\mathrm{T}} & \boldsymbol{v}_{\mathrm{l}}^{\mathrm{T}} \end{bmatrix}^{\mathrm{T}} \neq 0 \quad (8\text{-}32)$$

假设 $\tilde{\boldsymbol{x}}_{\mathrm{aw}}$ 以及 $\boldsymbol{v}_{\mathrm{l}}$ 足够小，以保证 $\boldsymbol{v} \in \Xi(\boldsymbol{\beta})$。由此 $Dz(\boldsymbol{v}) \in \mathrm{sector}[\boldsymbol{0}, \boldsymbol{\Lambda}]$，其中 $\boldsymbol{\Lambda} = \mathrm{diag}(\alpha_1, \cdots, \alpha_m)$，因此对于某些矩阵 $\boldsymbol{W} = \mathrm{diag}(w_1, \cdots, w_m) > 0$ 可得

$$\boldsymbol{v}_{\mathrm{d}}^{\mathrm{T}}\boldsymbol{W}(\boldsymbol{\Lambda}\boldsymbol{v} - \boldsymbol{v}_{\mathrm{d}}) \geqslant 0 \quad (8\text{-}33)$$

综合式 (8-32)、式 (8-33) 可得

$$\begin{aligned} \tilde{J} = &\frac{\mathrm{d}}{\mathrm{d}t}\tilde{\boldsymbol{x}}_{\mathrm{aw}}^{\mathrm{T}}(t)\boldsymbol{P}\tilde{\boldsymbol{x}}_{\mathrm{aw}}(t) + \|\boldsymbol{y}_{\tilde{\Theta}}\|^2 - \gamma^2 \|\boldsymbol{v}_{\mathrm{l}}\|^2 \\ &+ \boldsymbol{v}_{\mathrm{d}}^{\mathrm{T}}\boldsymbol{W}(\boldsymbol{\Lambda}\boldsymbol{v} - \boldsymbol{v}_{\mathrm{d}}) < 0, \quad \forall \begin{bmatrix} \tilde{\boldsymbol{x}}_{\mathrm{aw}}^{\mathrm{T}} & \boldsymbol{v}_{\mathrm{d}}^{\mathrm{T}} & \boldsymbol{v}_{\mathrm{l}}^{\mathrm{T}} \end{bmatrix}^{\mathrm{T}} \neq 0 \quad (8\text{-}34) \end{aligned}$$

类似于定理 2 的证明，则由 $\tilde{J} < 0$ 可得线性矩阵不等式。

8.3.2　算例仿真验证

仍然引用文献 [235] 中 BTT 导弹的数据，导弹本体的状态方程模型参数以及控制器模型参数不变，此时考虑方向舵与副翼偏转速率的限制。给定 3s 的脉冲指令信号 $\boldsymbol{r} = [6 \ -6]$，图 8.13 中短划线是在标称控制器下不考虑舵面偏角限制时的跟踪响应，虚线部分是方向舵偏角速率、副翼偏角速率均限定在 $\pm 7(°)/\mathrm{s}$ 时系统跟踪指令信号时的响应，可见，考虑舵面偏角速率限制之后闭环系统性能会显著降低。

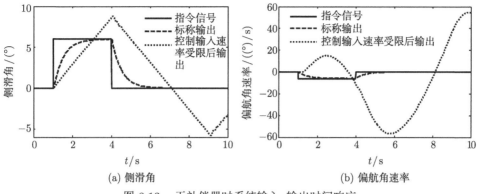

图 8.13　无补偿器时系统输入–输出时间响应

应用定理 8.3 为系统设计 Anti-Windup 补偿器, 关键在于确定矩阵 $\boldsymbol{F}$, 求解线性矩阵不等式 (8-31) 可得 $\boldsymbol{F} = \begin{bmatrix} -0.0123 & 1.037 & 0.0431 & -68.941 & 2.329 \\ -0.0945 & -0.0571 & -0.0043 & 2.5731 & -2.734 \end{bmatrix}$,

图 8.14 是补偿器作用于闭环系统之后跟踪指令信号的时间响应, 可见系统性能得到很大改善。

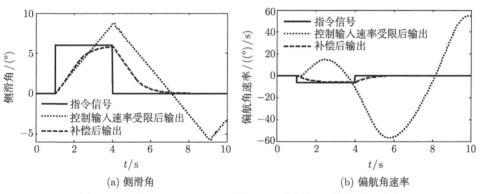

图 8.14　引入 Anti-Windup 补偿器后系统输入–输出时间响应

8.4　Anti-Windup 补偿方法用于人机闭环系统非线性失稳抑制

根据以上分析, Anti-Windup 补偿器的设计与控制器无关, 只要标称控制器能够使闭环系统在速率限制未被激活时保持稳定, 则 Anti-Windup 补偿器就可以明显减弱速率限制对闭环系统稳定性的影响。对于人机闭环系统而言, 当 PIO 发生时 (极限环失稳), 驾驶员陷入其中无法自拔, 其操纵行为近似为同步控制行为, 即相当于控制器已经固定且无法改变, 而 Anti-Windup 补偿器作用于控制器的输入和输出却不改变控制器的状态，显然可以用于 PIO 抑制。

8.4.1　人机闭环系统结构

考虑图 8.15 所示的静稳定飞机俯仰姿态跟踪任务人机闭环系统，由驾驶员、速率限制作动器、飞机本体组成。

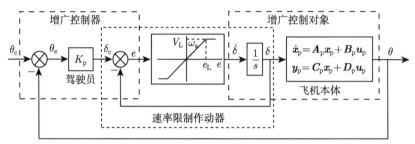

图 8.15　俯仰姿态跟踪任务人机闭环系统

采用同步控制驾驶员模型，如下式所示：

$$G_{\mathrm{p}}\left(s\right) = K_{\mathrm{p}} \tag{8-35}$$

式中，K_{p} 为驾驶员增益。

速率限制作动器中，δ_{c} 为偏角命令输入信号，δ 为偏角输出信号，e 为误差信号，ω_{a} 为作动器带宽，V_{L} 为速率限制，e_{L} 为饱和点。

飞机本体采用状态空间模型：

$$\begin{aligned}\dot{\boldsymbol{x}}_{\mathrm{p}} &= \boldsymbol{A}_{\mathrm{p}}\boldsymbol{x}_{\mathrm{p}} + \boldsymbol{B}_{\mathrm{p}}\boldsymbol{u}_{\mathrm{p}} \\ \boldsymbol{y}_{\mathrm{p}} &= \boldsymbol{C}_{\mathrm{p}}\boldsymbol{x}_{\mathrm{p}} + \boldsymbol{D}_{\mathrm{p}}\boldsymbol{u}_{\mathrm{p}}\end{aligned} \tag{8-36}$$

其中，状态变量 $\boldsymbol{x}_{\mathrm{p}} = [v, \alpha, q, \theta]^{\mathrm{T}}$，这里 v 为前向速度，α 为迎角，q 为俯仰角速度，θ 为俯仰角；输入变量 $\boldsymbol{u}_{\mathrm{p}} = [\delta]$，这里 δ 为升降舵偏角；输出变量 $\boldsymbol{y}_{\mathrm{p}} = [\theta]$。

作动器带宽 $\omega_{\mathrm{a}} = 20\mathrm{rad/s}$，速率饱和值 $V_{\mathrm{L}} = 20(°)/\mathrm{s}$，驾驶员模型增益值 $K_{\mathrm{p}} = -3.23$。

8.4.2　Anti-Windup 补偿器的求解

在上述参数设置下，采用描述函数法分析可知，系统含有潜在极限环。假设待求的 Anti-Windup 补偿器为 $\tilde{\Theta}(s)$，其状态空间模型形如式 (8.30)，则图 8.15 所示的人机闭环系统加入 Anti-Windup 补偿器 $\tilde{\Theta}(s)$ 后可转化为图 8.11 或图 8.12 所示的结构。

根据 8.3 节中的理论，Anti-Windup 补偿器的设计仅与增广被控对象有关，与增广控制器无关，参考图 8.15 中增广被控对象的组成，以及所给出的速率限制

作动器和飞机本体的参数，可得增广被控对象的状态空间模型为

$$\dot{x}_m = A_m x_m + B_m u_m$$
$$y_m = C_m x_m + D_m u_m \tag{8-37}$$

其中，状态变量 $x_m = [v, \alpha, q, \theta, \delta]^T$；输入变量 $u_m = [\dot{\delta}]$；输出变量 $y_m = [\theta, \delta]^T$；

$$A_m = \begin{bmatrix} A_p & B_p \\ 0_{1\times4} & 0_{1\times1} \end{bmatrix}, \quad B_m = \begin{bmatrix} 0 & 0 & 0 & 0 & 1 \end{bmatrix}^T$$

$$C_m = \begin{bmatrix} 0_{2\times3} & I_{2\times2} \end{bmatrix}, \quad D_m = [0_{1\times1}]$$

则将上述参数对应到图 8.9，可得 Anti-Windup 补偿器的状态空间模型为

$$\dot{x}_{aw} = (A_m + B_m F)x_{aw} + B_m v_d$$
$$v_{l\tilde{\theta}} = F x_{aw} \tag{8-38}$$
$$\tilde{y}_\Theta = \begin{bmatrix} y_{\tilde{\Theta}}^T & u_{r\tilde{\Theta}}^T \end{bmatrix}^T = C_m x_{aw}$$

式中，x_{aw} 为补偿器的状态变量；F 为待求矩阵。

应用定理 8.3，求解线性矩阵不等式 (8.31) 即可得到矩阵 F。但是在求解之前，必须首先确定饱和环节所允许位于的扇形区域，从而得到参数 Λ，应用第 4 章中圆判据定理首先确定扇形区域，然后转化成死区环节所允许的扇形区域。图 8.16 是圆判据分析过程，可得饱和环节所允许的扇形区域为 $[\alpha, \beta] = [0.35, 1]$，因此 $\Lambda = [0.65]$。

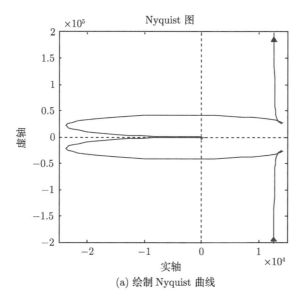

(a) 绘制 Nyquist 曲线

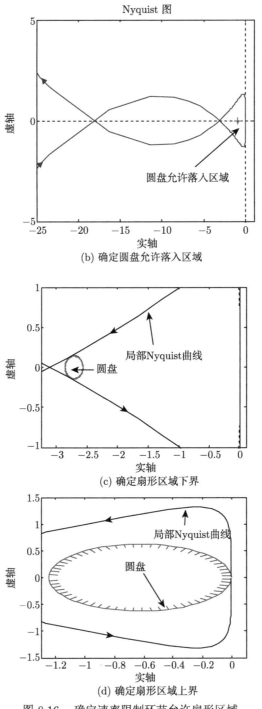

(b) 确定圆盘允许落入区域

(c) 确定扇形区域下界

(d) 确定扇形区域上界

图 8.16　确定速率限制环节允许扇形区域

求解式 (8.31) 可得，矩阵 $\boldsymbol{F} = \begin{bmatrix} 0.0327 & 76.9361 & 0.6326 & 70.067 & -90.4744 \end{bmatrix}$。

8.4.3 仿真验证

采用阶跃跟踪任务仿真研究 Anti-Windup 补偿器的失稳抑制能力，采用正弦跟踪任务仿真研究 Anti-Windup 补偿器的相位跟踪能力。

给定阶跃指令信号，不加 Anti-Windup 补偿器时俯仰姿态角时间响应如图 8.17 所示，系统出现了极限环振荡；加入补偿器后俯仰姿态角时间响应如图 8.18 所示，极限环振荡被成功抑制，但是过渡过程很长。图 8.19 是系统出现极限环振荡后作动器的输入–输出时间响应，作动器输出严重滞后于指令，图 8.20 是加入补偿器后作动器的输入–输出时间响应，比图 8.19 所示情形有所改善。

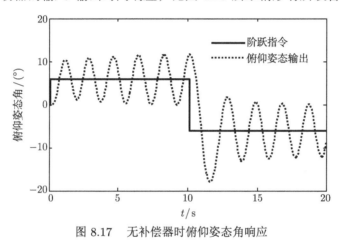

图 8.17　无补偿器时俯仰姿态角响应

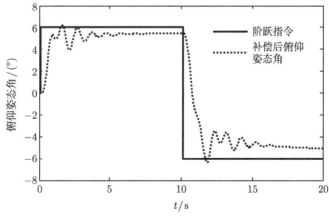

图 8.18　加入补偿器后俯仰姿态角响应

给定正弦指令信号，不加 Anti-Windup 补偿器时俯仰姿态角的时间响应如图 8.21 所示，系统出现了极限环振荡；加入补偿器后俯仰姿态角的时间响应如

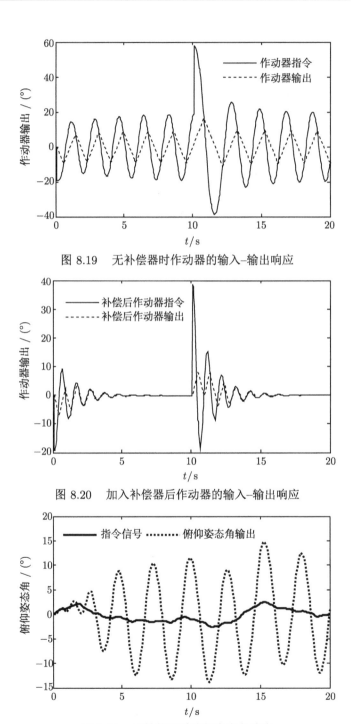

图 8.19   无补偿器时作动器的输入-输出响应

图 8.20   加入补偿器后作动器的输入-输出响应

图 8.21   无补偿器时俯仰姿态角响应

图 8.22 所示，极限环振荡被成功抑制，且能很好地跟踪指令信号。图 8.23 是系统出现极限环振荡后作动器的输入–输出时间响应，作动器输出严重滞后于指令，图 8.24 是加入补偿器后作动器的输入–输出时间响应，比图 8.23 所示情形改善很多。

对比图 8.18 与图 8.22 可知，加入 Anti-Windup 补偿器后，人机闭环系统跟踪正弦指令信号能力强于跟踪阶跃指令信号。

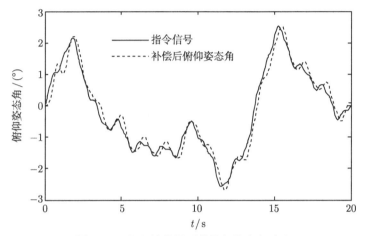

图 8.22 加入补偿器后的俯仰姿态角响应

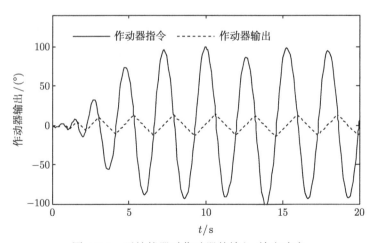

图 8.23 无补偿器时作动器的输入–输出响应

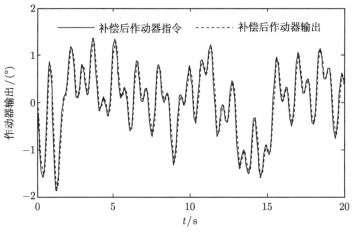

图 8.24　加入补偿器后作动器的输入–输出响应

8.5　本 章 小 结

本章首先针对系统矩阵特征根全部位于开左半复平面的控制输入幅值受限的被控对象, 在这种情况下设计的 Anti-Windup 补偿器可以使闭环系统满足全局渐近稳定并具有标称性能指标。然而对于考虑作动器速率限制之后的闭环系统, 其增广被控对象含有积分环节, 则即使对于本体静稳定飞机也不能直接应用定理 8.2 设计 Anti-Windup 补偿器, 对于本体静不稳定飞机更无法应用。根据第 4 章中的绝对稳定性理论可知, 如果将饱和环节限制在特定扇区之内, 则可将这种 Anti-Windup 补偿器应用于速率限制作动器人机闭环系统。基于以上分析, 本章的主要工作和结论有:

(1) 引入控制输入幅值受限系统的 Anti-Windup 补偿方法, 将 Anti-Windup 补偿器的设计转化成 LMI 的求解, 并采用具体算例验证了方法的有效性;

(2) 将控制输入幅值受限系统的 Anti-Windup 补偿方法扩展到了控制输入速率受限系统, 同样将 Anti-Windup 补偿器的设计转化成 LMI 的求解, 并采用具体算例验证了方法的有效性;

(3) 将 Anti-Windup 补偿器用于速率限制作动器人机闭环系统的非线性失稳抑制, 数值仿真结果表明, 该方法可以有效抑制人机闭环系统的非线性失稳。

第 9 章　基于指令速率补偿的人机闭环系统非线性失稳抑制

　　第 8 章研究了一种抑制人机闭环系统失稳的基于复杂控制理论的补偿方法，称为 Anti-Windup 补偿，当作动器速率限制被激活后作用于整个人机闭环系统，以减弱速率限制被激活对系统稳定性的影响。通过第 6 章的研究可以发现，使用 Anti-Windup 补偿的方法具有一定的局限性：必须在飞行包线的不同状态点对飞机运动方程线性化，然后才可以使用这种方法，并且在不同的飞行状态下所计算出来的补偿器各不相同，这就给实际的工程运用带来一些困难。

　　实际上，作动器速率限制被激活后所产生的附加相位滞后同时降低操纵系统等效增益，从而诱使驾驶员增加操纵速率和操纵增益，以使飞机响应加速，这是导致人机闭环系统失稳的主要因素。因此目前研究和应用较多的仍然是在驾驶员操纵指令上做文章，本质上是运用经典控制理论发展的一种相位补偿技术。但是补偿技术应用不当会使飞机飞行品质恶化，以至于一架高机动性飞机飞行起来如同一架运输机，因为补偿技术会降低传递到作动器的控制信号增益，以至于飞机响应变慢且达不到期望值。尽管如此，指令速率补偿方法仍然获得了广泛应用。

　　使用指令速率补偿的方法抑制人机闭环系统失稳由来已久，1977 年，由于数字飞行控制计算机的时间延迟过大以及升降舵舵机速率限制被激活，美国"企业号"航天飞机在着陆时发生了 PIO 事件。NASA 很快研究开发了一种抑制 PIO 的相位补偿器，当发生 PIO 的潜在风险较高时，此相位补偿器将降低驾驶员操纵增益，同时减小系统时间延迟。在将此相位补偿器加入"企业号"航天飞机的飞行控制律中之后，未再出现 PIO 事件 [124]。类似地，美国海军也研发了一种相位补偿器以减弱操纵系统中速率限制因素的影响。瑞典的 SAAB 公司为了解决伺服作动器速率限制被激活而引发的 JAS-39 Gripen 飞机的两次 PIO 事故，在飞行控制系统中采用了不致使作动器进入速率限制区的指令速率限制器 [127]，这是一种具有反馈和旁路的速率限制器，它使低频信号和高频信号均能通过，且相位延迟较小。采用此种速率限制器后，JAS-39 再也没有发生过 PIO。

　　本章主要从时域仿真角度研究四种指令速率补偿器的人机闭环系统非线性失稳抑制效果，这四种指令速率补偿器分别是基于逻辑条件法设计的 DS(Derivative Switching) 补偿器、基于连续信号法设计的前馈结构 DASA(Dead Area Stability Augmentation) 补偿器、反馈结构 RLF(Rate-Limited Feedback) 补偿器以及用于

JAS-39 的具有反馈和旁路的 FWB(Feedback-with-Bypass) 补偿器。重点分析它们对不同飞行条件下、不同驾驶员模型下的人机闭环系统失稳抑制能力，以及对系统正常操纵的影响。

9.1　四种指令速率补偿器结构

1. DS 补偿器

图 9.1 为 DS 补偿器结构图，图中 u_1 为由驾驶员输出的操纵信号，u_2 为从作动器速率限制器反馈回的信号，y 为进入作动系统的指令信号。C_1 为预置的速率值，C_2 为预置的加速度值。

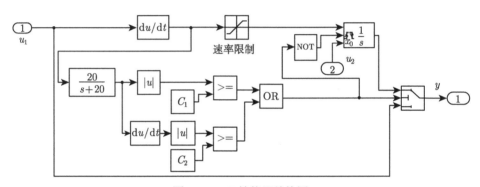

图 9.1　DS 补偿器结构图

2. DASA 补偿器

图 9.2 为 DASA 补偿器结构图，图中 u 为驾驶员操纵信号，y 为进入作动系统的指令信号。

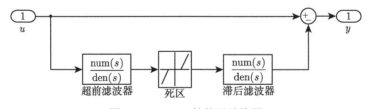

图 9.2　DASA 补偿器结构图

3. RLF 补偿器

图 9.3 为 RLF 补偿器结构图，图中 u 为驾驶员操纵信号，y 为进入作动系统的指令信号。

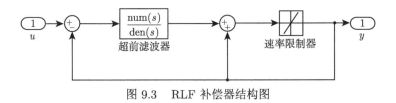

图 9.3　RLF 补偿器结构图

4. FWB 补偿器

图 9.4 为 FWB 补偿器的结构图，u 为驾驶员操纵信号，y 为进入作动系统的指令信号。两个滤波器均为低通滤波器，调整参数可获得最优的补偿效果。

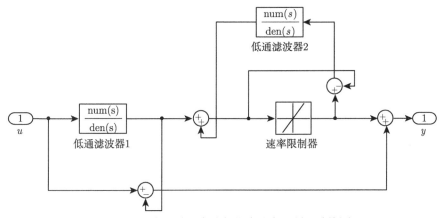

图 9.4　具有反馈和旁路的指令速率限制器结构图

9.2　四种指令速率补偿器的时域特性分析

图 9.5 为输入信号为 $u = \sin(4t)$、速率限制 V_L 为 1rad/s 时，DS 补偿器、DASA 补偿器、RLF 补偿器以及 FWB 补偿器的时间响应。调整各补偿器参数，使它们能最优跟踪指令信号，与无补偿的指令速率限制器相比，这四种指令速率补偿器均能及时跟踪指令信号相位，但是无法精确跟踪指令信号幅值，即对指令信号增益均有一定程度降低。但就跟踪指令信号幅值能力方面，FWB 补偿器表现最优，然后依次是 DASA 补偿器、DS 补偿器、RLF 补偿器。所以从仿真结果来看，这四种补偿器又可称为相位补偿器。

图 9.6 为输入信号是 $u = \sin(2t)$，速率限制 V_L 为 1rad/s 时，四种补偿器在参数不变情况下的时间响应，对比图 9.5 可知，输入信号频率越小，四种补偿器对指令信号的幅值衰减越小。

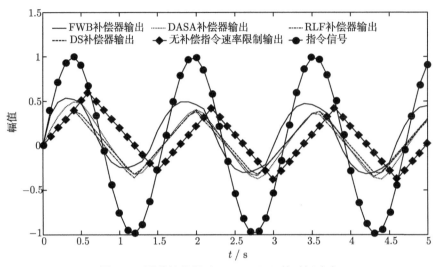

图 9.5　四种补偿器对 $u = \sin(4t)$ 的时间响应

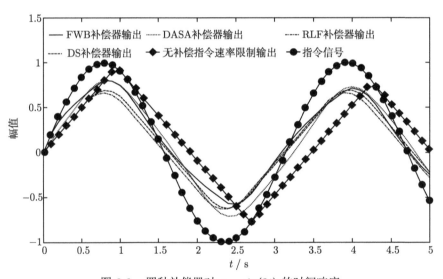

图 9.6　四种补偿器对 $u = \sin(2t)$ 的时间响应

如果输入信号为非对称、无稳态误差的偏差信号时，驾驶员的操纵将受到干扰，从而使驾驶员给出较低的飞行品质评价。图 9.7 为偏差输入信号、速率限制 V_L 为 1rad/s 时，DS 补偿器、DASA 补偿器、RLF 补偿器、FWB 补偿器的时间响应图，可见四种补偿器均能有效消除输入信号偏差。

值得指出的是，基于逻辑条件法设计的 DS 补偿器中，C_2 是个重要参数，将影响 DS 补偿器的补偿效果。由逻辑条件可知，如果将 C_2 值设置得足够大，则相当于取消加速度这条支路,图 9.8 是有无加速度支路时 DS 补偿器的时间响应。

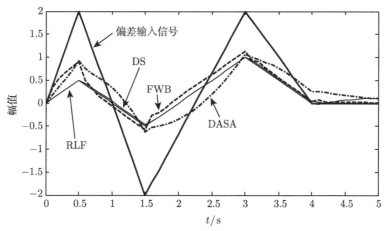

图 9.7 四种补偿器对偏差输入信号的时间响应

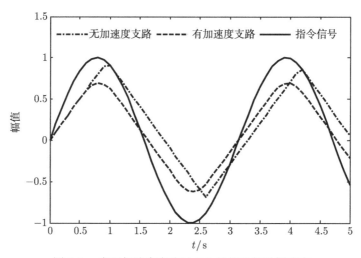

图 9.8 有无加速度支路时 DS 补偿器的时间响应

9.3 采用同步控制驾驶员模型时的失稳抑制效果仿真

9.3.1 四种补偿器的人机闭环系统极限环失稳抑制效果仿真研究

考虑图 9.9 所示的简化的俯仰姿态跟踪任务人机闭环系统,速率限制作动器模型以及参数意义与第 3 章一致,驾驶员传递函数模型采用同步控制模型,飞机本体采用状态空间模型。

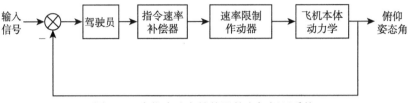

图 9.9   含指令速率补偿器的人机闭环系统

飞机本体模型:

$$\dot{x} = Ax + Bu$$
$$y = Cx + Du \tag{9-1}$$

其中, 状态变量 $x = [v, \alpha, q, \theta]^{\mathrm{T}}$, 这里 v 为前向速度, α 为迎角, q 为俯仰角速度, θ 为俯仰角; 输入变量 $u = [\delta]$, 这里 δ 为升降舵偏角; 输出变量 $y = [\theta]$。

调整驾驶员模型参数, 使人机闭环系统出现极限环, 图 9.10 是描述函数法分析结果, 图 9.11 是出现极限环的时域仿真结果, 二者是一致的。

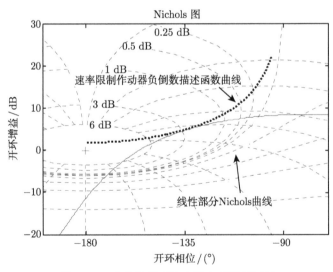

图 9.10   人机闭环系统有潜在极限环图示

拟采用阶跃跟踪任务和正弦跟踪任务来分析四种补偿器的抑制效能, 模型设置的目的首先在于激活作动器的速率限制, 然后考查抑制效果, 出于这样的目的, 与实际情况的差别不可避免。

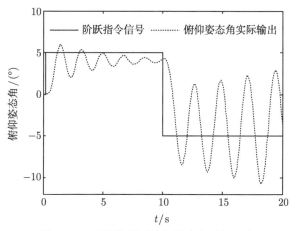

图 9.11 无补偿器时俯仰姿态角时间响应

1) 阶跃跟踪任务

图 9.12 是人机闭环系统执行阶跃跟踪任务，且作动器速率限制被激活后的时间响应。此跟踪任务可用来研究补偿器的效能，图 9.13～ 图 9.16 是分别加入 DS 补偿器、DASA 补偿器、RLF 补偿器、FWB 补偿器后人机闭环系统跟踪 5° 阶跃指令信号的俯仰姿态角响应。

可见四种补偿器均能有效抑制极限环的出现。从仿真结果来看，DASA 补偿器、FWB 补偿器性能最为接近，要优于 DS 补偿器和 RLF 补偿器，图 9.17 所示为加入 FWB 补偿器后作动器输入–输出时间响应，作动器的动作基本能够跟踪输入指令。加入其他三种补偿器后作动器的输入–输出时间响应相似，不再给出图示。

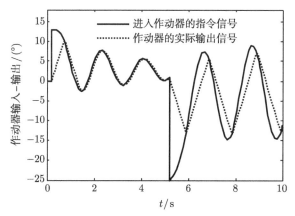

图 9.12 无补偿器时作动器输入–输出时间响应

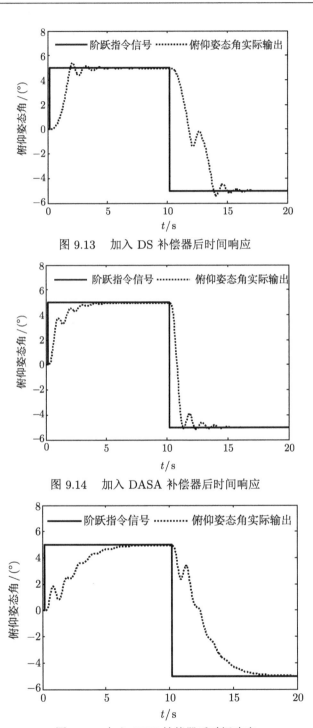

图 9.13　加入 DS 补偿器后时间响应

图 9.14　加入 DASA 补偿器后时间响应

图 9.15　加入 RLF 补偿器后时间响应

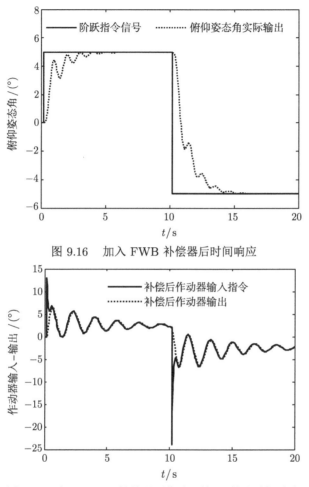

图 9.16　加入 FWB 补偿器后时间响应

图 9.17　加入 FWB 补偿器后作动器输入-输出时间响应

值得指出的是，这四种补偿器均需要预先设置好参数才能获得较好的抑制效果，如果参数设置不当，则无法抑制极限环，图 9.18 即是 FWB 补偿器参数设置不当抑制失效的例子。

2) 正弦跟踪任务

第 2 章中已给出正弦跟踪任务指令，该指令由式 (9-2) 产生，如图 9.19 所示。

$$
\begin{aligned}
\theta_{\text{command}} = & -\sin\left(\frac{4\pi}{63}t\right) + \sin\left(\frac{10\pi}{63}t\right) + \sin\left(\frac{18\pi}{63}t\right) \\
& + \frac{1}{2}\sin\left(\frac{28\pi}{63}t\right) - \frac{1}{5}\sin\left(\frac{48\pi}{63}t\right) \\
& + \frac{1}{5}\sin\left(\frac{84\pi}{63}t\right) - \frac{2}{25}\sin\left(\frac{180\pi}{63}t\right)
\end{aligned}
\tag{9-2}
$$

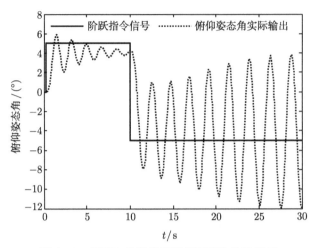

图 9.18　FWB 补偿器抑制极限环失效的例子

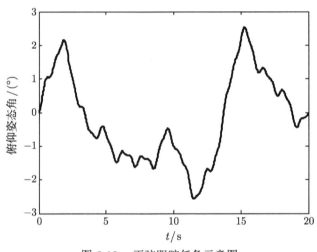

图 9.19　正弦跟踪任务示意图

图 9.20 是未加入补偿器时人机闭环系统的仿真结果, 图 9.21 是作动器的输入–输出响应, 由图可知系统出现了极限环振荡, 且振幅很大。

图 9.22~ 图 9.25 是分别加入四种补偿器后人机闭环系统跟踪指令信号的时间响应, 可见四种补偿器均能有效抑制极限环振荡。其中 DS 补偿器、DASA 补偿器、RLF 补偿器的参数设置与执行阶跃跟踪任务时相同, FWB 的滤波器参数做了调整, 否则无法产生抑制效果。图 9.26 是加入 DS 补偿器后作动器跟踪指令信号的时间响应。图 9.27 是 FWB 补偿器参数调整前后人机闭环系统跟踪响应。可见时间延迟较小, 其他补偿器的情况类似, 不再给出。

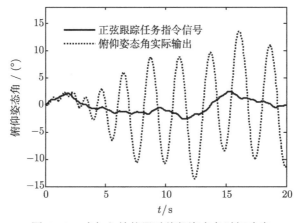

图 9.20 未加入补偿器时俯仰姿态角时间响应

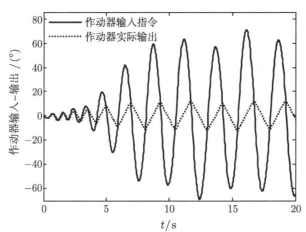

图 9.21 未加入补偿器时作动器输入-输出时间响应

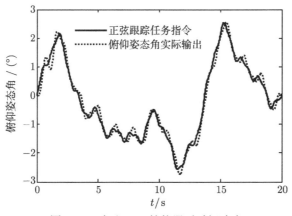

图 9.22 加入 DS 补偿器后时间响应

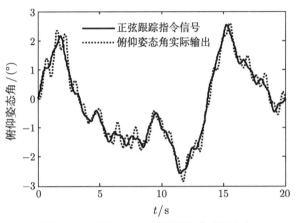

图 9.23　加入 DASA 补偿器后时间响应

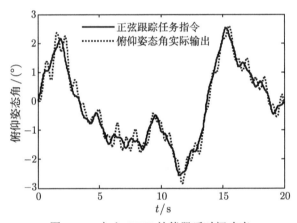

图 9.24　加入 RLF 补偿器后时间响应

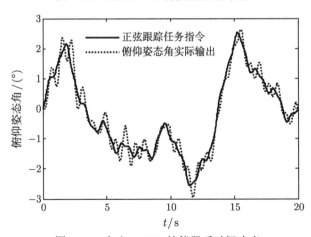

图 9.25　加入 FWB 补偿器后时间响应

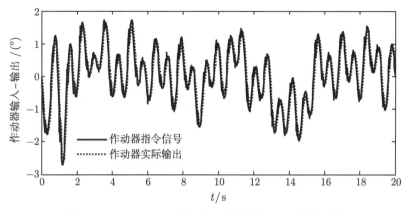

图 9.26 加入 DS 补偿器后作动器输入–输出时间响应

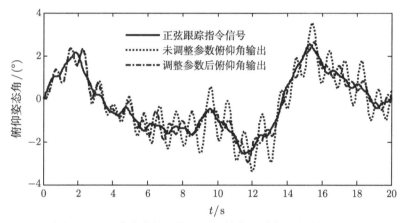

图 9.27 调整参数前后的 FWB 补偿器系统跟踪时间响应

通过对阶跃跟踪任务、正弦跟踪任务的仿真研究发现，四种补偿器均能有效抑制人机闭环系统中潜在的极限环振荡。

9.3.2 四种补偿器的人机闭环系统发散失稳抑制效果仿真研究

考虑图 9.28 所示的简化的人机闭环系统，速率限制作动器模型以及参数意义与第 3 章一致，驾驶员模型采用传递函数模型，飞机本体采用状态空间模型。飞机本体模型为

$$\dot{x} = Ax + Bu$$
$$y = Cx + Du \tag{9-3}$$

其中，状态变量 $x = [v, \alpha, q, \theta]^{\mathrm{T}}$，这里 v 为前向速度，α 为迎角，q 为俯仰角速度，θ 为俯仰角；输入变量 $u = [\delta]$，这里 δ 为升降舵偏角；输出变量 $y = [\theta]$。

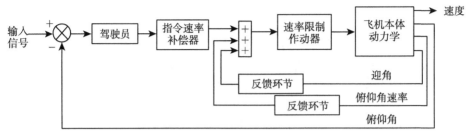

图 9.28   飞机需要增稳的人机闭环系统

待研究的飞机本体模型中 $\boldsymbol{A}$、$\boldsymbol{B}$、$\boldsymbol{C}$、$\boldsymbol{D}$ 矩阵如下：

$$\boldsymbol{A} = \begin{bmatrix} -0.033102 & 0.38576 & -0.20764 & -0.56119 \\ -0.015511 & -1.2588 & 1.0114 & -0.00247 \\ 0.008121 & 0.95415 & 0.65786 & -0.000441 \\ 0 & 0 & 1 & 0 \end{bmatrix}$$

$$\boldsymbol{B} = \begin{bmatrix} -0.5193 \\ -0.05243 \\ -11.085 \\ 0 \end{bmatrix}, \quad \boldsymbol{C} = \boldsymbol{I}_{4 \times 4}, \quad \boldsymbol{D} = [\boldsymbol{0}]$$

飞机本体是静不稳定的，由第 5 章的研究可知，当作动器速率限制被激活后，飞机的运动会发散。

1) 阶跃跟踪任务

首先应用阶跃跟踪任务激活作动器速率限制，然后研究四种指令速率补偿器的抑制效果，图 9.29 是未加入指令速率补偿器时的仿真结果，图 9.30 是相应作动器的输入–输出时间响应。

图 9.31~ 图 9.34 是分别加入四种指令速率补偿器后，人机闭环系统跟踪阶跃指令信号的俯仰姿态角时间响应，均能有效抑制发散振荡。相比于抑制极限环振荡时补偿器的参数设置，此处对 DS 补偿器以及 RLF 补偿器的参数做了调整，否则无法产生良好的抑制效果。图 9.35 是加入 RLF 补偿器后作动器的输入–输出响应，除了在阶跃跟踪转折点作动器动作跟不上指令外，其他时间均能无延迟地响应指令信号。

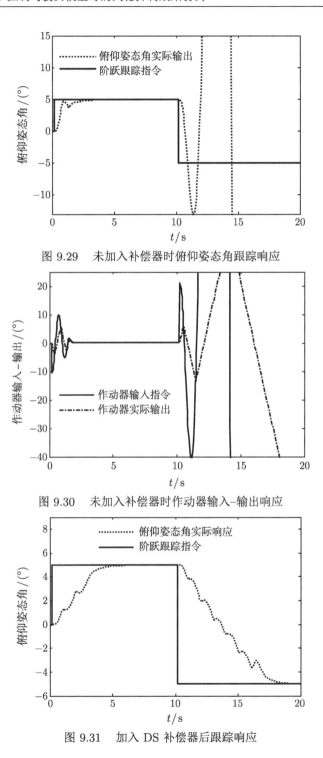

图 9.29 未加入补偿器时俯仰姿态角跟踪响应

图 9.30 未加入补偿器时作动器输入-输出响应

图 9.31 加入 DS 补偿器后跟踪响应

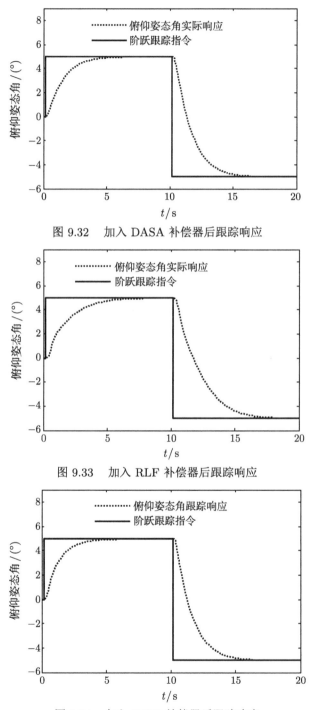

图 9.32　加入 DASA 补偿器后跟踪响应

图 9.33　加入 RLF 补偿器后跟踪响应

图 9.34　加入 FWB 补偿器后跟踪响应

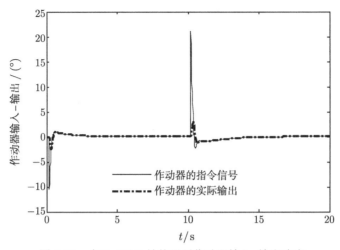

图 9.35 加入 RLF 补偿器后作动器输入–输出响应

2) 正弦跟踪任务

仍然采用图 9.19 所示的正弦跟踪任务研究补偿器的抑制能力。图 9.36 是未加入补偿器后人机闭环系统跟踪响应, 图 9.37 是作动器的输入–输出时间响应。

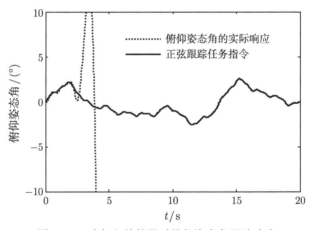

图 9.36 未加入补偿器时俯仰姿态角跟踪响应

图 9.38～ 图 9.41 是分别加入四种指令速率补偿器后的人机闭环系统跟踪正弦指令信号的俯仰姿态角时间响应, 均能有效抑制发散振荡。相比于抑制极限环振荡时补偿器的参数设置, 此处对 DS 补偿器、RLF 补偿器以及 FWB 补偿器的参数做了调整, 否则无法产生良好的抑制效果。图 9.42 是加入 DASA 补偿器后作动器的输入–输出时间响应, 可见作动器能有效跟踪进入作动器的指令信号。

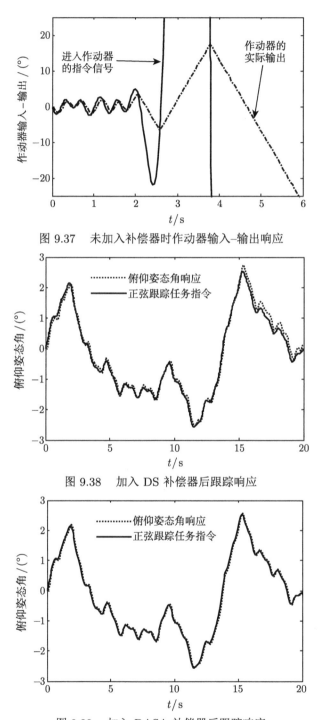

图 9.37 未加入补偿器时作动器输入-输出响应

图 9.38 加入 DS 补偿器后跟踪响应

图 9.39 加入 DASA 补偿器后跟踪响应

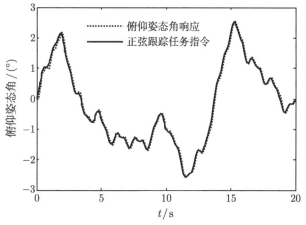

图 9.40 加入 RLF 补偿器后跟踪响应

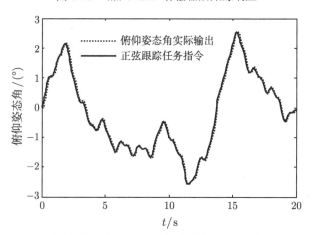

图 9.41 加入 FWB 补偿器后跟踪响应

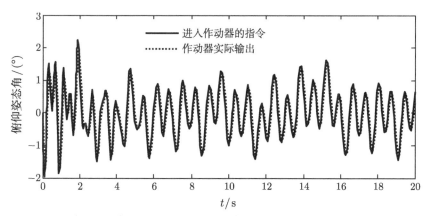

图 9.42 加入 DASA 补偿器后作动器输入-输出时间响应

综合以上仿真结果可得，DASA 补偿器的性能最优，尽管在抑制极限环失稳与发散失稳的过程中均未调整参数，但其一直发挥抑制效能，建议选用 DASA 补偿器用于人机闭环系统失稳抑制。

9.4　采用 Neal-Smith 驾驶员模型时的失稳抑制效果仿真

同步控制驾驶员模型作为一种理想的模型，代表了具有最高技术水平的驾驶员，因此 9.3 节中的仿真结果均很理想，为了提供更全面的补偿器设计/选择信息，本节采用代表中等驾驶员技术水平的 Neal-Smith 模型进行失稳抑制效果仿真。

Neal-Smith 驾驶员模型形如下式：

$$G_{\mathrm{p}}\left(s\right) = k_{\mathrm{p}}\frac{(5s+1)}{s}\frac{(T_{\mathrm{Lead}}s+1)}{(T_{\mathrm{Lag}}s+1)}\mathrm{e}^{-0.25s} \tag{9-4}$$

式中，k_{p} 是驾驶员模型的增益；T_{Lead} 为超前补偿时间常数；T_{Lag} 为滞后补偿时间常数。

9.4.1　四种补偿器的人机闭环系统极限环失稳抑制效果仿真研究

仍然以图 9.9 所示的简化的俯仰姿态跟踪任务人机闭环系统为例，驾驶员模型采用 Neal-Smith 模型，飞机本体采用状态空间模型。

调整驾驶员模型参数使人机闭环系统出现极限环，图 9.43 是出现极限环的时域仿真结果，图 9.44 是相应的作动器的时间响应。

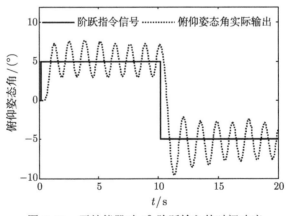

图 9.43　无补偿器时 5° 阶跃输入的时间响应

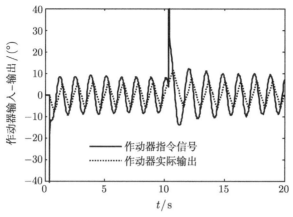

图 9.44 无补偿器时作动器时间响应

1) 阶跃跟踪任务

图 9.45~图 9.48 分别是使用 DS 补偿器、DASA 补偿器、RLF 补偿器、FWB 补偿器后人机闭环系统跟踪 5° 阶跃指令信号的俯仰姿态角实际输出,可见四种补偿器均能有效抑制极限环的出现,但都无法精确跟踪指令信号,相比于图 9.13~图 9.16 的仿真结果,DS 补偿器、RLF 补偿器、FWB 补偿器的参数都做了调整,只有 DASA 补偿器参数未做调整,由此可见考查驾驶员模型对于补偿器参数的选择十分重要。

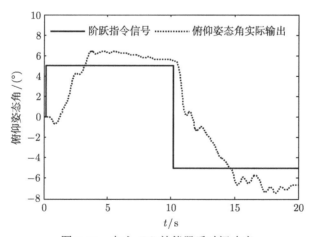

图 9.45 加入 DS 补偿器后时间响应

2) 正弦跟踪任务

仍然采用由式 (9.2) 产生的如图 9.19 所示的正弦跟踪任务评估补偿器的抑制效能。图 9.49 是未加补偿器时人机闭环系统的仿真结果,图 9.50 是作动器的输入–输出响应。

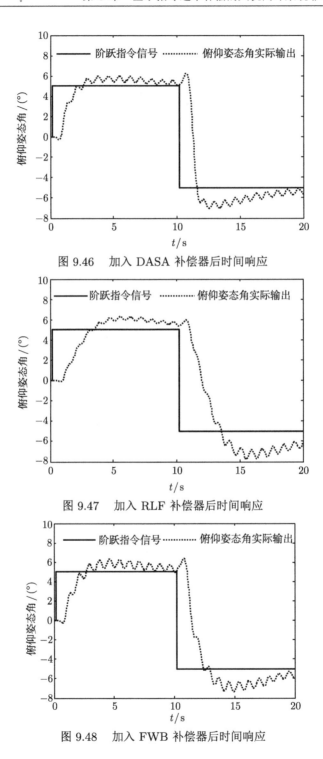

图 9.46 加入 DASA 补偿器后时间响应

图 9.47 加入 RLF 补偿器后时间响应

图 9.48 加入 FWB 补偿器后时间响应

图 9.51~ 图 9.54 是分别加入四种补偿器后人机闭环系统跟踪指令信号的时间响应,可见四种补偿器均能有效抑制极限环振荡,但是跟踪效果不如图 9.22~图 9.25 所示的采用同步控制驾驶员模型时的仿真结果,可见采用多种驾驶员模型评估补偿器的抑制效能很有必要。从图 9.51~ 图 9.54 的仿真结果来看,DASA 补偿器、RLF 补偿器抑制效果较好,但是 RLF 补偿器的参数须做调整。

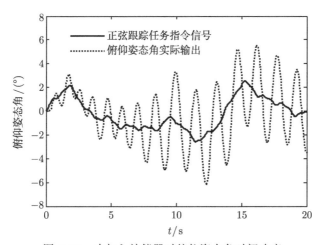

图 9.49 未加入补偿器时俯仰姿态角时间响应

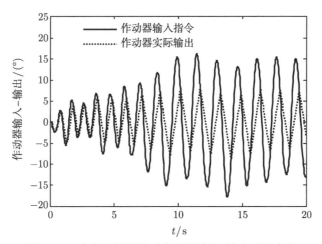

图 9.50 未加入补偿器时作动器输入–输出时间响应

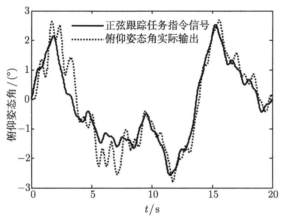

图 9.51　加入 DS 补偿器后时间响应

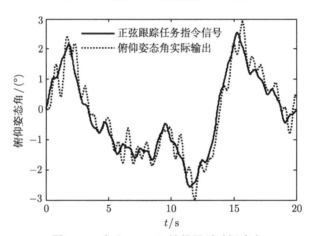

图 9.52　加入 DASA 补偿器后时间响应

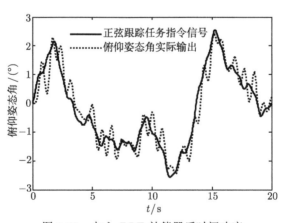

图 9.53　加入 RLF 补偿器后时间响应

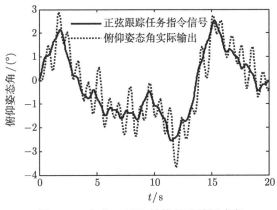

图 9.54 加入 FWB 补偿器后时间响应

9.4.2 四种补偿器的人机闭环系统发散失稳抑制效果仿真研究

仍然以图 9.28 所示的简化的俯仰姿态跟踪任务人机闭环系统为例, 驾驶员模型采用 Neal-Smith 模型, 飞机本体采用状态空间模型。

1) 阶跃跟踪任务

首先应用阶跃跟踪任务激活作动器速率限制, 使人机闭环系统的运动发散, 然后研究四种指令速率补偿器的抑制效果, 图 9.55 是未加入指令速率补偿器时的仿真结果, 图 9.56 是相应作动器的输入–输出时间响应。

图 9.57~ 图 9.60 是分别加入四种指令速率补偿器后, 人机闭环系统跟踪阶跃指令信号的俯仰姿态角时间响应, 发现均能有效抑制发散振荡, 但是均无法精确跟踪指令信号。对比图 9.31~ 图 9.34 可知, 采用 Neal-Smith 驾驶员模型时的仿真结果与采用同步控制驾驶员模型时的仿真结果差别很大, 这就要求在使用指令速率补偿方法抑制人机闭环失稳之前必须充分考虑驾驶员模型的影响。

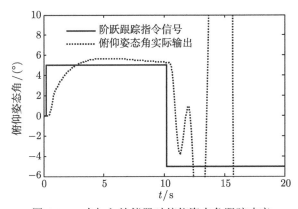

图 9.55 未加入补偿器时俯仰姿态角跟踪响应

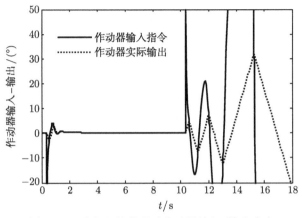

图 9.56　未加入补偿器时作动器输入–输出响应

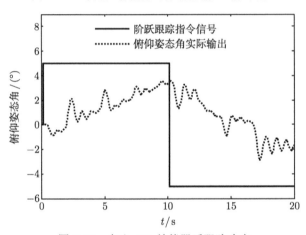

图 9.57　加入 DS 补偿器后跟踪响应

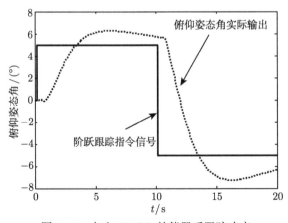

图 9.58　加入 DASA 补偿器后跟踪响应

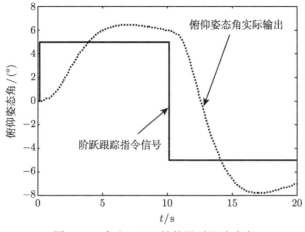

图 9.59 加入 RLF 补偿器后跟踪响应

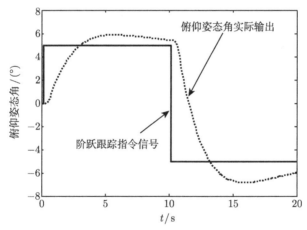

图 9.60 加入 FWB 补偿器后跟踪响应

2) 正弦跟踪任务

仍然采用由式 (9.2) 产生的如图 9.19 所示的正弦跟踪任务评估补偿器的抑制效能。图 9.61 是未加补偿器时人机闭环系统的仿真结果，图 9.62 是作动器的输入–输出响应。

图 9.63～图 9.66 是分别加入四种补偿器后，人机闭环系统跟踪指令信号的时间响应，可见四种补偿器均能有效抑制发散振荡，其中 DASA 补偿器跟踪效果最好，DS 补偿器次之；RLF 补偿器与 FWB 补偿器跟踪效果最差；DASA 补偿器、DS 补偿器、RLF 补偿器参数与阶跃跟踪任务仿真时相同，FWB 补偿器的参数做了较大调整。

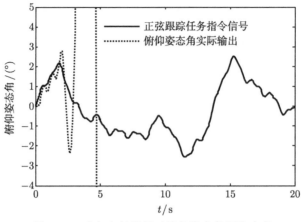

图 9.61   未加入补偿器时俯仰姿态角跟踪响应

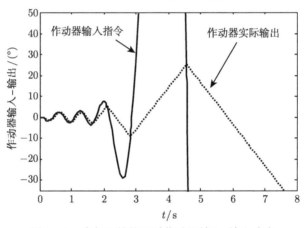

图 9.62   未加入补偿器时作动器输入-输出响应

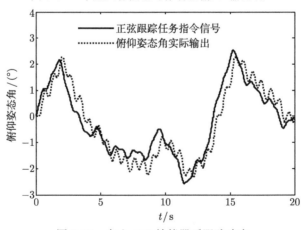

图 9.63   加入 DS 补偿器后跟踪响应

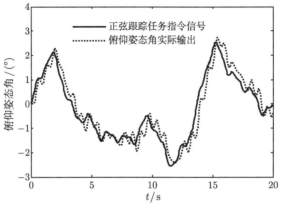

图 9.64　加入 DASA 补偿器后跟踪响应

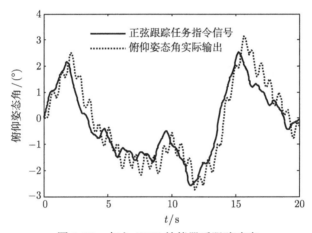

图 9.65　加入 RLF 补偿器后跟踪响应

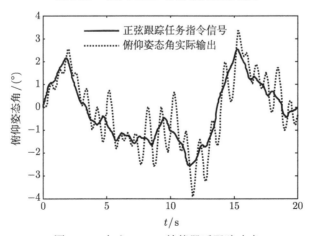

图 9.66　加入 FWB 补偿器后跟踪响应

与图 9.38~ 图 9.41 相比, 图 9.63~ 图 9.66 表明, 采用 Neal-Smith 驾驶员模型时仿真结果与采用同步控制驾驶员模型时仿真结果差别很大, 因此在选择指令速率补偿器时有必要选择不同的驾驶员模型做充分的仿真论证。

9.5　加入指令速率补偿器后对系统正常操纵的影响

9.5.1　本体静稳定人机闭环系统情况

仍然以图 9.9 所示的简化的俯仰姿态跟踪任务人机闭环系统为例, 图 9.67 为采用阶跃跟踪任务对加入补偿器与正常操纵时系统响应的对比仿真。相比于正常操纵的情况, 加入补偿器后系统响应均有所滞后。

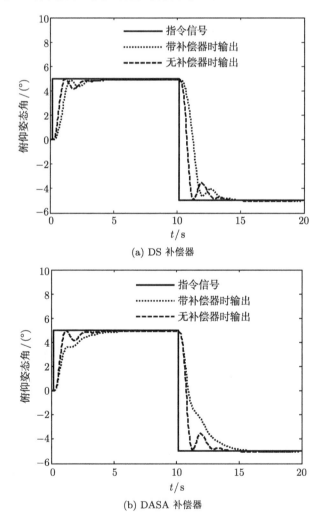

(a) DS 补偿器

(b) DASA 补偿器

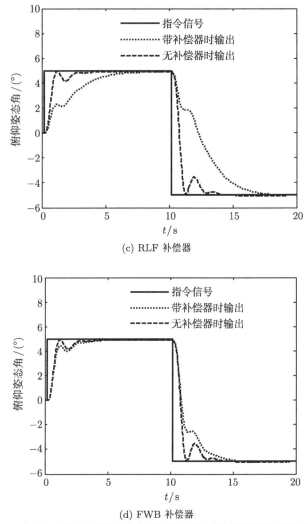

(c) RLF 补偿器

(d) FWB 补偿器

图 9.67　静稳定人机闭环系统加入不同补偿器对阶跃跟踪任务的响应曲线

图 9.68 为采用正弦跟踪任务对加入补偿器后与正常操纵时系统响应的对比仿真,两种情况下的响应曲线完全重合,即相比于正常操纵的情况,加入补偿器后对系统响应几乎无影响,表明补偿器对小幅值操纵几乎无影响。但对比图 9.67 可知,补偿器对大幅值操纵有较大影响,表明补偿器的加入确实会影响飞机机动性。

9.5.2　本体静不稳定人机闭环系统情况

仍然以图 9.28 所示的简化的俯仰姿态跟踪任务人机闭环系统为例,图 9.69 为采用阶跃跟踪任务对加入补偿器后与正常操纵时系统响应的对比仿真。相比于正常操纵的情况,加入补偿器后系统响应同样有所滞后。

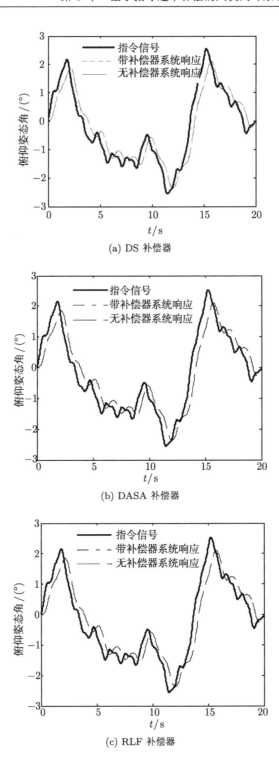

(a) DS 补偿器

(b) DASA 补偿器

(c) RLF 补偿器

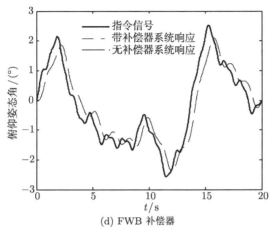

(d) FWB 补偿器

图 9.68　静稳定人机闭环系统加入不同补偿器对正弦跟踪任务的响应曲线

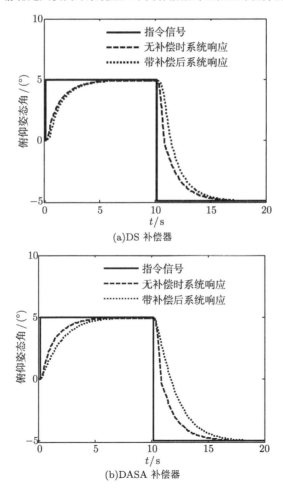

(a)DS 补偿器

(b)DASA 补偿器

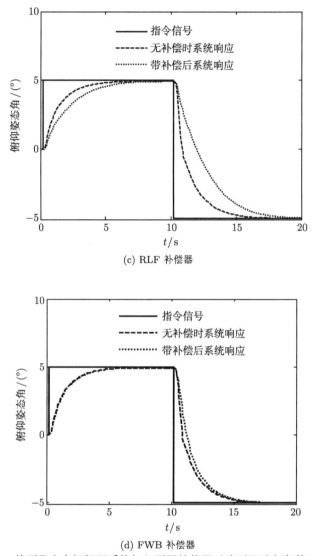

(c) RLF 补偿器

(d) FWB 补偿器

图 9.69   静不稳定人机闭环系统加入不同补偿器对阶跃跟踪任务的响应曲线

　　图 9.70 为采用正弦跟踪任务对加入补偿器后与正常操纵时系统响应的对比仿真,除了 DS 补偿器之外,其他三种补偿器情况下的响应曲线完全重合,即相比于正常操纵的情况,加入补偿器后对系统响应几乎无影响,表明补偿器对小幅值操纵几乎无影响。但对比图 9.69 可知,补偿器对大幅值操纵有较大影响,表明补偿器的加入确实会影响飞机机动性。

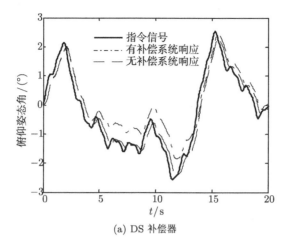

(a) DS 补偿器

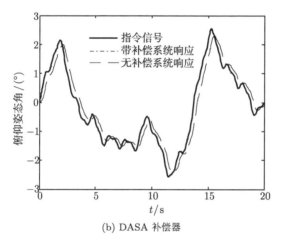

(b) DASA 补偿器

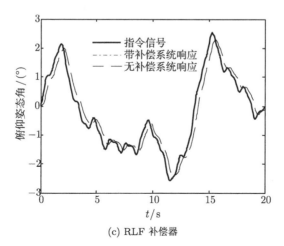

(c) RLF 补偿器

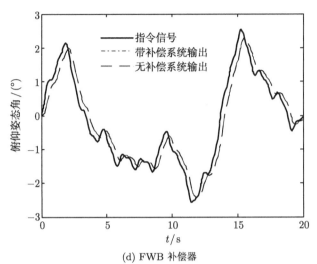

(d) FWB 补偿器

图 9.70　静不稳定人机闭环系统加入不同补偿器对正弦跟踪任务的响应曲线

9.6　指令速率补偿方法与 Anti-Windup 补偿方法对比总结

对比第 6 章的工作和本章的工作可得出如下结论：

(1)Anti-Windup 补偿器只有在作动器速率限制被激活后才作用于人机闭环系统，不影响系统的标称性能；

(2) 指令速率补偿器作用于飞行控制系统的驾驶员指令通道，会对系统造成持续影响，有时会显著影响系统标称性能，容易造成飞机稳定性过强而机动性不足的缺点；

(3) 在抑制人机闭环系统发散失稳方面，指令速率补偿器显然优于 Anti-Windup 补偿器，但 Anti-Windup 补偿器的设计不需要考虑驾驶员模型；

(4) 针对不同的飞行状态，两种补偿方法都需要实时调参。

9.7　本　章　小　结

本章主要从时域仿真角度对由逻辑条件法设计的 DS 补偿器，由连续信号法设计的前馈结构 DASA 补偿器和反馈结构 RLF 补偿器，以及带有反馈和旁路的 FWB 补偿器开展了一系列研究，以期寻找到能够抑制人机闭环系统非线性失稳的最优补偿器。本章主要工作及结论如下所述。

(1) 剖析了 DS 补偿器、DASA 补偿器、RLF 补偿器、FWB 补偿器的结构，运用具有代表性的正弦与偏差输入信号，对比研究了四型补偿器的开环时域特性。

(2) 应用阶跃、正弦两种跟踪任务进行数值仿真，对比了四种补偿器对人机闭环系统极限环失稳与发散失稳的抑制能力。仿真结果表明，四种补偿器均能有效抑制人机闭环系统非线性失稳，但在精确跟踪指令信号能力方面均显不足，相对来说 DASA 补偿器表现最优。

(3) DS 补偿器、RLF 补偿器、FWB 补偿器要想产生良好的失稳抑制效能，就必须根据模型的改变调整各自参数，而 DASA 补偿器则不需要。

(4) 采用不同的驾驶员模型仿真研究了 DS 补偿器、DASA 补偿器、RLF 补偿器、FWB 补偿器的抑制效能。发现采用同步控制驾驶员模型时四种补偿器的抑制效果要优于采用 Neal-Smith 模型时的仿真结果。

(5) 对正弦跟踪任务，无论是静稳定飞机人机闭环系统还是静不稳定飞机人机闭环系统，加入补偿器后对系统正常操纵几乎无影响，但对于阶跃跟踪任务，加入补偿器后会导致系统响应变慢。

(6) 指令速率补偿器可以以软件形式加入飞行控制律，从而可降低为消除人机闭环系统失稳所需付出的代价，并减少改型所带来的成本，具有极好的工程应用价值。

第 10 章　基于人机闭环系统的 PIO 易感性参数仿真与空中试飞验证

多起飞行事故表明，运输机在飞控系统设计阶段如果不能够发现其中的缺陷，则在飞行中可能受到多种因素的影响，从而不满足适航标准中关于 PIO 的规定。基于建模和仿真的虚拟 (飞行) 测试和评估可以较早发现该问题，使设计人员能够通过一系列特定的飞行任务来评估飞机在相对复杂的情况下的 PIO 易感性，便于在设计阶段进行改进，大大减少设计时间和成本。为了更好地评估各个参数对飞机 PIO 易感性的影响，还应当利用变稳机进行空中试飞验证，与地面仿真模拟结果进行对比。

10.1　基于仿真模拟的 PIO 易感性分析方法

操纵系统中的时间延迟、操纵舵面运动速率与位置限制、飞行品质降低等因素对 PIO 敏感性影响较大，基于前文所构建的人机闭环系统模型，分别研究上述因素对 PIO 易感性的影响，研究流程如图 10.1 所示。

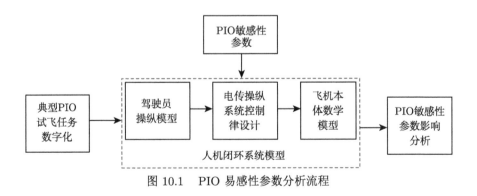

图 10.1　PIO 易感性参数分析流程

首先根据 CCAR-25-R4 中的要求选择合适的 PIO 试飞任务，并对其进行数字化，然后利用所构建的人机闭环系统，通过变换不同的 PIO 易感性参数，研究其对飞机 PIO 易感性的影响。

10.1.1 典型 PIO 试飞任务数字化

在正式适航审定过程中，PIO 科目至少由 3 名驾驶员分别进行试飞[124]，申请人表明符合性试飞至少由 1 名试飞员完成任务，局方审定试飞至少由 2 名试飞员完成任务。为了保证 HQRM 评定等级的客观性，消除由驾驶员的主观因素导致的对飞机评价的差别，需要合理设计不同试飞任务，使飞机完成任务时始终处于高增益状态。

对于运输机，典型的高增益任务包括姿态截获、纠偏着陆和精确跟踪，其中姿态截获包括俯仰截获、滚转截获和偏航截获。飞行任务具体如下所述。

(1) 俯仰截获：在试验点处保持飞机水平飞行并配平，然后快速截获 5° (或 10°，如果配平俯仰角大于 5°) 俯仰角，操纵飞机进行增量为 ±5° 的俯仰姿态截获，持续此操纵 3~5 次。如飞机没有 PIO 现象，则继续快速操纵飞机进行增量为 ±10° 的俯仰姿态截获，持续此操纵 3~5 次。整个过程如图 10.2 所示。

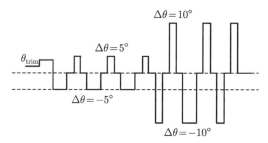

图 10.2 俯仰截获

(2) 滚转截获：在试验点处保持飞机水平飞行并配平，快速截获 15° 滚转角并操纵飞机滚转去捕获相反方向的 15° 滚转角，然后反向操纵使飞机捕获原方向上的 15° 滚转角，持续 3~5 次该操纵。在试验点恢复飞机水平飞行，然后使用 30° 滚转角重复此程序，并持续 3~5 次该操纵。整个过程如图 10.3 所示。

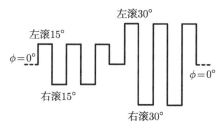

图 10.3 滚转截获任务示意图

(3) 偏航截获：在试验点处保持飞机水平飞行并配平，使航向向右偏转 5° 并保持机翼水平，再使航向向左偏转 5° 并保持机翼水平，持续该过程 2~3 次。整个过程如图 10.4 所示。

(4) 纠偏着陆：操纵飞机进场并建立偏离正常的飞机航迹，正常下滑道之上 4~5m，偏离跑道中心线 30m。在无线电高度 35m 时，驾驶员操纵飞机纠偏航迹并着陆，整个过程如图 10.5 所示。

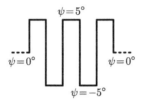

图 10.4 偏航截获任务示意图

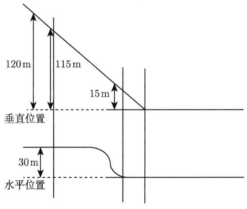

图 10.5 纠偏着陆任务示意图

(5) 精确跟踪：前舱驾驶员按照试飞工程师给出的俯仰角指令进行精确跟踪机动。需要注意俯仰角指令要求随机性强，不具备可预测性[239]。典型的精确跟踪任务如图 10.6 所示。

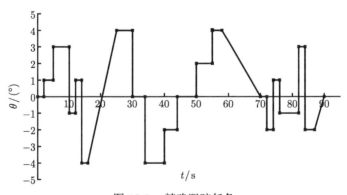

图 10.6 精确跟踪任务

10.1.2 人机闭环系统模型

为研究不同参数对 PIO 易感性的影响,选择对应的试飞任务和操纵系统控制律结构,驾驶员模型选择传递函数模型,构建如图 10.7 所示人机闭环系统模型。

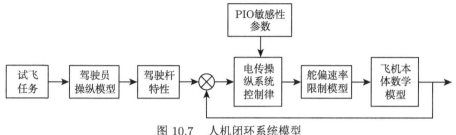

图 10.7 人机闭环系统模型

在该系统中飞机主要运动舵面包括副翼、水平尾翼、方向舵。舵机存在速率限制和位置限制,以简化的平尾舵机速率限制模型[240] 为例说明其在闭环系统中的作用方式,如图 10.8 所示。

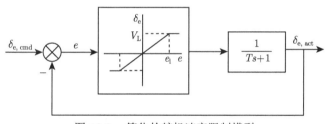

图 10.8 简化的舵机速率限制模型

当平尾偏转指令与实际偏转角的误差 e 小于 e_1 时,舵机可被视为一阶惯性系统,此时输出响应特性取决于时间常数 T,舵机对于操纵系统传递的平尾偏转指令时间延迟和幅值衰减都很小。当误差 e 大于 e_1 时速率限制因素被激活,舵机以最大速率 V_L 带动舵面偏转,随着 e 的增大,舵面响应输出的时间延迟和幅值衰减增大,直至输出为三角波。

10.1.3 PIO 易感性参数分析

由前文分析可得,对飞机 PIO 发生趋势影响较大的易感性参数主要有操纵系统中信号时间延迟、舵偏速率限制、不同的飞行品质特性。时间延迟一般只会诱发 I 型 PIO,当限制因素被激活后容易诱发 II 型 PIO。飞行品质特性的影响是指在各种状态下由于杆力梯度设置、控制律参数选择、舵面特性等不当组合而使得飞行品质下降,容易诱发 PIO。本章将利用模拟仿真与变稳机空中试飞验证相结合进行研究。

10.2　基于变稳机的 PIO 试飞验证

PIO 科目试飞是飞机稳定性与操纵性适航验证中非常重要的环节。CCAR-25 部第 25.143 条规定，在正常运营过程中飞机必须可以安全地操纵并进行机动，且能从一种飞行状态平稳地过渡到任何其他飞行状态，而不需要特殊的驾驶技巧、机敏或体力，并且在任何可能的使用条件下没有超过飞机限制载荷系数的危险。因此飞控系统在设计阶段需要通过各种方式进行验证，确保飞机遇到不利 PIO 的可能性最小，而利用变稳机进行试飞验证是最有效的方法。

10.2.1　试飞结果评价方法

现行规范中对 PIO 科目空中试飞结果进行评估的主要依据为试飞员的评语及评分，因此评分标准至关重要。AC25-7C 中指出，使用 FAA 操纵品质评级方法 (HQRM)(图 10.9) 进行等级评定。PIO 的本质是飞行品质较差的一种表现，两者虽不等同，但可以利用飞行品质评定中常用的 Cooper-Harper 评价尺度进行评分。这两种方法均存在一定的主观性，可能出现不同试飞员对同一架飞机评分等级相差较大的现象，因此需要对试飞员进行充分的训练，使其尽可能精确地描述试飞过程中的主观感受并给出评分。

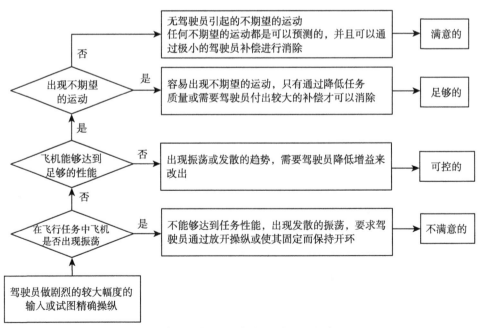

图 10.9　FAA 推荐的 APC 操纵品质评级方法 (HQRM)

表 10.1 中给出了 FAA 操纵品质的评定等级和对应的 PIO 特性说明,以及其与 MIL-STD-1797A PIO 评分等级的对应关系。

表 10.1 PIO 等级评定评分尺度

FAA 操纵品质评定等级	PIO 特性说明	MIL-STD-1797A PIO 评分等级
满意的 (SAT)	无驾驶员诱发的不期望的运动趋势	1
	当驾驶员突然急剧操纵或精确操纵时出现不期望的运动趋势,驾驶员只需较小的补偿即可消除这些趋势	2
足够的 (ADQ)	当驾驶员突然急剧操纵或精确操纵时容易出现不期望的运动趋势,只有降低任务完成水平或者驾驶员付出较大的操纵精力才能消除这些趋势	3
可控的 (CON)	当驾驶员突然急剧操纵或精确操纵时出现振荡趋势,驾驶员必须减小操纵增益才能改出该状态	4
不满意的 (UNSAT)	当驾驶员突然急剧操纵或精确操纵时飞机出现发散的振荡趋势,驾驶员必须采取松杆或冻杆的开环操纵方式	5
	遭遇外界扰动或者驾驶员正常的操纵时出现发散振荡趋势,驾驶员必须采取松杆或冻杆的开环操纵方式	6

试飞结束后需要试飞员按照图 10.10 所示流程针对试飞科目给出评分及评语。

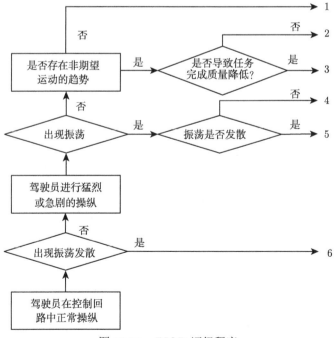

图 10.10 PIOR 评级程序

Cooper-Harper 评价尺度是目前通用的针对飞行品质的定性评价尺度，使用流程如图 10.11 所示，从飞机操纵性和驾驶员的工作负担两方面，给出了 10 个不同的评价尺度，根据飞机特性以及在需要完成的任务中对驾驶员的要求进行评价。为与 PIOR 评分尺度相对应，一般情况下又将其分为三个大等级，等级 1 对应 PIOR 为 1、2、3，等级 2 对应 PIOR 为 4、5、6，等级 3 对应 PIOR 为 7、8、9。

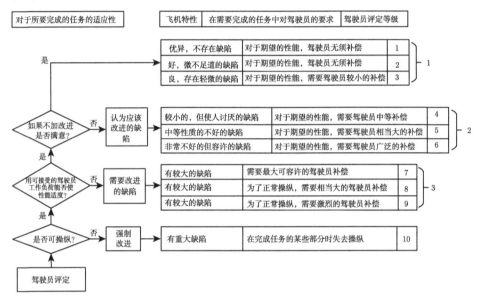

图 10.11   Cooper-Harper 评价尺度及使用流程

10.2.2   基于变稳机的 PIO 试飞验证概况

K-8V 变稳机是在 K-8 教练机基础上改装的试验用飞机，如图 10.12 所示，该

图 10.12   K-8V 变稳机

飞机作为空中试验平台，具有三个自由度 (俯仰、横滚、偏航)，装有二余度数字式电传操纵系统，同时保留了原机机械操纵系统作安全备份装置，具备高级教练机的一些特性。可用于飞行控制、飞行品质、人机工程、飞行模拟等试验研究。

在同一架次试飞过程中驾驶员操纵飞机所做的纵向机动主要有阶跃、脉冲、"3-2-1-1"、扫频、俯仰截获、平飞加减速。横向机动主要有阶跃、脉冲、脚蹬阶跃、脉冲、协调侧滑。操纵系统中设置的激发条件为时间延迟与舵偏速率限制。

10.3 操纵系统时间延迟对 PIO 易感性的影响

时间延迟的存在会使得飞机舵面响应变慢，驾驶员感受飞机响应较为迟钝，在一些需要精确操纵、快速响应的跟踪任务时，驾驶员往往会增加操纵频率、加大操纵幅值，使得飞机响应相对于操纵输入的相位差进一步增加，当接近或超过 $-180°$ 时便诱发 PIO，过大的时间延迟所诱发的 PIO 一般为 I 型 PIO。

10.3.1 俯仰截获任务下时间延迟对 PIO 易感性的影响

基于图 10.7 所示人机闭环系统模型，操纵系统选择过载指令构型控制律，研究纵向操纵系统中存在的时间延迟对飞机发生 PIO 趋势的影响。

首先选择合适的驾驶员模型参数和杆力特性参数，然后将图 10.2 所示俯仰截获任务作为输入指令，在飞控系统中时间延迟模块设置不同的延迟量，观察俯仰姿态参数变化情况。基于控制变量的思路，研究时间延迟的影响时应使控制系统中其余参量处于平均水平，例如，飞行品质应处于一级。对于民用飞机控制律设计可以先按照 $\omega_{nsp} = 2\mathrm{rad/s}$，$\zeta_{sp} = 0.8$ 进行调参。应用带宽准则对此状态点的飞行品质进行评定，飞机初始状态设置为 $H = 3500\mathrm{m}$，$V_a = 150\mathrm{m/s}$，飞机状态参数配平后，俯仰角对驾驶杆力传递函数的 Bode 图如图 10.13 所示。

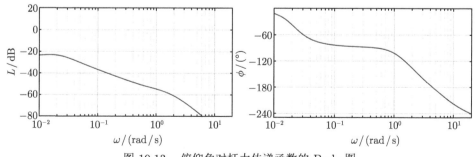

图 10.13 俯仰角对杆力传递函数的 Bode 图

计算得到系统带宽 $\omega_{BW} = 1.9791$，时间延迟 $\tau_p = 0.0634$，代入修正后的带宽

准则边界中，如图 10.14 所示，可以得到飞行品质为一级。

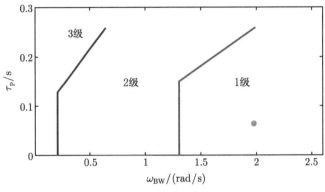

图 10.14　带宽准则评定飞行品质

为检验系统中控制律参数选择是否恰当，在构建的人机闭环系统中输入幅值为 $7°$ 的俯仰角阶跃指令，飞机初始状态设置为 $H = 3500\mathrm{m}$，$V_\mathrm{a} = 150\mathrm{m/s}$，飞机状态参数配平后，系统输出响应如图 10.15 所示。

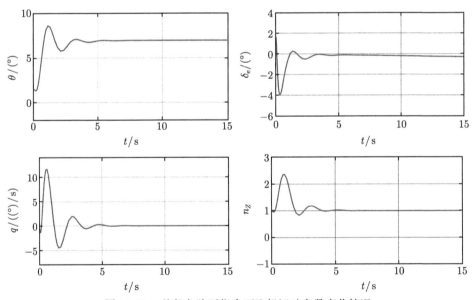

图 10.15　俯仰角阶跃指令下飞机运动参数变化情况

由图 10.15 可以得到，在设计的控制律下，飞机对俯仰角阶跃指令跟踪效果较好，对于给定的 $7°$ 阶跃指令，系统经过 5s 即可稳定于期望值，表明控制律设计及系统中参数选取满足要求。

利用图 10.7 所示人机闭环系统，在相同的飞机初始状态下，输入为图 10.2 所示俯仰截获任务，分别设置时间延迟为 0s、0.15s、0.25s、0.4s，研究操纵系统时间延迟对飞机 PIO 发生趋势的影响，纵向姿态参数变化如图 10.16 所示。

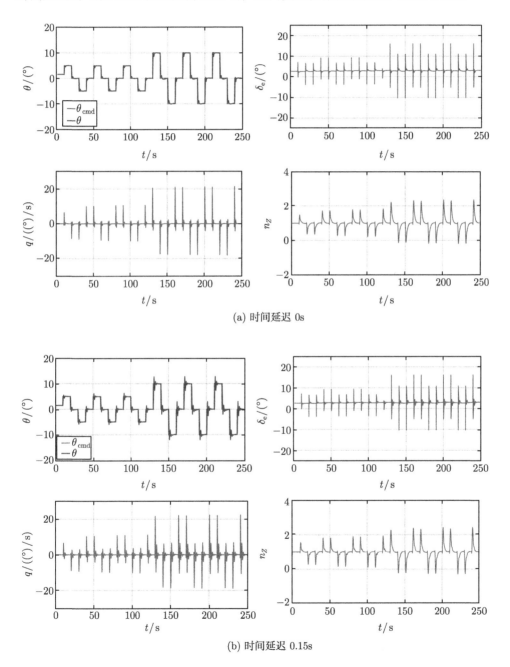

(a) 时间延迟 0s

(b) 时间延迟 0.15s

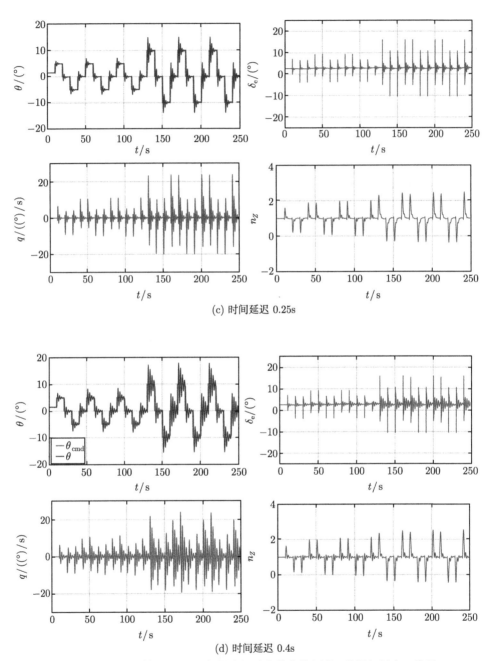

(c) 时间延迟 0.25s

(d) 时间延迟 0.4s

图 10.16　不同时间延迟下飞机纵向运动参数变化历程 (彩图扫封底二维码)

由图 10.16(a) 可以看出, 在系统延迟时间为 0s 时, 飞机响应较快, 且超调量很小, 俯仰角在很短的时间内便稳定于指令值, 平尾偏角、俯仰角速率和过载的振荡也在合理范围内, 飞机能够较好地完成俯仰跟踪任务。当时间延迟为 0.15s 时 (图 10.16(b)), 飞机虽然能够完成俯仰跟踪任务, 但俯仰角超调量增加, 飞机响应稳定于指令值所需时间增加, 且平尾偏角、俯仰角速率和过载振荡加剧。当时间延迟为 0.25s 时 (图 10.16(c)), 俯仰角响应峰值进一步加大, 稳定于指令值所需时间也增加, 飞机完成俯仰跟踪任务较差, 此时飞机将无法有效执行一些需要快速精确跟踪的任务。当时间延迟为 0.4s 时 (图 10.16(d)), 飞机俯仰角持续振荡, 无法完成俯仰截获任务, 俯仰角速率和过载振荡较为猛烈, 可以认为此时飞机发生了 PIO 事件。对于军用运输机而言, 此种状态将导致飞机无法完成需要精确快速操纵的任务。对于民用运输机, 过载和俯仰角的剧烈振荡将会极大影响驾驶员的操纵和乘客的舒适感, 对安全造成一定威胁。

10.3.2 滚转截获任务下时间延迟对 PIO 易感性的影响

采用图 10.7 所示横航向人机闭环系统, 驾驶员模型选择传递函数模型, 将图 10.3 所示滚转截获任务作为系统输入, 在系统中时间延迟模块设置不同的延迟量, 观察横向姿态参数变化情况。

首先选择合适的驾驶员模型参数、杆特性和脚蹬特性参数, 然后通过调整系统中增益参数进行控制律模态的配置, 横航向滚转模态参数为 -2.5, 荷兰滚模态参数为 $-0.52\pm0.8i$, 洗出网络时间常数为 3s。为检验系统中控制律设计及参数选择效果, 在系统中输入幅值为 $10°$ 的滚转角阶跃指令, 飞机初始状态设置为 $H =3500m$, $V_a =150m/s$, 飞机状态参数配平后, 得到系统输出响应如图 10.17 所示。

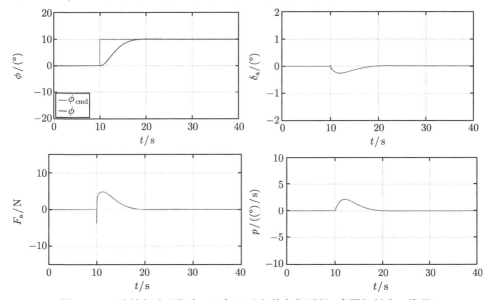

图 10.17 滚转角阶跃指令下飞机运动参数变化历程 (彩图扫封底二维码)

对于给定的 10° 阶跃指令，系统经过 7s 即可稳定于期望值，飞机对滚转角阶跃指令跟踪效果较好，表明控制律设计及系统中参数选取满足要求。

这里分别设置时间延迟为 0s、0.2s、0.4s、0.5s，则飞机运动参数变化如图 10.18 所示。

由图 10.18 可得，当操纵系统时间延迟为 0s 时 (图 10.18(a))，对于给定的滚转截获指令，经过 7s 飞机即可稳定于期望值，副翼偏角、滚转角速率的振荡也在合理范围内，飞机完成任务情况较好。当时间延迟为 0.2s 时 (图 10.18(b))，在跟踪 5° 滚转角指令时飞机响应较快且不存在超调。转为跟踪 10° 滚转角指令时，飞机滚转角开始出现超调，超调量较小，副翼偏转角与滚转角速率振荡开始增加，但仍在允许范围内，此时时间延迟量对飞机执行滚转截获任务影响较小。当时间延迟为 0.4s 时 (图 10.18(c))，飞机滚转角响应超调量增加，稳定于期望值所需时间进一步增加，这是由于副翼偏转滞后于驾驶员操纵，使得飞机姿态达不到期望的滚转角，当连续执行滚转截获指令后，使得飞机滚转振荡累积，同时副翼偏角振荡增加，所需的横向杆力较时间延迟为 0.2s 时增加。当时间延迟为 0.5s 时 (图 10.18(d))，在有限时间内飞机滚转角持续振荡，无法达到期望值，副翼偏角、横向杆力与滚转角速率同步出现振荡，可以认为此时飞机发生横向 PIO。

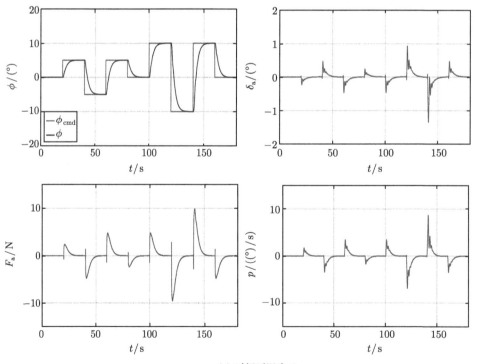

(a) 时间延迟为 0s

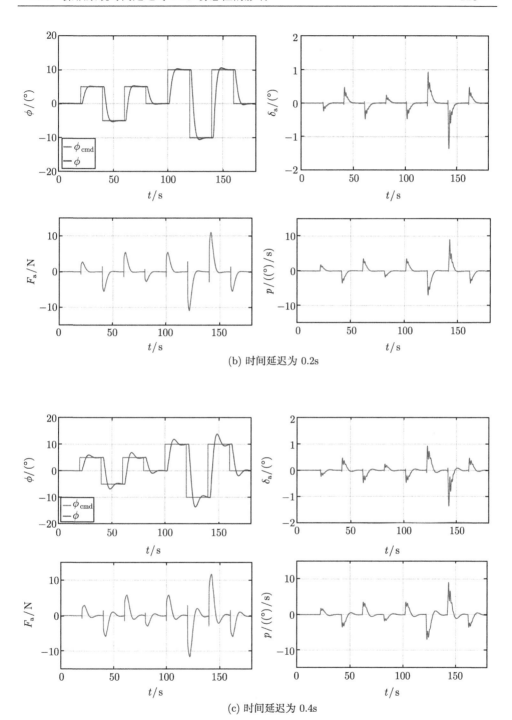

(b) 时间延迟为 0.2s

(c) 时间延迟为 0.4s

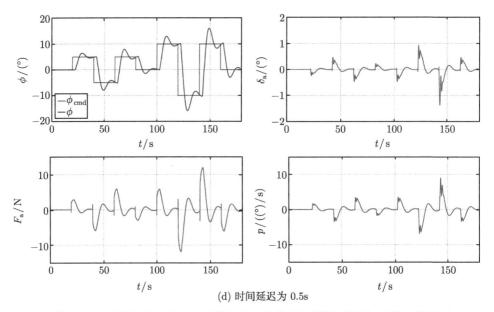

(d) 时间延迟为 0.5s

图 10.18　　不同时间延迟下飞机横向运动参数变化历程 (彩图扫封底二维码)

10.3.3　时间延迟引起的 PIO 试飞与评价方法验证

飞机需要快速精确操纵时容易诱发 PIO，扫频动作以其特有的输入频率及幅值特性，能够最大限度激励飞机舵面响应，若飞机存在发生 PIO 的趋势，则可以较好地激发出来，因此这里选取同一试飞架次中不同时间延迟量下做扫频操纵时的纵向和横向飞行数据，研究时间延迟参数对于飞机纵向和横向 PIO 易感性的影响，如图 10.19 和图 10.20 所示为主要运动参数时间历程。为便于对比，针对所选取的时间历程在绘图时均做出一定处理，所有机动动作开始时间均设置为 0s。

1) 飞机纵向通道试飞数据

从图 10.19 中可以看出，当未设置时间延迟时 (图 10.19(a))，升降舵快速响应，舵面偏角较输入信号在时域范围内滞后约 0.1s，这是由舵机机械传动所导致的，滞后时间量在允许范围内。当时间延迟为 0.06s 时 (图 10.19(b))，舵面偏转较输入信号滞后增加至 0.2s，与未设置时间延迟时相差较小，对驾驶员正常操纵影响较小。驾驶员对飞机动力学特性熟悉后可以采取超前操纵策略抵消时间延迟的影响。当时间延迟为 0.1s 时 (图 10.19(c))，舵面偏转较输入信号滞后 0.3s，由于飞机响应滞后于驾驶员操纵指令，在相同的杆位移下飞机俯仰角逐渐减小。当时间延迟为 0.2s 时 (图 10.19(d))，舵面偏转较驾驶杆输入信号滞后时间进一步增加，达到 0.5s，此时俯仰角出现一定的振荡趋势。在正常飞行时当飞机俯仰响应严重滞后于驾驶员操纵时，驾驶员会采取增加操纵指令的频率，增大操纵增益，这会进一步加剧飞机的振荡。舵面响应与输入指令相位差接近或超过 −180° 时，PIO 事件便发生了。

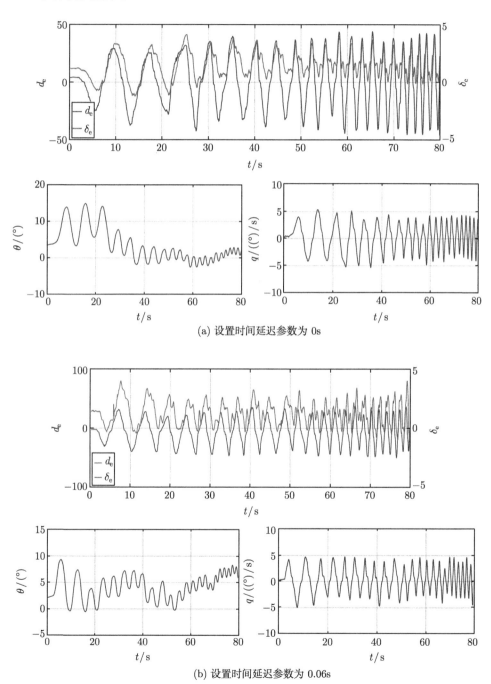

(a) 设置时间延迟参数为 0s

(b) 设置时间延迟参数为 0.06s

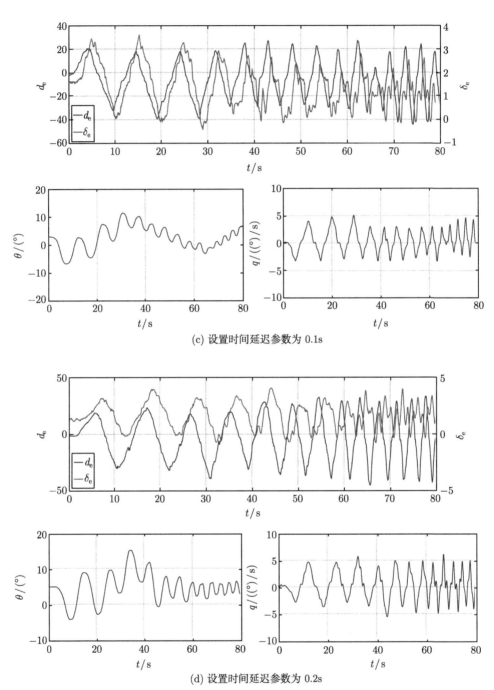

(c) 设置时间延迟参数为 0.1s

(d) 设置时间延迟参数为 0.2s

图 10.19　不同时间延迟参数下飞机纵向运动参数时间历程 (彩图扫封底二维码)

针对设置的 4 种时间延迟量下飞机完成试飞任务的情况, 驾驶员评述如表

10.2 所示。

表 10.2 针对纵向时间延迟参数驾驶员评述结果

参数	驾驶员评定等级	现象
无时间延迟	HQRM：SAT；PIOR：1	在完成截获任务及指令跟踪任务时操纵负荷很小，能够轻松完成，未发生不良响应
时间延迟 0.1s	HQRM：SAT；PIOR：1~2	能够较为轻松地完成试验任务，无振荡或发散，不能够体现 PIO 现象
时间延迟 0.2s	HQRM：ADQ；PIOR：3	在完成试验任务的过程中，有一定的操纵负荷，但能够完成任务，PIO 体现不明显
时间延迟 0.4s	HQRM：SAT；PIOR：3	在完成试验任务的过程中，操纵负荷增大，但能够完成任务，PIO 体现不明显

2) 飞机横向通道试飞数据

观察图 10.20 可得，当时间延迟为 0s 时 (图 10.20(a))，飞机响应跟踪输入信号较好，滞后量很小，对正常操纵影响较小。当时间延迟为 0.1s 时 (图 10.20(b))，副翼偏转角相对于输入信号滞后时间约为 0.2s。当时间延迟为 0.2s 时，在 $t=20s$ 后，滞后时间进一步增加，在相同的驾驶杆横向位移下，滚转角变化幅值减小，滚转角速率出现振荡趋势，这是由于副翼偏转角相对于驾驶杆横向输入存在滞后，而输入信号频率增加，飞机来不及达到相应滚转角便向相反方向滚转 (图 10.20(c))。图 10.20(d) 中当时间延迟为 0.4s 时，副翼偏转角相对于输入信号滞后时间增加至 0.6s，且随着时间 t 的增加而增大，当 $t=45s$ 时，俯仰角速率已经出现振荡。

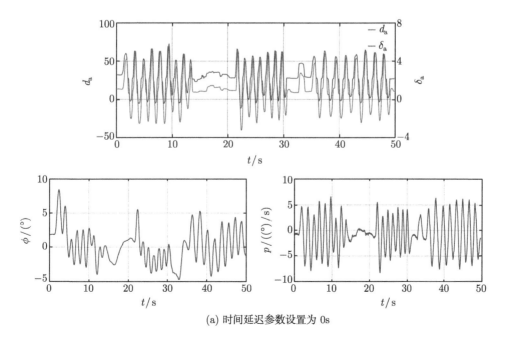

(a) 时间延迟参数设置为 0s

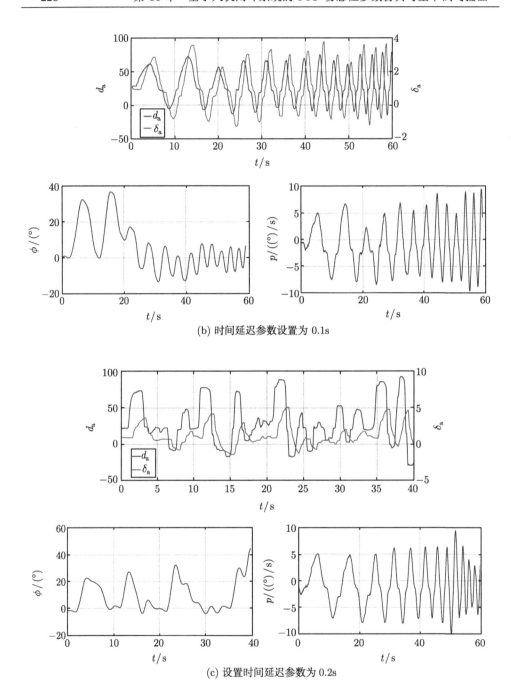

(b) 时间延迟参数设置为 0.1s

(c) 设置时间延迟参数为 0.2s

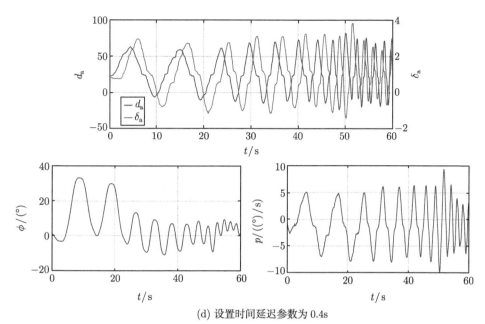

(d) 设置时间延迟参数为 0.4s

图 10.20 不同时间延迟参数下飞机横向运动参数时间历程 (彩图扫封底二维码)

针对设置的 4 种延迟时间量下飞机完成试飞任务的情况，驾驶员评述如表
10.3 所示。

表 10.3 针对纵向时间延迟参数驾驶员评述结果

参数	驾驶员评定等级	现象
无时间延迟	HQRM：SAT；PIOR：1	在完成试验任务时操纵负荷很小，能够轻松完成，未发生不良响应
时间延迟 0.1s	HQRM：SAT；PIOR：2	能够较为轻松地完成试验任务，无振荡或发散
时间延迟 0.2s	HQRM：ADQ；PIOR：2~3	在完成试验任务的过程中，有一定的操纵负荷，但能够完成任务，PIO 体现不明显
时间延迟 0.4s	HQRM：CON；PIOR：4	在完成试验任务的过程中，容易出现振荡的趋势

10.4 舵偏速率限制对 PIO 易感性的影响

当飞机进行大幅度机动时，由于舵机运动速率有限，舵面需要一定的时间才
能偏转到需要的角度。当需要飞机进行剧烈机动时，驾驶员操纵指令幅值和频
率较大，速率限制因素被激活，导致飞机响应严重滞后于输入指令，继而引发
飞机振荡发生 PIO 事件，因此有必要研究舵偏速率限制对飞机 PIO 易感性的
影响。

10.4.1　俯仰截获任务下舵偏速率限制对 PIO 易感性的影响

采用图 10.7 所示人机闭环系统，根据任务需要选择合适的驾驶员模型参数和杆力特性参数，然后将图 10.2 所示俯仰截获任务作为系统输入，在升降舵动力学模型中速率限制模块设置不同的限制量，观察纵向参数变化情况；飞行品质及飞机配平状态均采用 10.3.1 节中相同参数；分别设置速率限制量为 100(°)/s、60(°)/s、40(°)/s、30(°)/s，俯仰姿态参数变化如图 10.21 所示。

观察图 10.21 可得，当舵偏速率限制为 100(°)/s 时，飞机完成俯仰截获任务较好，在较短时间内能够达到指定俯仰角，在响应过程中实际俯仰角超调量较小，平尾偏角、俯仰角速率及过载变化均在允许范围内。当舵偏速率限制为 60(°)/s 和 40(°)/s 时，飞机响应开始滞后于输入指令，达到指定俯仰角所需时间增加，且超调量增大，俯仰角速率振荡开始加剧。当舵偏速率限制减小到 30(°)/s 时，在 $t = 35\mathrm{s}$ 之后，由于所需截获俯仰角较大，飞机需要进行剧烈机动进而持续触发速率限制的非线性环节，所以飞机响应滞后于输入指令时间较长，飞机无法跟踪俯仰角截获指令，表现为俯仰角、平尾偏角及俯仰角速率出现振荡，此时飞机发生了严重的 PIO。

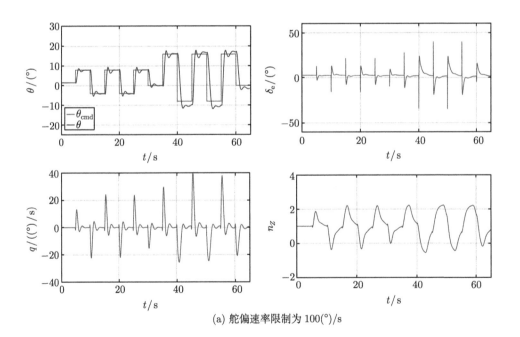

(a) 舵偏速率限制为 100(°)/s

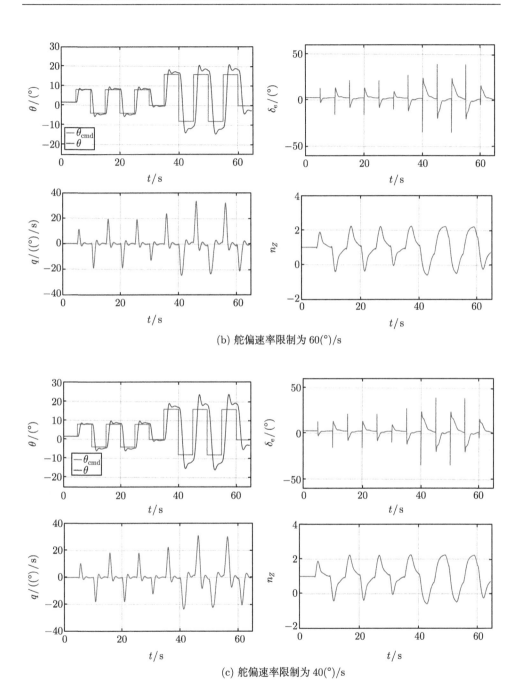

(b) 舵偏速率限制为 60(°)/s

(c) 舵偏速率限制为 40(°)/s

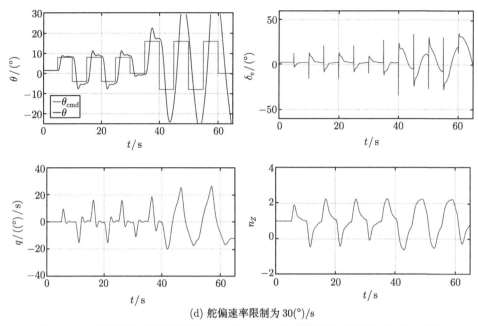

(d) 舵偏速率限制为 30(°)/s

图 10.21　不同舵偏速率限制下飞机纵向运动参数变化历程 (彩图扫封底二维码)

10.4.2　滚转截获任务下舵偏速率限制对 PIO 易感性的影响

采用如图 10.7 所示人机闭环系统，选择合适的驾驶员模型参数、杆特性和脚蹬特性参数，然后通过调整系统中增益参数进行控制律模态的配置；将图 10.3 所示滚转截获任务作为系统输入，通过设置舵机特性中不同的速率限制量，观察横向飞行参数变化情况；系统三个模态特性参数与飞机初始状态参数均采用 10.3.2 节中相同参数；在速率限制模块处分别设置速率限制为 $80(°)/s$、$20(°)/s$、$17(°)/s$、$16(°)/s$，飞机横向姿态参数变化如图 10.22 所示。

由图 10.22 可得，当舵偏速率限制为 $80(°)/s$ 时 (图 10.22(a))，飞机对于操纵输入响应不受舵偏速率限制的影响，滚转角经过 7s 能够达到期望值，且不存在超调，能够较好地完成滚转截获任务。当速率限制为 $20(°)/s$ 时 (图 10.22(b))，滚转角达到期望滚转角所需时间增加，出现轻微超调，此时飞机仍然能够较好地完成滚转截获任务，但由于速率限制的作用，副翼偏角和滚转角速率开始出现振荡趋势，表现在图 10.22(b) 中出现三角波趋势。当速率限制为 $17(°)/s$ 时 (图 10.22(c))，滚转角响应开始出现振荡，超调量继续变大，完成滚转截获任务品质较差，副翼偏角与滚转角速率出现振荡，在整个时间历程内表现为三角波。当速率限制继续减小至 $16(°)/s$ 时 (图 10.22(d))，驾驶员操纵输入持续触发副翼舵偏速率限制，飞机无法有效跟踪滚转角截获指令，滚转角与滚转角速率出现严重振荡，此时可以认为飞机发生了严重的横向 PIO 事件。

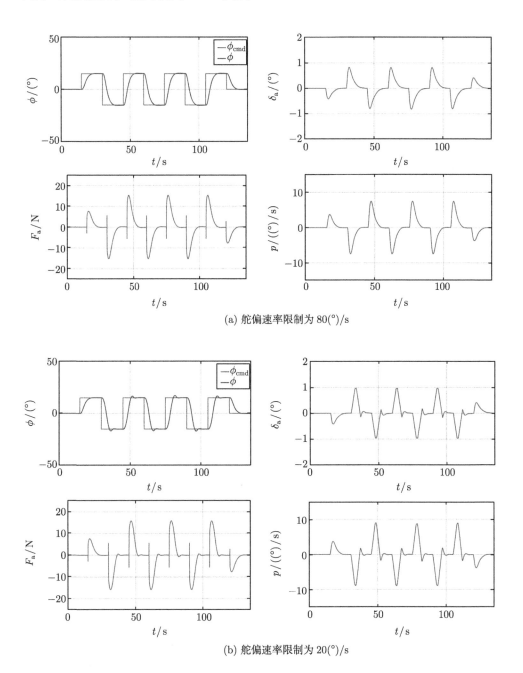

(a) 舵偏速率限制为 80(°)/s

(b) 舵偏速率限制为 20(°)/s

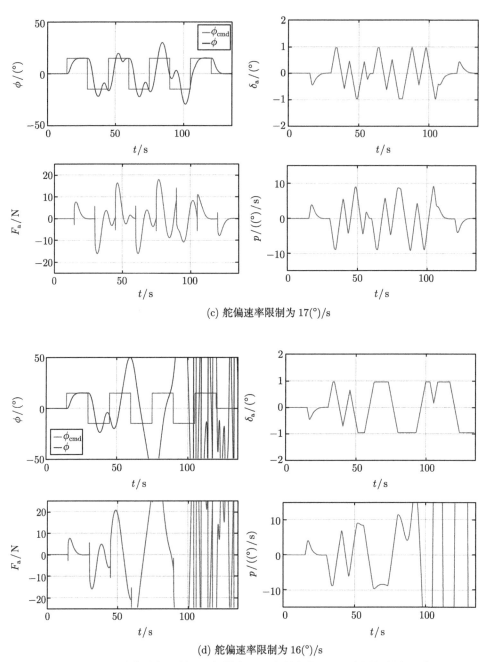

(c) 舵偏速率限制为 17(°)/s

(d) 舵偏速率限制为 16(°)/s

图 10.22 不同舵偏速率限制下飞机横向运动参数变化历程 (彩图扫封底二维码)

观察图 10.22(c) 和图 10.22(d)，在这两种舵偏速率限制下，$t=15\mathrm{s}$ 时飞机第一次完成滚转截获指令并保持在滚转角为 15° 的状态。$t=30\mathrm{s}$ 时，飞机开始反向截获 15° 的滚转角，相当于滚转角需要变化 30°，在较大的操纵输入下，由于速率限制的影响，均开始出现剧烈的滚转振荡，进而出现 PIO 事件。由图中结果可见，随着舵偏速率限制的减小，飞机横向 PIO 易感性增加，驾驶员大幅值较为粗猛的操纵容易诱发 PIO。

10.4.3 舵偏速率限制引起的 PIO 试飞与评价方法验证

为检验在不同舵偏速率限制值下飞机是否存在发生 PIO 的趋势，驾驶员一般采取连续阶跃或 "3-2-1-1" 等大幅且较为粗猛的操纵动作，此时飞机姿态变化较为剧烈。选取同一试飞架次中不同舵偏速率限制下纵向和横向姿态数据，研究舵偏速率限制对于飞机纵向和横向 PIO 易感性的影响，如图 10.23 和图 10.24 所示为主要运动参数时间历程。

1) 飞机纵向通道试飞数据

如图 10.23(a) 所示，未设置舵偏速率限制时，驾驶员输入 "3-2-1-1" 操纵指令，未触发舵偏速率限制，升降舵偏转正常，飞机响应状态良好。当舵偏速率限制为 50(°)/s 和 30(°)/s 时，已经不能够满足飞机完成机动任务所需舵偏速率，因此当驾驶员大幅度剧烈操纵时，触发速率限制，平尾偏角变化历程表现为三角波。当舵偏速率限制为 20(°)/s 时，由于舵偏速率限制过小，驾驶员一些剧烈的小幅度操纵也会触发速率限制，飞机俯仰角开始出现振荡甚至发散，较难完成试验任务。

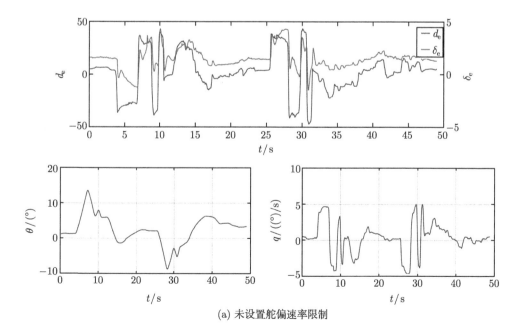

(a) 未设置舵偏速率限制

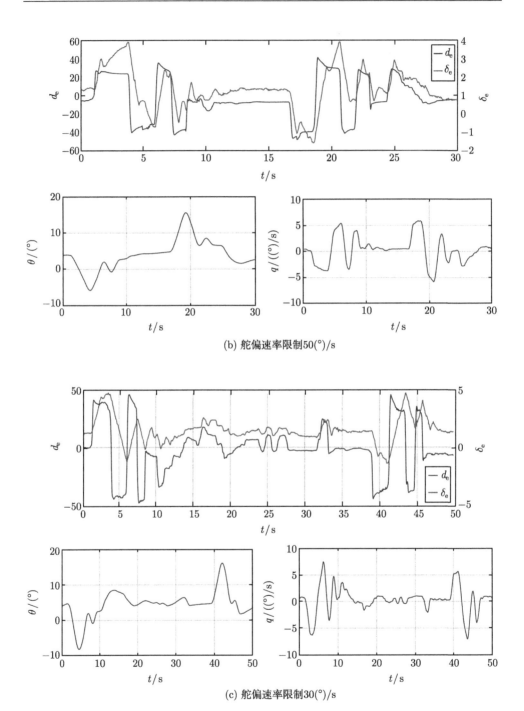

(b) 舵偏速率限制50(°)/s

(c) 舵偏速率限制30(°)/s

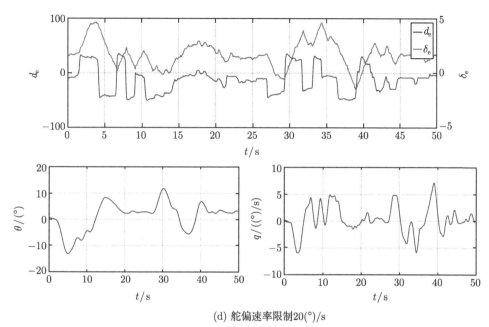

(d) 舵偏速率限制20(°)/s

图 10.23   不同舵偏速率限制下飞机纵向运动参数变化历程 (彩图扫封底二维码)

针对设置的 4 种舵偏速率限制值下飞机完成试飞任务的情况, 驾驶员评述如表 10.4 所示。

表 10.4   针对纵向舵偏速率限制参数驾驶员评述结果

参数	驾驶员评定等级	现象
无速率限制	HQRM: SAT; PIOR: 1	在完成截获任务及指令跟踪任务时操纵负荷很小, 能够轻松完成, 未发生不良响应
速率限制 50(°)/s	HQRM: ADQ; PIOR: 3	在完成试验任务的过程中, 有一定的操纵负荷, 但能够完成任务
速率限制 30(°)/s	HQRM: CON; PIOR: 4	在完成试验任务的过程中, 很难完成任务, 高度精确跟踪过程中飞机出现振荡现象
速率限制 20(°)/s	HQRM: UNSAT; PIOR: 5	在完成试验任务的过程中, 很难完成任务, 高度精确跟踪过程中飞机出现振荡甚至发散现象

2) 飞机横向通道试飞数据

如图 10.24 所示当未设置舵偏速率限制时, 在一些时刻即便驾驶员大幅度猛烈操纵, 滚转角速率也未出现振荡趋势, 滚转角响应较好。当舵偏速率限制为 40(°)/s 时, 在某些时刻驾驶员大幅度猛烈操纵, 如 $t = 8s$、$t = 15s$ 时, 触发舵偏速率限制, 副翼偏角变化表现为三角波。当舵偏速率限制为 20(°)/s 时, 驾驶员输入连续阶跃指令, 由于此时速率限制较小, 除一些操纵幅度较小的时刻, 副翼偏角变化均表现为三角波, 滚转角速率变化较剧烈, 滚转角响应较差。当舵偏速率限制为 15(°)/s 时，驾驶员操纵持续触发速率限制，副翼偏角表现出严重的速率限制影响，滚转角响应滞后于驾驶杆输入，俯仰角速率出现振荡。

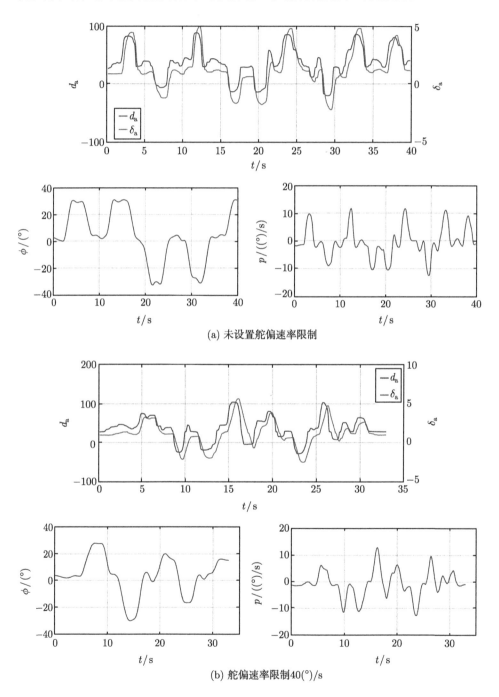

(a) 未设置舵偏速率限制

(b) 舵偏速率限制40(°)/s

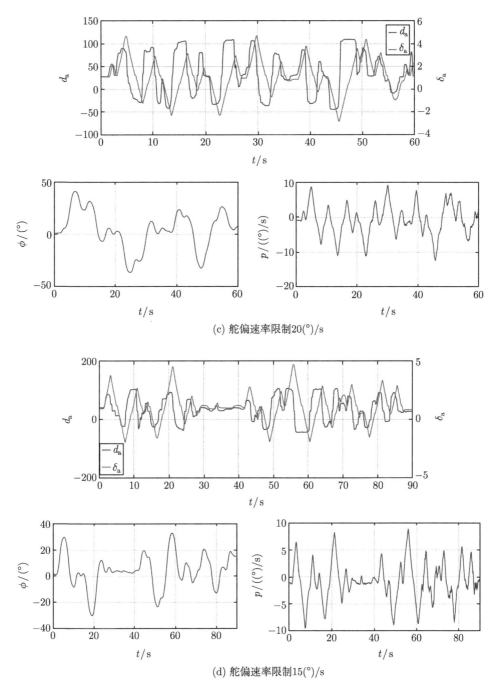

(c) 舵偏速率限制20(°)/s

(d) 舵偏速率限制15(°)/s

图 10.24　不同舵偏速率限制下飞机横向运动参数变化历程 (彩图扫封底二维码)

针对设置的 4 种舵偏速率限制值下飞机完成试飞任务情况, 驾驶员评述如表

10.5 所示。

表 10.5　针对纵向舵偏速率限制参数驾驶员评述结果

参数	驾驶员评定等级	现象
无速率限制	HQRM：SAT；PIOR：1	在完成试验任务时操纵负荷很小，能够轻松完成，未发生不良响应
速率限制 40(°)/s	HQRM：ADQ；PIOR：2~3	在完成试验任务的过程中，具有一定的操纵负荷，但能够完成任务，PIO 体现不明显
速率限制 20(°)/s	HQRM：CON；PIOR：4	在完成试验任务的过程中，很难完成任务，高度精确跟踪过程中飞机出现振荡现象
速率限制 15(°)/s	HQRM：UNSAT；PIOR：5	在完成试验任务的过程中，很难完成任务，高度精确跟踪过程中飞机出现振荡甚至发散现象

10.5　飞行品质等级对 PIO 易感性的影响

飞机飞行品质参数对 PIO 影响很大，例如，歼教 7 由于高空短周期阻尼小而造成纵向振荡。MIL-STD-1797 中建议使用带宽准则进行飞行品质的评估，带宽 ω_{BW} 可以理解为驾驶员在不影响稳定性前提下可以操纵的最大频率，带宽越大则驾驶员可以安全操纵的频率范围也越大。同时带宽准则中飞行品质等级划分是按照区域，因此存在这样一种情形：假设存在两种状态，一种状态下飞行品质靠近 1 级与 2 级边界，另一种飞行品质靠近 2 级与 3 级边界，这两种状态同属于 2 级品质，显然这两种状态下发生 PIO 事件的概率是不同的。

10.5.1　基于过载指令结构的飞行品质等级对 PIO 易感性的影响

采用图 10.7 所示人机闭环系统，根据任务需要选择合适的驾驶员模型参数和杆力特性参数，然后将图 10.2 所示俯仰截获任务作为系统输入，设置四种不同飞行品质的飞机构型，飞机配平状态采用 10.3.1 节中相同参数，观察纵向飞行参数变化情况，从而研究飞行品质对于飞机纵向 PIO 发生趋势的影响。这四种短周期飞机构型分别设置为：①构型 1，$\omega_{nsp} = 2$，$\zeta_{sp} = 0.7$；②构型 2，$\omega_{nsp} = 1.3$，$\zeta_{sp} = 0.6$；③构型 3，$\omega_{nsp} = 0.8$，$\zeta_{sp} = 0.5$；④构型 4，$\omega_{nsp} = 0.8$，$\zeta_{sp} = 0.3$。上述 4 种飞机构型带宽准则评定结果如图 10.25 所示。

在系统中输入相同的俯仰跟踪指令，飞机纵向姿态参数时间历程如图 10.26 所示。

观察图 10.26 可得，不同等级飞行品质能够反映该构型飞机 PIO 易感性，这也从侧面证明，利用带宽准则可以对飞机发生 PIO 趋势进行预测。在构型 1 下 (图 10.26(a))，俯仰角迅速收敛于跟踪指令，且稳定在期望角度，飞机能够较好地完成俯仰跟踪任务。在构型 2 下 (图 10.26(b))，带宽准则评价为 2 级，俯仰角收敛于跟踪指令所需时间增加, 且超调量变大, 飞机能够完成俯仰跟踪任务但效果较差。在构型 3 下 (图 10.26(c)), 带宽准则评价为 2 级, 飞机在完成俯仰跟踪任务时俯仰角具有一定的收敛趋势, 但在单个跟踪任务时间内无法收敛到期望角度。与构型 2 相比, 构型 3 带宽减小, 由于构型 2 短周期阻尼较大, 所以俯仰角能够较快收敛。在构型 4 下 (图 10.26(d)), 带宽准则评价虽然为 2 级, 但由于靠近 3 级边界, 带宽较小, 时间延迟较大, 飞机俯仰角振荡明显, 俯仰角速率出现振荡发散, 此构型下飞机发生严重的 PIO 事件。

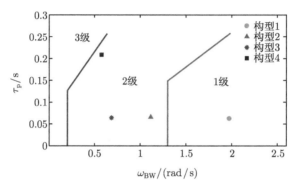

图 10.25　不同飞机构型带宽准则评定结果

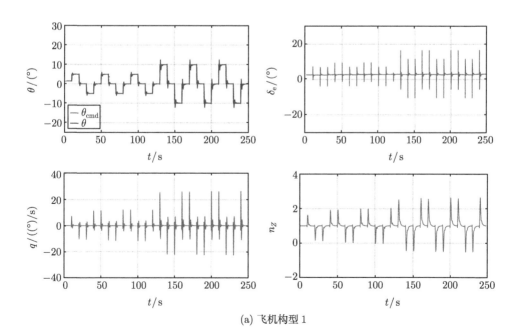

(a) 飞机构型 1

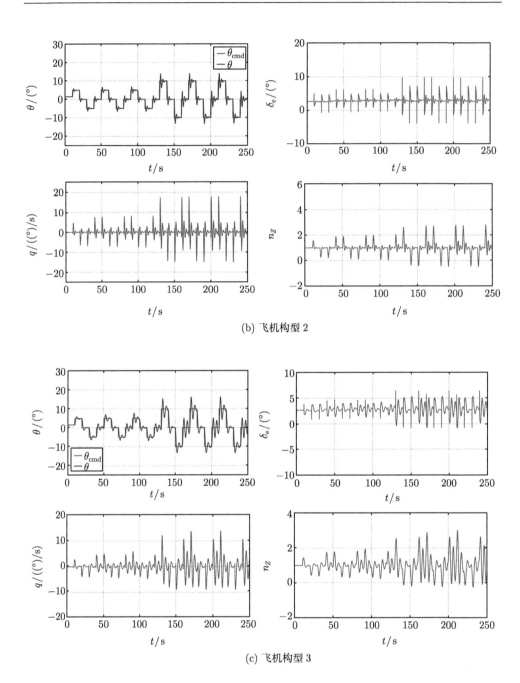

(b) 飞机构型 2

(c) 飞机构型 3

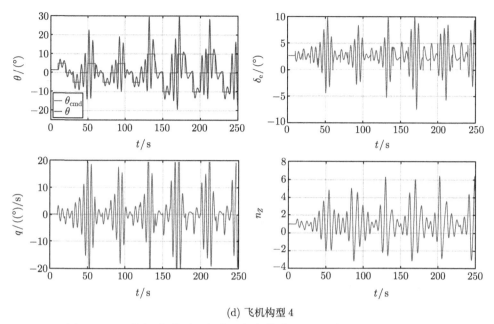

(d) 飞机构型 4

图 10.26　不同飞机构型下纵向飞行参数时间历程 (彩图扫封底二维码)

10.5.2　基于迎角指令结构的飞行品质等级对 PIO 易感性的影响

基于图 10.7 所示人机闭环系统模型, 操纵系统选择迎角指令构型控制律, 选择合适的驾驶员模型参数和杆力特性参数, 然后将图 10.2 所示俯仰截获任务作为系统输入。

设置四种不同飞行品质的飞机构型, 飞机配平状态采用 10.3.1 节中相同参数, 观察俯仰姿态参数变化情况, 从而研究飞行品质对于飞机纵向 PIO 发生趋势的影响。这四种短周期飞机构型分别为: ①构型 1, $\omega_{\mathrm{nsp}} = 1.8$, $\zeta_{\mathrm{sp}} = 0.7$; ②构型 2, $\omega_{\mathrm{nsp}} = 1.3$, $\zeta_{\mathrm{sp}} = 0.6$; ③构型 3, $\omega_{\mathrm{nsp}} = 1.1$, $\zeta_{\mathrm{sp}} = 0.5$; ④构型 4, $\omega_{\mathrm{nsp}} = 0.7$, $\zeta_{\mathrm{sp}} = 0.4$。上述 4 种飞机构型带宽准则评定结果如图 10.27 所示。

针对 4 种飞机构型输入相同的俯仰跟踪指令, 俯仰姿态参数变化时间历程如图 10.28 所示。

观察图 10.28 仿真结果, 当处于构型 1 时 (图 10.28(a)), 带宽准则评价为 1 级品质, 俯仰角出现轻微超调后便迅速收敛于期望值, 飞机完成俯仰跟踪任务效果较好。当处于构型 2 时 (图 10.28(b)), 带宽准则评价为 2 级品质, 由于短周期阻尼较大, 俯仰角收敛较快, 飞机在完成俯仰跟踪任务时未表现出 PIO 趋势。当处于构型 3 时 (图 10.28(c)), 带宽准则评价为 2 级品质, 飞机在跟踪输入指令时振荡收敛时间较长, 完成任务效果较差。当处于构型 4 时 (图 10.28(d)), 带宽准则评价为 2

级品质, 此时系统带宽较小, 靠近 3 级边界, 俯仰角出现振荡发散, 发生了严重的 PIO 事件。对比图 10.28(b)~(d), 这三种构型下飞行品质虽然都评价为 2 级, 但带宽与时间延迟相差较大, 完成相同任务时飞机 PIO 易感性也不同。

两种控制律构型下的仿真结果表明, 飞行品质与飞机 PIO 易感性存在密切联系, 相同条件下当飞行品质较差时, 飞机发生 PIO 事件的可能性会大大增加。带宽准则作为评价飞行品质的有效准则也可以作为飞机 PIO 易感性的评估方法。由于带宽准则中飞行品质等级划分按照区域, 因此当飞行品质为同一等级时带宽的差距也会导致不同构型飞机 PIO 易感性相差较大。在利用带宽准则评估飞机 PIO 易感性时需要同时考虑此构型下的带宽与时间延迟。

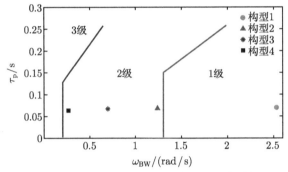

图 10.27　4 种飞机构型下带宽准则评定结果

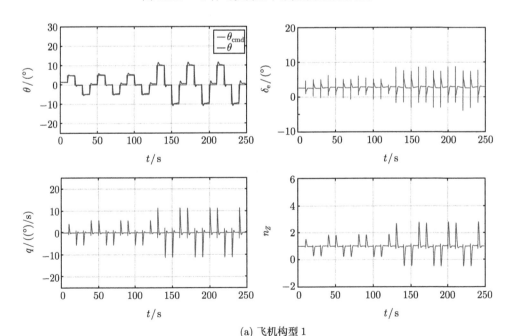

(a) 飞机构型 1

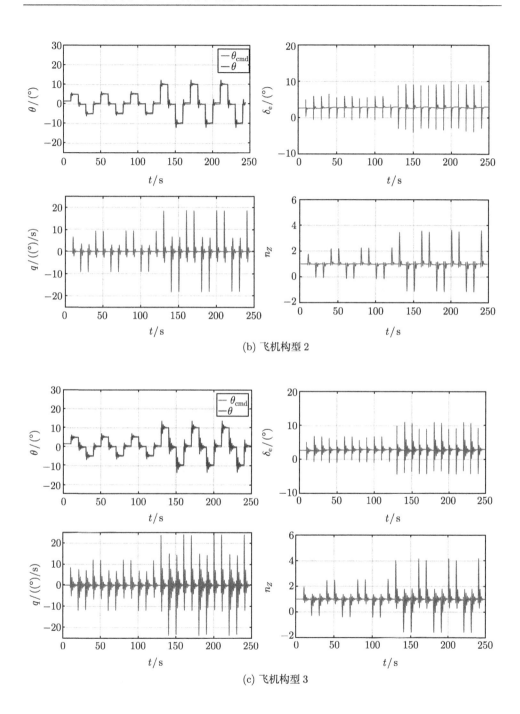

(b) 飞机构型 2

(c) 飞机构型 3

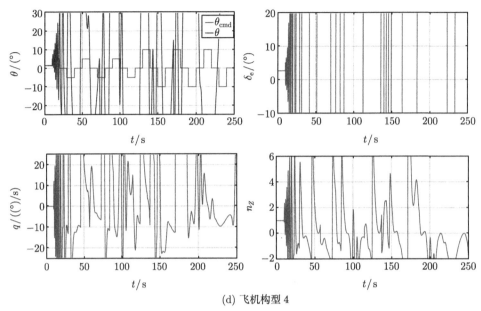

(d) 飞机构型 4

图 10.28　4 种飞机构型下纵向飞行参数时间历程 (彩图扫封底二维码)

10.6　本 章 小 结

在飞控系统设计阶段，利用地面仿真模拟与变稳机空中试飞可以较好地检验设计效果，及早发现存在的缺陷，大大减少设计成本和时间，基于此本章主要研究内容如下所述。

(1) 首先对典型 PIO 试飞任务数字化作为仿真的输入信号，构建了用于仿真模拟的人机闭环系统，介绍了 PIO 试飞结果评价方法和基于 K-8 变稳机的 PIO 试飞概况。

(2) 基于所建立的人机闭环系统，选择合适的控制律构型和驾驶员模型，在操纵系统中设置不同的时间延迟，分别输入俯仰截获任务和滚转截获任务，研究了不同的时间延迟量对飞机纵向和横向 PIO 易感性的影响，并与试飞结果进行对比，表明随着时间延迟的增大，飞机 PIO 易感性随之增加。

(3) 在平尾和副翼舵机处设置速率限制，并设置不同的限制值，研究了不同的舵偏速率限制值对飞机 PIO 易感性的影响，并与试飞结果进行对比。随着限制值的减小，飞机在跟踪俯仰截获指令或滚转截获指令时会激发速率限制，容易诱发 PIO。

(4) 通过选择不同的飞机构型，利用带宽准则进行评估得到不同的飞行品质，在仿真系统中输入俯仰截获任务，当飞行品质较差时，飞机 PIO 易感性较高，表明此时人机系统稳定裕度较低。即便处于同一级飞行品质时，系统带宽不同，PIO 易感性也不同。

第 11 章　基于极值理论的 PIO 科目试飞风险定量评估方法

运输机 PIO 科目试飞风险度较高，难度系数大，保障试飞安全是顺利完成适航验证的基础。无论是利用预测准则进行评估，还是试飞员在地面模拟器中进行试飞科目模拟培训，对试飞风险评估得到的一般是定性描述。风险的透明与可控是飞行安全的重要保障，飞行风险定量评估[241]就是使飞行风险透明化。基于变稳机空中试飞行试验中提取的数据，本章主要对典型 PIO 科目试飞过程的飞行风险进行定量评估。通过提取飞行安全关键参数极值，并进行统计学分析，利用一维极值与 Copula 理论分别建立单变量与双变量风险概率评估模型，得到了不同的 PIO 易感性参数下纵向与横向科目试飞风险概率，这对于制定运输类飞机 PIO 适航试飞验证安全保障措施具有重要的理论指导意义。

11.1　PIO 科目试飞安全关键参数极值的提取

11.1.1　基于试飞数据的安全关键参数极值提取

以变稳机为飞行试验平台，通过在操纵系统中加入时间延迟模块与舵机速率限制模块，设置不同的时间延迟量与舵机速率限制量，选择更容易激发驾驶员精确操纵的纵向与横向姿态截获任务，由多名试飞员进行了多架次的试飞、在每一架次试飞中飞机状态点选择为巡航构型 H =3000m，V_i =340km/h，试飞员先调整飞机操纵系统进入变稳系统模态，稳定平飞一段时间，然后依次选择表 11.1 中不同参数，分别进行纵向与横向操纵动作，包括纵向阶跃、倍脉冲、"3-2-1-1"、扫频、姿态截获等，并保证在每个参数下进行的操纵时间足够长。

表 11.1　PIO 试验易感性参数设置

	时间延迟			舵机速率限制		
	参数 1	参数 2	参数 3	参数 4	参数 5	参数 6
巡航纵向	0.06s	0.1s	0.2s	50(°)/s	30(°)/s	20(°)/s
巡航横向	0.1s	0.2s	0.4s	40(°)/s	20(°)/s	15(°)/s

在每一架次飞行试验结束后，及时读取试飞过程中的各参数变化数据。由于受到机体振动、数据采集系统的精确度等影响，所读取的数据存在各种随机误差，

需要对数据进行预处理以消除或减小误差，从而为参数极值的提取提供准确可靠的数据。

试飞员在完成一个操纵动作时，驾驶杆总是从中立位置开始位移最后回到中立位置，因此将以一个操纵动作产生的数据视为一个样本，提取该样本中的安全关键参数最大值作为极值。由于在每个易感性参数下飞行时间足够长，且多名试飞员参与试验，所以降低由于不同试飞员的操纵习惯对试飞结果的影响，进一步保证了所提取样本极值的数量与质量。下面分别以试飞过程中试飞员做纵向与横向 "3-2-1-1" 操纵时飞行参数变化为例，来说明安全关键参数的确定。

由图 11.1 和图 11.2 可以看出，在试飞员进行纵向操纵时，由于飞机处于巡航状态，高度与速度变化较小，迎角、俯仰角与俯仰角速率变化较大。在进行横向操纵时，滚转角、滚转角速率值较大且变化较快，同时出现侧滑角的变化。当侧滑角较大时，会使驾驶员产生不舒服的感受，影响驾驶员的正常操纵。尤其在起降阶段遭遇侧风、尾流使侧滑角较大时，容易冲出跑道。同时，按照试飞大纲空中试飞时对飞行参数存在限制范围：①$|\varphi + 0.5p| \leqslant 60°$，②$|q| \leqslant 30°/s$，③$-5° \leqslant \alpha \leqslant 15°$。本书选择迎角与俯仰角速率为纵向安全关键参数，滚转角、滚转角速率和侧滑角为横向安全关键参数，同时定义滚转参数 R 由滚转角和滚转角速率组成：

$$R = \varphi + 0.5p \tag{11-1}$$

本书将分别提取不同时间延迟与舵机速率限制下的安全关键参数极值，并以纵向参数 2 和横向参数 2 条件下的参数极值为例进行风险概率计算，下文中参数极值均指纵向时间延迟 0.1s 和横向时间延迟 0.2s 下提取的参数极值。

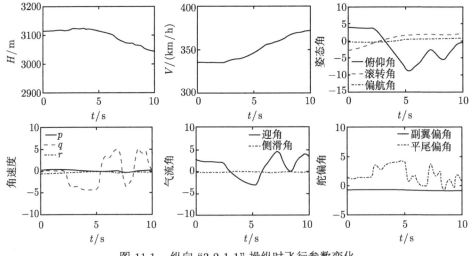

图 11.1　纵向 "3-2-1-1" 操纵时飞行参数变化

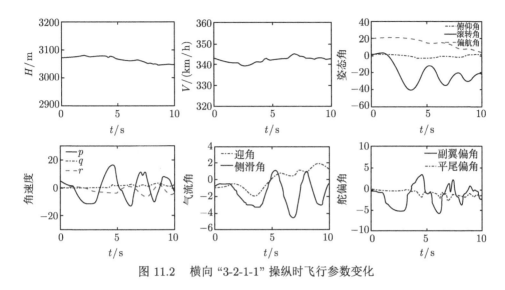

图 11.2 横向 "3-2-1-1" 操纵时飞行参数变化

11.1.2 基于地面模拟试飞提取的参数极值可信度验证

运输机在进行 PIO 科目空中试飞时的高风险和高难度决定了进行 PIO 空中试飞的次数有限, 计算机技术的发展使得地面模拟试飞的逼真度、可信性与实时性大大提高, 地面模拟试飞的结果可以用于支持空中试飞验证。因此在空中试飞前一般先利用地面模拟器进行地面模拟试飞, 使试飞员熟悉整个任务过程, 掌握如何激发和判别 PIO 趋势, 正确客观评价飞机 PIO 等级, 以及飞机出现 PIO 现象或趋势时的改出策略。

图 11.3(a) 和图 11.4(a) 显示了分别利用空中试飞与地面模拟试飞数据所提

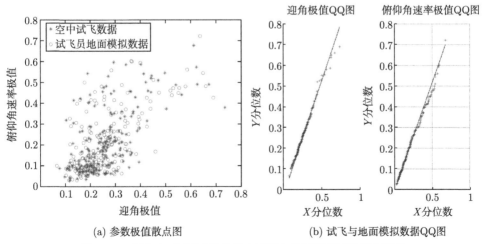

(a) 参数极值散点图　　　　　(b) 试飞与地面模拟数据QQ图

图 11.3 纵向 PIO 试飞任务空中试飞与地面模拟试飞数据对比

取的参数极值分布情况，从散点图中可以看出，地面模拟试飞与空中试飞数据分布较为相似。为进一步检验空中试飞数据与地面模拟试飞数据分布的相似度，分别提取空中试飞与地面模拟试飞中 200 个样本极值点，并通过 QQ 图法、K-S 检验法与计算相关系数 r 值，对这两组极值进行检验。

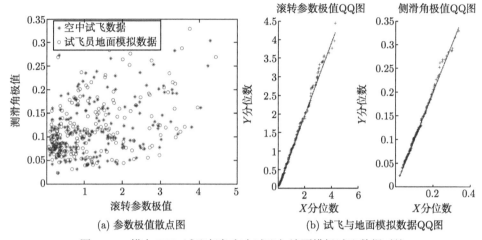

(a) 参数极值散点图　　　　　　　　(b) 试飞与地面模拟数据QQ图

图 11.4　横向 PIO 试飞任务空中试飞与地面模拟试飞数据对比

从图 11.3(b) 与图 11.4(b) 中可以看出，分别从空中试飞与地面模拟试飞中提取的两组迎角极值点近似地分布在一条直线附近，表明两组样本极值服从于同一分布，滚转角极值也是如此。表 11.2 中相关系数 r 值均大于 0.9，表明两组样本极值相关程度较大。K-S 值小于 0.1，P 值大于 0.05，表明能够接受原假设。综合以上分析，可以认为利用地面模拟试飞数据提取的参数极值与空中试飞数据提取的极值服从于同一分布，因此后期如果进行其他 PIO 科目空中试飞时，就可以利用地面模拟试飞结果对该科目进行风险评估，从而为制定安全保障措施提供理论依据。

表 11.2　空中试飞与地面模拟试飞数据拟合优度检验

参数极值	相关系数	K-S 值	P_{K-S}
迎角极值	0.9634	0.0600	0.8537
俯仰角速率极值	0.9241	0.0450	0.9855
滚转参数极值	0.9453	0.0300	0.9765
侧滑角极值	0.9632	0.0400	0.9966

11.2　一维参数极值统计特性分析

为便于确定参数极值服从的分布，本节对提取的 4 个参数极值分别进行统计学分析，表 11.3 中给出了上述参数极值的部分统计学特性。

表 11.3　一维参数极值统计特性

统计量	参数极值			
	纵向参数		横向参数	
	迎角 极值	俯仰角速率 极值	滚转参数 极值	侧滑角 极值
最大值	6.9501	6.4600	42.7201	3.0401
最小值	1.7000	0.2801	0.5701	0.2401
平均值	2.6113	2.1366	12.6104	1.2013
中位数	2.4151	1.6600	10.3701	1.0600
方差	1.2246	2.1708	96.3440	0.3566
峰度系数	11.6867	3.7062	3.8534	3.6626
偏斜度	1.4249	0.8815	0.8695	1.0479

在此对表 11.3 中的峰度系数和偏斜度进行说明。

峰度系数 k 表示概率密度分布曲线在平均值处峰值高低的特征数，可以度量样本值在平均值处的聚集程度，其计算公式为

$$k = \frac{E(x-\mu)^4}{\sigma^4} = \frac{\dfrac{1}{n}\sum_{i=1}^{n}(x_i-\bar{x})^4}{\left|\dfrac{1}{n}\sum_{i=1}^{n}(x_i-\bar{x})^2\right|^2} \tag{11-2}$$

一般将正态分布作为比较的基准，正态分布的峰度系数 k 为 3。当 $k > 3$ 时，表明提取的参数极值概率密度分布曲线较正态分布更陡峭，存在比正态分布更长的尾部，样本更集中于平均值处。当 $k < 3$ 时，表明提取的参数极值概率密度分布曲线较正态分布更低缓，存在比正态分布更短的尾部。

偏斜度 s 表示对统计数据分布偏斜方向程度的度量。s 为正值时表示具有较长的右侧尾部，s 为负值时表示具有较长的左侧尾部。其计算公式为

$$s = \frac{E(x-\mu)^3}{\sigma^3} = \frac{\dfrac{1}{n}\sum_{i=1}^{n}(x_i-\bar{x})^3}{\left|\sqrt{\dfrac{1}{n}\sum_{i=1}^{n}(x_i-\bar{x})^2}\right|^3} \tag{11-3}$$

观察表 11.3 中 4 个参数极值的最大值与平均值、中位数的差值，均比最小值与平均值、中位数的差值大，表明所选择的 4 个参数极值分布不对称。其 k 值均大于 3，表明 4 个参数极值存在比正态分布更长的尾部，更集中于平均值处。s 值均为正，表明 4 个参数极值均具有较长的右侧尾部。

　　箱形图可以较为直观地表示出样本极值分散情况, 图 11.5~ 图 11.8 为所提取的 4 个参数极值样本分布箱形图。各图中矩形盒上下两端位置分别对应上下四分位数, 用 Q_3 和 Q_1 表示, 内部红色线段为极值样本中位数。上下四分位数之间距离为四分位距, 用 IQR 表示, 即 IQR= $Q_3 - Q_1$, 矩形盒外上下两条线段为参数极值最大值和最小值。异常值被定义为小于 $Q_1 - 1.5\mathrm{IQR}$ 或大于 $Q_3 + 1.5\mathrm{IQR}$ 的值。从各图中可以看出, 4 个参数极值样本中均有许多异常值分布在矩形盒上方, 表明这 4 个参数极值样本均具有明显的上尾分布, 即具有较长的右侧尾部, 这与表 11.3 中得到的分析结果相同。

　　观察本节中 4 个参数极值的统计学分析结果, 均具有厚尾特性和非对称性, 这也是下文利用极值理论进行风险评估的数学基础。

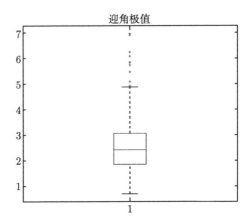

图 11.5　迎角极值样本分布 (彩图扫封底二维码)

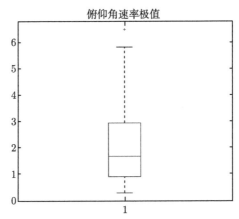

图 11.6　俯仰角速率极值样本分布 (彩图扫封底二维码)

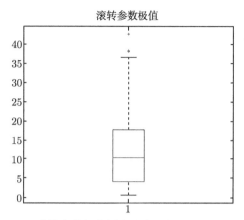

图 11.7　滚转参数极值样本分布 (彩图扫封底二维码)

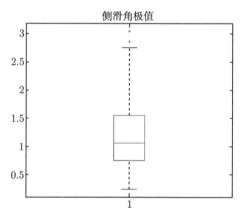

图 11.8　侧滑角极值样本分布 (彩图扫封底二维码)

11.3　基于极值理论的 PIO 科目试飞风险定量评估

空中试飞时由于前舱试飞员关注于任务的完成, 所以后舱试飞员应当时刻关注飞行安全关键参数变化是否接近安全许用范围, 当超出安全阈值时空中试飞面临的风险较高。11.2 节中的分析表明, 提取的 4 个参数极值均具有厚尾特性, 这类型数据的分布多出现在高危低频事件中, 本书所研究的 PIO 事件也属于上述范畴, 飞机在正常运营中遭遇 PIO 的概率极低, 但一旦遭遇就会对飞行安全造成严重威胁, 如 1993 年中国东方航空 583 号班机事故和 2001 年美国航空 587 号班机空难。

极值理论是处理随机变量与概率分布的中值相差较大的这一类事件的理论。

这一类事件发生概率较低, 但造成的危害往往非常大, 高危低频的特性也决定了在研究这类事件时得不到充足的样本数据, 参数极值只有少数样本点进入分布尾部区域, 因此需要考虑模型的不确定性, 综合运用多种检验方法选择符合度更高的模型 [242-244]。

利用极值理论进行风险定量评估的主要思路为: 首先确定所要研究事件的安全关键参数设为 x, 其概率密度函数为 $f(x)$, 累积概率分布函数为 $F(x)$。提取事件中容量为 n 的参数样本 $x_1, x_2, \cdots, x_n$, 将样本值按照大小进行排序得到一个次序变量 $x = \{x_1, x_2, \cdots, x_n\}$, 其中 x_i 与 $F(x_i)$ 均为次序随机变量, $f(x)$ 可以表示为

$$f_i(F(x_i)) = \frac{n!}{[(i-1)!(n-1)!]}[F(x_i)]^{i-1}[1 - F(x_i)]^{n-i} \tag{11-4}$$

$F(x_i)$ 的数学期望为

$$E[F(x_i)] = \frac{i}{n+1} \tag{11-5}$$

x_i 对应的累积概率序列为

$$p(\boldsymbol{x}) = \{p(x_1), p(x_2), \cdots, p(x_n)\} \tag{11-6}$$

设 x 与 $P(x)$ 近似存在映射, 即

$$f(\cdot) : x_i \in \boldsymbol{x} \mapsto p(x_i) \in p(\boldsymbol{x}) \tag{11-7}$$

存在非线性函数 $f^*(\cdot)$, $f^*(\cdot)$ 逼近映射 $f(\cdot) : x_i$。

参数 x 的安全极限为 $\bar{x}$, 当参数 x 超过安全极限 $\bar{x}$ 时容易出现危险事件, 因此定义风险概率为参数 x 超过安全极限 $\bar{x}$ 的概率, 即

$$P_x = P(x > \bar{x}) = 1 - f^*(\bar{x}) \tag{11-8}$$

极值理论适用于对 PIO 科目试飞过程的风险进行定量评估, 能够较为准确地描述飞行安全关键参数分布的尾部特性, 从而构建符合度最高的风险评估模型进行风险定量评估。

11.4 基于一维参数极值分布的 PIO 科目试飞风险定量评估方法

11.4.1 一维极值分布模型

针对具有厚尾分布特性的参数极值, 其适用的一维极值分布模型除广义极值分布 (GEV) 模型外, 还有正态分布 (Norm, Normal)、对数正态分布 (Logn, Lognormal)、指数分布 (Exp, Exponential)、极值分布 (EV, Extreme Value)、韦布

尔分布 (Weibull)。本书选取 5 种一维极值分布模型，如式 (11-9)~ 式 (11-13) 所示，通过参数辨识得到模型参数，并利用多种假设检验方法寻找最能精确描述上文中提取的 4 个参数极值的模型。

$$\text{Norm} : F(x; \mu, \sigma) = \frac{1}{\sigma\sqrt{2\pi}} \int_{-\infty}^{x} \exp\left[-(t-\mu)^2/2\sigma^2\right]\mathrm{d}t \tag{11-9}$$

$$\text{Logn} : F(x; \mu, \sigma) = \frac{1}{\sigma\sqrt{2\pi}} \int_{-\infty}^{x} \frac{\exp\left\{-[\ln(t)-\mu]^2/(2\sigma)^2\right\}}{t}\mathrm{d}t \tag{11-10}$$

$$\text{Weibull} : F(x; a, b) = \int_{0}^{x} ba^{-b}t^{b-1} \exp\left[-(t/a)^b\right]\mathrm{d}t \tag{11-11}$$

$$\text{Exp} : F(x; \mu) = 1 - \exp\left(-x/\mu\right) \tag{11-12}$$

$$\text{EV} : F(x; a, b) = \int_{0}^{x} ba^{-b}t^{b-1} \exp\left[-(t/a)^b\right]\mathrm{d}t \tag{11-13}$$

针对上述 6 种一维极值分布模型，分别代入提取的参数极值，利用极大似然法对模型参数进行辨识，对纵向飞行参数的模型辨识结果如表 11.4 所示，对横向飞行参数的模型辨识结果如表 11.5 所示。

表 11.4　纵向飞行参数模型辨识结果

分布模型	迎角极值	俯仰角速率极值
GEV	$\xi = 0.0695, \mu = 2.1031, \sigma = 0.7810$	$\xi = 0.3690, \mu = 1.2877, \sigma = 0.8609$
Norm	$\mu = 2.6113, \sigma = 1.1066$	$\mu = 2.1366, \sigma = 1.4734$
Logn	$\mu = 0.8803, \sigma = 0.3967$	$\mu = 0.5120, \sigma = 0.7263$
Weibull	$a = 2.9465, b = 2.4620$	$a = 2.3875, b = 1.5338$
Exp	$\mu = 2.6113$	$\mu = 2.1366$
EV	$\mu = 3.2282, \sigma = 1.4584$	$\mu = 2.9261, \sigma = 1.6330$

表 11.5　横向飞行参数模型辨识结果

分布模型	滚转参数极值	侧滑角极值
GEV	$\xi = 0.3113, \mu = 7.0800, \sigma = 6.0730$	$\xi = 0.1185, \mu = 0.4147, \sigma = 0.9090$
Norm	$\mu = 12.6104, \sigma = 9.8155$	$\mu = 1.2013, \sigma = 0.5971$
Logn	$\mu = 2.1614, \sigma = 0.9525$	$\mu = 0.0666, \sigma = 0.4875$
Weibull	$a = 111.6015, b = 1.3848$	$a = 1.3626, b = 2.1555$
Exp	$\mu = 12.6104$	$\mu = 1.2013$
EV	$\mu = 17.8631, \sigma = 10.9876$	$\mu = 1.5254, \sigma = 0.7065$

依据上述各个模型的参数辨识结果，这里分别绘出所提取的 4 个参数极值的概率密度曲线和累积概率曲线，如图 11.9 所示。

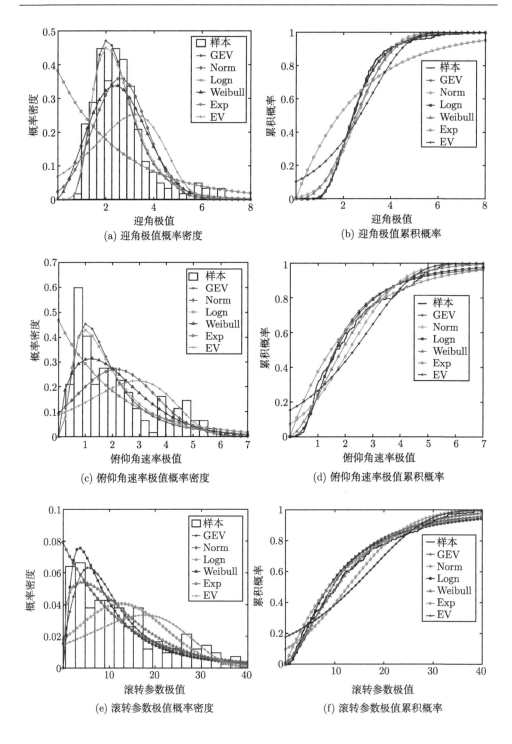

(a) 迎角极值概率密度

(b) 迎角极值累积概率

(c) 俯仰角速率极值概率密度

(d) 俯仰角速率极值累积概率

(e) 滚转参数极值概率密度

(f) 滚转参数极值累积概率

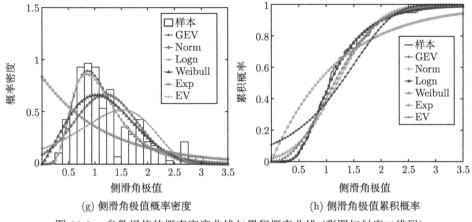

(g) 侧滑角极值概率密度　　　　　　(h) 侧滑角极值累积概率

图 11.9　参数极值的概率密度曲线与累积概率曲线 (彩图扫封底二维码)

观察图 11.9(a) 和 (b)，对于迎角极值样本，广义极值分布模型与对数正态分布模型拟合效果最好，指数分布模型与极值分布模型拟合效果最差。分析图 11.9(c) 和 (d)，对于俯仰角速率极值样本，广义极值分布模型与对数正态分布模型拟合效果最好，指数分布模型与极值分布模型拟效果最差。分析图 11.9(e) 和 (f)，对于滚转参数极值样本，Weibull 分布模型与指数分布模型拟合效果最好，正态分布模型与极值分布模型拟合效果较差。分析图 11.9(g) 和 (h)，对于侧滑角极值样本，广义极值分布模型和对数正态分布模型拟合效果较好，指数分布模型与极值分布模型拟合效果较差。为进一步确定最能精确描述 4 个参数极值样本的分布模型，下文将利用多种检验方法进行对比。

11.4.2　一维极值分布模型最优拟合检验

拟合优度检验是用来检验样本值与利用分布模型得到的理论数值之间拟合度的一种统计假设检验[245]。11.4.1 节中利用概率密度曲线和累积概率曲线已经分别辨别出对 4 个参数极值拟合效果最好的两种分布模型，本节将利用多种检验方法确定对参数极值拟合效果最精确的分布模型。常用的检验方法包括 QQ 图检验法、K-S 检验法、χ^2 检验法、Anderson-Darling(A-D) 统计量检验法。

图 11.10 为迎角极值对应的 QQ 图，图 11.11 为俯仰角速率极值对应的 QQ 图，图 11.12 为滚转参数极值对应的 QQ 图，图 11.13 为侧滑角极值对应的 QQ 图。

分别利用 K-S 检验法、A-D 检验法和 χ^2 检验法对 4 个参数极值的检验结果如表 11.6～ 表 11.9 所示。

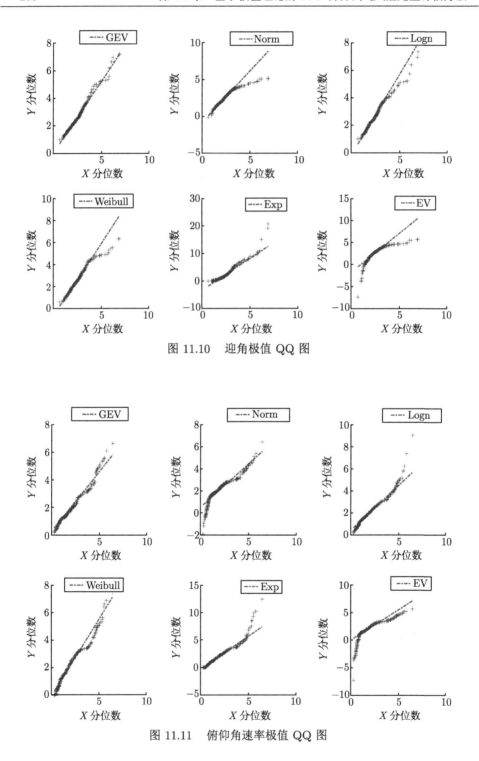

图 11.10   迎角极值 QQ 图

图 11.11   俯仰角速率极值 QQ 图

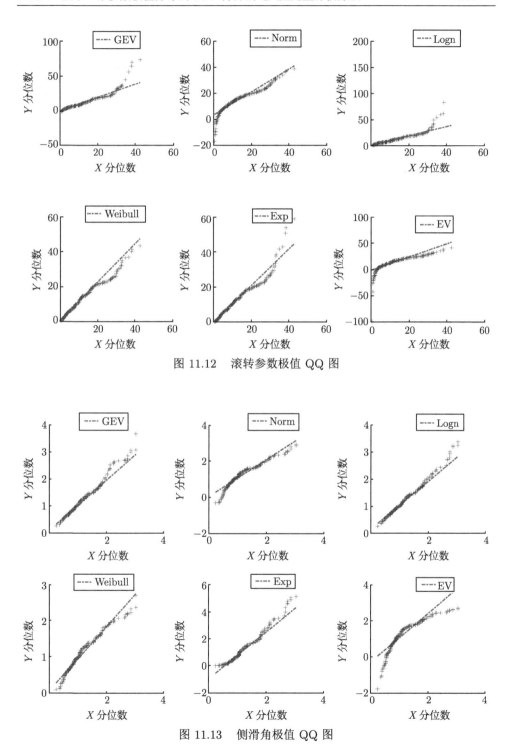

图 11.12 滚转参数极值 QQ 图

图 11.13 侧滑角极值 QQ 图

表 11.6　迎角极值检验结果

分布模型	K-S	$P_{K\text{-}S}$	A-D	$P_{A\text{-}D}$	χ^2
GEV	0.0328	0.9776	0.2914	0.9444	0.1230
Norm	0.1092	0.0156	10.6515	0.0042	1.9005
Logn	0.0414	0.8683	0.3481	0.8980	0.3905
Weibull	0.1007	0.0321	3.7806	0.0112	1.6222
Exp	0.3400	<0.0001	311.7196	<0.0001	111.2212
EV	0.1962	<0.0001	111.1130	<0.0001	12.4160

表 11.7　俯仰角速率极值检验结果

分布模型	K-S	$P_{K\text{-}S}$	A-D	$P_{A\text{-}D}$	χ^2
GEV	0.0758	0.1908	2.0115	0.2906	0.8654
Norm	0.1294	0.0022	7.4182	0.0002	10.0896
Logn	0.0753	0.1971	1.5934	0.1557	0.7211
Weibull	0.1855	0.1016	2.5686	0.0457	1.4453
Exp	0.1837	<0.0001	9.3555	<0.0001	10.8498
EV	0.1795	<0.0001	11.3129	<0.0001	3.8787

表 11.8　滚转参数极值检验结果

分布模型	K-S	$P_{K\text{-}S}$	A-D	$P_{A\text{-}D}$	χ^2
GEV	0.0754	0.1949	2.0135	0.0903	1.0763
Norm	0.1187	0.0065	11.8517	0.0011	3.2305
Logn	0.0826	0.1237	2.1556	0.0756	0.9404
Weibull	0.0628	0.3925	0.9939	0.3604	0.5789
Exp	0.0778	0.1687	2.8935	0.0310	1.4141
EV	0.1881	<0.0001	10.0611	<0.0001	2.3976

表 11.9　侧滑角极值检验结果

分布模型	K-S	$P_{K\text{-}S}$	A-D	$P_{A\text{-}D}$	χ^2
GEV	0.0563	0.5321	0.5764	0.6704	0.2024
Norm	0.1439	0.0004	11.2066	0.0023	2.7221
Logn	0.0540	0.5863	0.4991	0.4475	0.9915
Weibull	0.1089	0.0160	2.6930	0.0394	1.4111
Exp	0.2955	<0.0001	26.1902	<0.0001	11.8845
EV	0.1734	<0.0001	11.5176	<0.0001	9.0737

　　观察表 11.6 和表 11.7 可得, 对于迎角极值和俯仰角速率极值, GEV 分布与 Logn 分布的 K-S 检验值均小于 0.1, 对于给定的显著性水平 $\alpha = 0.05$, $P_{K\text{-}S}$ 值均大于 0.05, 表明在给定的置信水平下两种分布模型拟合度均较高。GEV 分布与 Logn 分布的 A-D 检验值相对于其他分布较小, 这两种分布的 $P_{A\text{-}D}$ 值相对于其他分布较大, 且都远超过 0.05, 这与 11.4.3 节中得到的结果相吻合。对比 GEV

分布与 Logn 分布, 相同情况下 GEV 分布对参数极值的辨识精度更高。观察图 11.10, 对于迎角极值, GEV 分布与 Logn 分布的 QQ 图更接近于一条直线。观察图 11.11, 对于俯仰角速率极值, GEV 分布与 Weibull 分布的 QQ 图更接近于一条直线。综上分析认为, GEV 分布能更好地描述迎角极值和俯仰角速率极值分布情况。

由表 11.8 可得, 对于滚转参数极值, GEV 分布、Logn 分布、Weibull 分布、Exp 分布的 K-S 检验值均小于 0.1, 对于给定的显著性水平 $\alpha = 0.05$, P_{K-S} 值均大于 0.05, 表明在给定的置信水平下两种分布模型拟合度均较高。Weibull 分布的 A-D 检验值相对于其他分布较小, P_{A-D} 值相对于其他分布较大, 且远超过 0.05, 这与 11.4.3 节中得到的结果相吻合。Weibull 分布的 χ^2 值小于其他分布, 说明对参数极值的拟合精度最高。观察图 11.12, Weibull 分布的 QQ 图更接近于一条直线。综上分析认为, Weibull 分布能更好地描述滚转角极值分布情况。

同理分析表 11.9, 由 K-S 检验值和 P_{K-S} 值可得, GEV 分布、Logn 分布均能通过原假设检验。GEV 分布和 Logn 分布的 A-D 检验值和 χ^2 值与其他分布相比较小, P_{A-D} 值相对于其他分布较大, 且都远超过 0.05, 说明这两种分布对滚转角速率极值拟合程度较好, 这与 11.4.3 节中得到的结果相吻合。观察图 11.13, 对于滚转角速率极值, GEV 分布的 QQ 图更接近于一条直线。综上分析认为, GEV 分布能更好地描述滚转角速率极值分布情况。

综合以上检验结果可以得出, 在 PIO 科目空中试飞时的安全关键参数中, 迎角极值与俯仰角速率极值符合 GEV 分布, 滚转参数极值符合 Weibull 分布, 侧滑角极值符合 GEV 分布。

11.4.3 基于一维极值的 PIO 科目试飞风险概率

针对 PIO 科目空中试飞, 选取迎角和俯仰角速率超出安全许用范围作为纵向风险定量评估的判据, 选取滚转参数和侧滑角作为横向风险定量评估的判据。本书所研究的试飞数据是基于变稳机模拟大型运输机操纵所得到的, 根据试飞对飞行参数的限制范围确定上述参数安全许用范围, 即 $\alpha_{max} = 15°$, $q_{max} = 30(°)/s$, $R_{max} = 60°$, $\beta_{max} = 20°$。为便于对比分析, 在此对 4 个参数进行归一化处理, 定义 PIO 科目试飞时, 纵向及横向风险判定依据如式 (11-14) 和式 (11-15) 所示, 相关风险发生概率可由式 (11-16) 和式 (11-17) 计算得到。

$$\begin{cases} P = 1, & 若(\bar{\alpha}_{max} = \alpha_{max}/15°) > 1 \\ P = 1, & 若(\bar{q}_{max} = q_{max}/30(°)/s) > 1 \end{cases} \tag{11-14}$$

$$\begin{cases} P = 1, & 若(\bar{\varphi}_{max} = \varphi_{max}/65°) > 1 \\ P = 1, & 若(\bar{p}_{max} = p_{max}/25(°)/s) > 1 \end{cases} \tag{11-15}$$

$$\begin{cases} P_\alpha = 1 - F_1(\bar{\alpha}_{\max} > 1) \\ P_q = 1 - F_2(\bar{q}_{\max} > 1) \end{cases} \tag{11-16}$$

$$\begin{cases} P_\varphi = 1 - F_1(\bar{\varphi}_{\max} > 1) \\ P_p = 1 - F_2(\bar{p}_{\max} > 1) \end{cases} \tag{11-17}$$

根据 11.4.2 节中确定的 4 个参数极值服从的分布模型，将辨识得到的模型参数分别代入相关模型中，可以得到迎角极值、俯仰角速率极值、滚转参数和侧滑角极值的分布函数分别为式 (11-18)~ 式 (11-21)。

$$F_1(\alpha_{\max}) = \exp\left[-\left(1 + 0.0695 \cdot \frac{\alpha_{\max} - 2.1031}{0.7810}\right)^{-1/0.0695}\right] \tag{11-18}$$

$$F_2(q_{\max}) = \exp\left[-\left(1 + 0.3690 \cdot \frac{q_{\max} - 1.2877}{0.8690}\right)^{-1/0.3690}\right] \tag{11-19}$$

$$F_3(R_{\max}) = \int_0^{R_{\max}} 1.3848 \cdot 15.6015^{-1.3848} t^{1.3848-1} \exp[-(t/15.6015)^{1.3848}]\mathrm{d}t \tag{11-20}$$

$$F_4(\beta_{\max}) = \exp\left[-\left(1 + 0.1185 \cdot \frac{\beta_{\max} - 0.4147}{0.9090}\right)^{-1/0.1185}\right] \tag{11-21}$$

代入式 (11-18)~ 式 (11-21) 中即可得到基于迎角、俯仰角速率、滚转参数和侧滑角极值下的试飞风险概率，分别为 1.6744×10^{-5}、8.9916×10^{-4}、0.0016、2.0302×10^{-5}。当执行纵向 PIO 科目试飞任务时，依照 GIB900-90 标准，以迎角和俯仰角速率为安全关键参数评估飞行风险达到了 D 级，比较接近 C 级 "有的"，说明由于俯仰角速率超限引发的飞行事故的概率较大，则后舱驾驶员应关注俯仰角速率的变化。当执行横向 PIO 科目试飞任务时，以滚转角为安全关键参数评估飞行风险达到了 C 级，以侧滑角为安全关键参数评估飞行风险达到了 D 级，表明飞机存在由于滚转参数超限引发飞行事故的风险。

以迎角和俯仰角速率极值为关键参数计算得到的风险概率虽然都为 D 级，但两者之间相差近 50 倍，以滚转参数和侧滑角极值为关键参数计算得到的风险概率差距则更大。不同关键参数计算得到的风险概率差距较大，表明依据单参数进行风险定量评估是不全面的，存在由参数选取导致风险概率计算不准确的可能性。飞行事故发生时通常伴随多个飞行参数的超限，因此有必要建立基于多维参数极值的风险概率评估模型，这也是 11.5 节的研究内容，将迎角与俯仰角速率结合评估纵向风险概率，滚转参数与侧滑角结合评估横向风险概率。

11.5　基于二维参数极值分布的 PIO 科目试飞风险定量评估

在 PIO 科目试飞时存在多种影响飞行安全性的因素，依靠单个飞行参数进行风险概率评估是不全面的，需要综合利用多个飞行参数全面量化风险概率，因此有必要研究基于多元参数极值的风险定量评估方法。多维联合分布函数是构建多维极值分布模型的数学基础，当前存在多种对多维联合分布研究的分析方法，Copula 理论在研究非线性、非对称和重尾特性分布方面存在优势，基于 Copula 函数法构建的多维极值分布模型能够准确地描述不同参数极值间的相关性，将不同的参数更好地结合起来。由于 PIO 科目空中试飞时纵向任务与横向任务是相互独立的，在执行纵向任务时，试飞员横向操纵较少，在执行横向任务时纵向操纵同样较少。本书将基于 Copula 理论构建二维参数极值分布模型，依据多种检验法确定对参数极值描述最准确的二维极值 Copula 模型，利用风险判定依据定量评估试飞风险概率。

11.5.1　二维参数极值分布模型

评估执行纵向、横向试飞任务时的风险概率分别需要综合考虑迎角与俯仰角速率、滚转参数与侧滑角的影响。迎角与俯仰角速率极值的频率分布直方图如图 11.14 所示，滚转参数与侧滑角极值的频率分布直方图如图 11.15 所示。

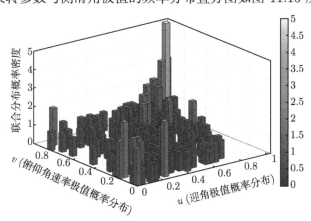

图 11.14　迎角与俯仰角速率极值的频率分布直方图 (彩图扫封底二维码)

由 11.4.2 节分析已知，迎角极值和俯仰角速率极值均服从于 GEV 分布，设由迎角和俯仰角速率极值组成的随机向量 (α_{max}, q_{max}) 的分布函数为 $F(\alpha_{max}, q_{max})$，则迎角与俯仰角速率的边缘分布函数分别为 $u = F_1(\alpha_{max})$、$v = F_2(q_{max})$。由 Sklar 定理和 Copula 函数的基本性质可知，存在一个 Copula 函数 C 满足下式：

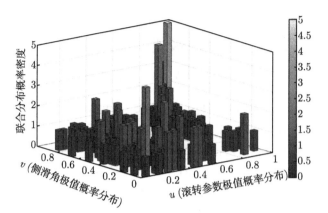

图 11.15　滚转参数与侧滑角极值的频率分布直方图 (彩图扫封底二维码)

$$C(u,v) = C[F_1(\alpha_{\max}), F_2(q_{\max})] = F(\alpha_{\max}, q_{\max}) \tag{11-22}$$

同理，滚转角参数与侧滑角极值分别服从于 Weibull 分布和 GEV 分布，存在一个 Copula 函数 C 满足下式：

$$C(u,v) = C[F_1(R_{\max}), F_2(\beta_{\max})] = F(R_{\max}, \beta_{\max}) \tag{11-23}$$

式中，$u = F_1(R_{\max})$、$v = F_2(\beta_{\max})$；$F(R_{\max}, \beta_{\max})$ 为两个极值的分布函数。

观察图 11.14 和图 11.15 可以发现，迎角与俯仰角速率极值的分布主要集中在上尾区域，滚转角与滚转角速率极值的分布主要集中在下尾区域。本书选择对于尾部分布较为敏感的 Copula 模型，包括 Clayton Copula 模型、Gumbel Copula 模型、Frank Copula 模型、GS Copula 模型、Joe Copula 模型，如式 (11-24)～式 (11-28) 所示：

$$C_{\mathrm{Cla}}(u,v) = (u^{-\theta} + v^{-\theta} - 1)^{-1/\theta} \tag{11-24}$$

$$C_{\mathrm{Gum}}(u,v) = \exp\{-[(-\ln u)^\theta + (-\ln v)^\theta]^{1/\theta}\} \tag{11-25}$$

$$C_{\mathrm{Fra}}(u,v) = -\frac{1}{\theta} \ln \left| 1 + \frac{(\mathrm{e}^{-\theta u} - 1)(\mathrm{e}^{-\theta v} - 1)}{\mathrm{e}^{-\theta} - 1} \right| \tag{11-26}$$

$$C_{\mathrm{GS}}(u,v) = \left\{ 1 + [(u^{-1} - 1)^\theta + (v^{-1} - 1)^\theta]^{1/\theta} \right\}^{-1} \tag{11-27}$$

$$C_{\mathrm{Joe}}(u,v) = 1 - [(1-u)^\theta + (1-v)^\theta - (1-u)^\theta (1-v)^\theta]^{1/\theta} \tag{11-28}$$

为了辨识得到上述 Copula 模型中的未知参数，首先需要求出 Copula 模型的概率密度函数。

$$c(u_i, v_i, \theta) = \frac{\partial^2}{\partial u \partial v} C(u_i, v_i, \theta) = c[F_1(\alpha_{\max}), F_2(q_{\max}); \theta] f_1(\alpha_{\max}) f_2(q_{\max}) \tag{11-29}$$

为运用 11.4.1 节中的极大似然法辨识参数 θ，构建目标函数为

$$H(u_i, v_i, \theta) = \prod_{i=1}^{n} c(u_i, v_i, \theta) - \sum_{i=1}^{n} \left| C(u_i, v_i, \theta) - \frac{A_i}{n+1} \right|^2 \qquad (11\text{-}30)$$

式中，A_i 表示所提取的极值样本点在区间 $(u \leqslant u_i, v \leqslant v_i)$ 内的个数。

运用极大似然法分别辨识迎角与俯仰角速率、滚转参数与侧滑角联合分布模型的参数，如表 11.10 所示。

表 11.10 模型参数辨识结果

联合分布模型	迎角与俯仰角速率联合分布模型待辨识参数	滚转参数与侧滑角联合分布模型待辨识参数
Clayton Copula	$\theta = 0.8150$	$\theta = 0.3441$
Gumbel Copula	$\theta = 1.7236$	$\theta = 1.2993$
Frank Copula	$\theta = 10.3565$	$\theta = 2.0776$
GS Copula	$\theta = 1.1504$	$\theta = 0.9626$
Joe Copula	$\theta = 2.0872$	$\theta = 1.4715$

11.5.2 二维参数极值分布模型最优拟合检验

在利用 Copula 理论构建二维参数极值分布模型时，由于存在多种 Copula 模型，且对参数极值分布拟合程度各不相同，计算得到的结果存在较大差异，所以需要综合应用多种检验方法确定对参数极值分布描述最精确的模型。本书拟采用赤池信息准则 (Akaike information criterion，AIC) 和贝叶斯信息准则 (Bayesian information criterion，BIC) 检验法、χ^2 检验法、K-S 检验法进行最优拟合检验。

分别用上述十种检验方法对 11.5.1 节中 Copula 模型进行拟合优度检验，检验结果如表 11.11 和表 11.12 所示。

表 11.11 迎角与俯仰角速率联合分布模型拟合优度检验结果

联合分布模型	AIC	BIC	χ^2	K-S	$P_{K\text{-}S}$
Clayton Copula	-52.8733	-49.5750	0.5663	0.2600	0.0283
Gumbel Copula	-98.1843	-910.8860	0.4364	0.2350	0.1647
Frank Copula	-810.2415	-80.9432	0.4751	0.2250	0.0008
GS Copula	-58.5196	-511.2213	0.4779	0.2350	0.0374
Joe Copula	-92.7339	-89.4355	0.4502	0.2250	0.1278

表 11.12 滚转参数与侧滑角联合分布模型拟合优度检验结果

联合分布模型	AIC	BIC	χ^2	K-S	$P_{K\text{-}S}$
Clayton Copula	-9.0307	11.7324	1.0327	0.3150	0.0052
Gumbel Copula	-30.8195	27.5212	0.9386	0.2950	0.2475
Frank Copula	-310.3708	31.0725	0.9572	0.3000	0.1283
GS Copula	22.4313	211.7296	1.0511	0.3046	0.0387
Joe Copula	22.2401	-18.9418	0.9898	0.3100	0.0255

　　基于 11.5.2 节中辨识得到的各分布模型的参数，将二维参数样本极值代入模型函数得到联合分布的概率密度图，如图 11.16 和图 11.17 所示。

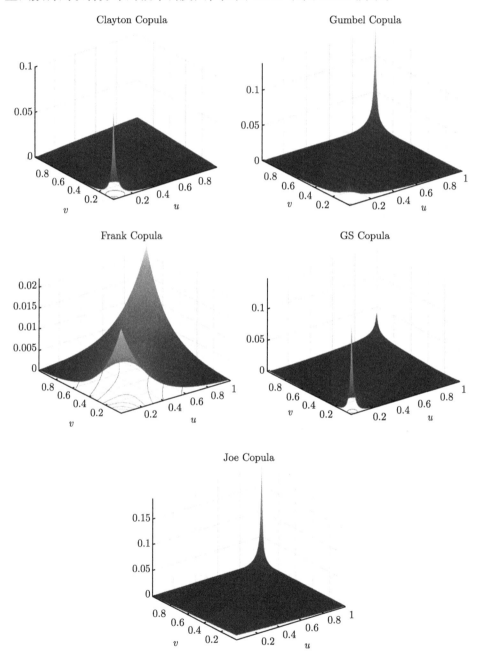

图 11.16　迎角与俯仰角速率极值联合分布概率密度 (彩图扫封底二维码)

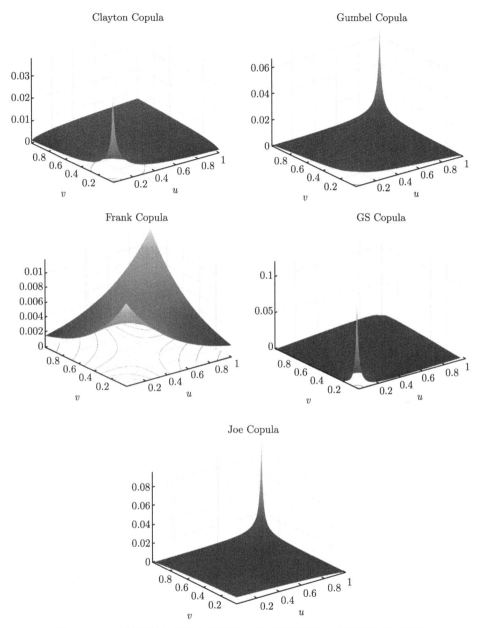

图 11.17　滚转参数与侧滑角极值联合分布概率密度 (彩图扫封底二维码)

　　由表 11.11 可得，Gumbel 分布模型和 Joe 分布模型的 AIC 与 BIC 检验值相较于其他分布模型较小，表明对联合分布拟合效果较好。Gumbel 分布模型和 Joe 分布模型 K-S 检验的 $P_{K\text{-}S}$ 值均大于 0.05，表明在给定的置信水平下均接受原假设，其他 3 种分布模型的 $P_{K\text{-}S}$ 值均小于 0.05，表明在给定的置信水平下均拒绝原假设。这 5 种分布模型的 χ^2 值相差不大, Gumbel 分布模型的 AIC 与 BIC 检验值、χ^2 值相对于 Joe 分布模型来说更小, 观察图 11.14 与图 11.16 发现, Gumbel 分布模型的概率密度图更接近于参数极值的频率分布直方图。综上认为, Gumbel 分布模型最能精确地描述迎角极值与俯仰角速率极值的联合分布情况。

由表 11.12 可得, Gumbel 分布模型和 Frank 分布模型的 AIC 与 BIC 检验值相较于其他分布模型较小, 表明对联合分布拟合效果较好。Gumbel 分布模型和 Frank 分布模型 K-S 检验的 P_{K-S} 值均大于 0.05, 表明在给定的置信水平下均接受原假设, 其他 3 种分布模型的 P_{K-S} 值均小于 0.05, 表明在给定的置信水平下均拒绝原假设。这 5 种分布模型的 χ^2 值相差不大, Frank 分布模型的 AIC 与 BIC 检验值、χ^2 值相对 Gumbel 分布模型来说更小, 观察图 11.15 与图 11.17 发现, Frank 分布模型的概率密度图更接近于参数极值的频率分布直方图。综上认为, Frank 分布模型最能精确地描述迎角极值与俯仰角速率极值的联合分布情况。

11.5.3　基于二维参数极值的 PIO 科目试飞风险概率

基于二维参数极值的风险判定依据可以被定义为, 在执行纵向 PIO 试飞任务时, 若迎角与俯仰角速率中一个参数超出安全范围, 则认为满足事故发生条件; 在执行横向 PIO 试飞任务时, 若滚转参数与侧滑角中一个参数超出安全范围, 则认为满足事故发生条件。结合 11.5.2 节中确定的 Gumbel 分布模型与 Frank 分布模型, 纵向与横向风险概率计算式为

$$P_{\text{Lon}} = P\{\Delta\bar{\alpha}_{\max} > 1或\Delta\bar{q}_{\max} > 1\} = 1 - C_{\text{Gum}}[F_1(\Delta\bar{\alpha}_{\max} = 1), F_2(\Delta\bar{q}_{\max} = 1)] \tag{11-31}$$

$$P_{\text{Lon}} = P\{\Delta\bar{R}_{\max} > 1或\Delta\bar{\beta}_{\max} > 1\} = 1 - C_{\text{Gum}}[F_1(\Delta\bar{R}_{\max} = 1), F_2(\Delta\bar{\beta}_{\max} = 1)] \tag{11-32}$$

得到在纵向操纵系统时间延迟 0.1s 和横向操纵系统时间延迟 0.2s 下的飞行风险概率分别为 9.1584×10^{-4}、0.0018。与基于一维极值得到的风险概率相比, 利用 Gumbel 分布模型与 Frank 分布模型得到的风险概率更高, 在一定程度上反映了在 PIO 试飞过程中多飞行参数耦合对飞行风险概率的影响, 因此在风险定量评估时应考虑使用多参数构建模型。同时需要指出, 飞行安全受到多种因素影响, 在评估飞行风险时不可能将所有因素均考虑在内。书中所提出的 PIO 科目空中试飞的风险定量评估是一种量化的度量方法, 所计算的风险值可以作为一种客观的指标, 科学地衡量不同控制律调参参数对 PIO 科目试飞的风险影响, 为制定安全保障措施提供理论依据。

11.5.4 不同易感性参数下 PIO 科目试飞风险概率

由第 10 章分析可知，在不同易感性参数下，飞机 PIO 易感性不同，在进行空中试飞执行同样的任务时面临的风险概率也不同。基于本章所给出的风险概率定量评估方法，分别对不同易感性参数下风险概率进行计算，表 11.13 所示为不同易感性参数下一维极值服从的分布模型与风险概率，表 11.14 所示为不同易感性参数下二维极值服从的分布模型与风险概率。

表 11.13　不同易感性参数下一维极值服从的分布模型与风险概率

易感参数	变量值	纵向试飞任务			横向试飞任务	
		分布模型	风险概率		分布模型	风险概率
时间延迟	0.06s	GEV 分布	3.7082×10^{-5}	0.1s	Weibull 分布	0.0013
		Logn 分布	2.0371×10^{-5}		Logn 分布	1.3707×10^{-7}
	0.1s	GEV 分布	1.6744×10^{-5}	0.2s	Weibull 分布	0.0016
		Logn 分布	8.9916×10^{-4}		GEV 分布	2.0302×10^{-5}
	0.2s	GEV 分布	6.9735×10^{-5}	0.4s	Weibull 分布	0.0042
		Logn 分布	2.5159×10^{-4}		GEV 分布	0.0029
舵机速率限制	50(°)/s	Logn 分布	7.6485×10^{-5}	40(°)/s	Exp 分布	0.0017
		Exp 分布	1.6191×10^{-6}		Logn 分布	6.6233×10^{-5}
	30(°)/s	GEV 分布	10.0042×10^{-5}	20(°)/s	Weibull 分布	0.0047
		Logn 分布	1.7694×10^{-4}		Exp 分布	8.5780×10^{-5}
	20(°)/s	GEV 分布	7.6485×10^{-5}	15(°)/s	Exp 分布	0.0051
		Logn 分布	10.6500×10^{-4}		Logn 分布	1.7557×10^{-4}

表 11.14　不同易感性参数下二维极值服从的分布模型与风险概率

易感参数	变量值	纵向试飞任务			横向试飞任务	
		分布模型	风险概率		分布模型	风险概率
时间延迟	0.06s	Gumble 模型	10.5066×10^{-5}	0.1s	Frank 模型	0.0013
	0.1s	Gumble 模型	9.1584×10^{-4}	0.2s	Frank 模型	0.0018
	0.2s	Joe 模型	2.6162×10^{-4}	0.4s	Gumble 模型	0.0057
舵机速率限制	50(°)/s	Frank 模型	7.8103×10^{-5}	40(°)/s	Joe 模型	0.0017
	30(°)/s	Frank 模型	2.1695×10^{-4}	20(°)/s	Gumble 模型	0.0047
	20(°)/s	Frank 模型	8.1677×10^{-4}	15(°)/s	Gumble 模型	0.0051

由表 11.14 中数据可得，在执行纵向 PIO 试飞任务时，随着操纵系统时间延迟的增加，风险概率增大；随着舵机速率限制的减小，风险概率增大。执行横向 PIO 试飞任务同样如此，这与第 4 章分析结果相吻合。

11.6　本章小结

在进行 PIO 科目空中试飞前对所要试验的科目进行风险定量评估是制定安全保障措施的理论基础。基于此，本章主要研究工作及结论如下所述。

(1) 分别通过试飞过程中试飞员做纵向与横向 "3-2-1-1" 操纵时飞行参数变化确定安全关键参数, 纵向选择迎角与俯仰角速率, 横向选择滚转参数与侧滑角。利用 QQ 图检验法、相关系数和 K-S 检验法验证了利用地面模拟试飞数据提取的参数极值与空中试飞数据提取的极值服从于同一分布。然后对提取的参数极值进行统计特性分析, 结果表明, 4 个参数极值均具有厚尾特性和非对称性。

(2) 针对提取的参数具有厚尾特性, 本章选择 6 种一维极值分布模型, 利用极大似然法辨识模型参数, 并综合运用 QQ 图检验法、A-D 检验法、K-S 检验法与 χ^2 检验法确定最能精确描述每个参数的分布。根据试飞对飞行参数的限制范围确定风险判定依据和风险概率计算公式, 并得到相关风险概率。

(3) 针对利用一维参数进行风险评估存在的缺点, 利用 Copula 理论构建二维参数极值分布模型, 依据多种检验法确定对参数极值描述最准确的二维极值 Copula 模型, 代入风险概率计算公式得到试飞风险概率, 进而得到不同 PIO 易感性参数下的风险概率, 结果表明当控制系统时间延迟增加或舵机速率限制减小时, 进行相同的 PIO 科目试飞时风险概率会增加。

第 12 章　PIO 抑制方法地面飞行模拟验证研究

飞行模拟是系统仿真的重要分支，也是系统仿真技术应用最早、最主要的领域之一。飞行模拟的领域十分宽阔，它以航空、航天科技和工业中的飞行器 (包括飞机、导弹、火箭、飞船、卫星、气球等) 为研究对象，借助建模与仿真手段主要通过飞行模拟器／系统来进行飞行理论、技术和方法探索，飞行器性能和特性预先研究，系统型式、结构及参数优化以及飞行工作人员 (包括驾驶员、操作手和指挥人员) 的模拟培训等。

12.1　飞机飞行模拟与飞行模拟器概述

飞机作为一种空中武器或飞行载体，相较于地面及水上运动的载体 (或武器) 既复杂又具有更大的危险性。为了保证新机试飞一举成功，为了能使驾驶员充分安全地完成飞行训练，为了能够在实验室条件下有效地探索飞行战术、技术和完成既定的研究任务，人们采用了系统仿真技术，致力于飞行模拟研究及应用。

传统的飞机飞行模拟是在地面实验室条件下完成的，称为地面飞行模拟。地面飞行模拟应用范围很广，可以简单到飞机部分系统的模拟或某项小专题模拟研究，也可能复杂到通过完善的飞行模拟器完成整架飞机的全任务 (起飞、战斗前飞行、空战、退出战斗、返航、着陆等)"地面飞行"，或进行某项大的科研任务 (例如，新型电传控制系统的手动–自动状态转换模拟试验)。

地面飞行模拟器是地面飞行模拟设施的总称。通常按照功能可分为专用飞行模拟器、多功能飞行模拟器和全任务飞行模拟器；按照使用的目的可分为训练飞行模拟器、工程飞行模拟器和研究用飞行模拟器。一台完善的飞行模拟器相当于一架"地面飞行"的飞机。在"地面飞行"中，它能够把驾驶员在空中操纵真实飞机时所看到的、听到的、嗅到的、触觉到的飞机姿态、飞机运动、仪表指示、环境变化、周围音响以及本身生理反应等逼真地反映给模拟驾驶员，从而构成模拟飞行中的人机系统特性，获得研究飞行或训练飞行的实际效果。

为了扩大飞行模拟领域、提高模拟有效性和增强模拟逼真度及飞行动感，在上述地面模拟技术的基础上，20 世纪 60 年代初出现了空中飞行模拟，这种模拟是在实际飞机上实行的。空中飞行模拟有两种不同的机理类型，即部件实物模型模拟和可变动力学特性模拟。前者采用实物模型代替飞机部分系统或部件进行空中模拟。后者借助专门研制的空中飞行模拟试验机 (或称变稳飞机) 进行飞行研究。

随着飞行模拟技术和飞行试验研究的发展，近年来出现了空地综合飞行模拟系统，从此直接沟通了地面飞行模拟与空中飞行模拟两大领域，实现了空地综合飞行模拟的新突破。

飞行模拟技术广泛地应用于航空工业和科学的各个方面，其主要作用表现在以下几个方面。

(1) 在新机研制的每个阶段发挥重大作用。新机研制通常经历战术–技术指标提出、概念设计、详细设计、试制、验证试验和试飞等阶段。飞行模拟将贯穿新机研制的全过程：在战术–技术指标提出阶段，进行指标论证；在概念设计阶段，通过工程飞行模拟器从诸设计方案中选择出最佳的初步设计方案；在详细设计阶段，通过工程飞行模拟器评定飞机的稳定性和操纵性，评定座舱布局，评定飞行控制系统和航空电子系统，进行人机工效学测定等，从而完善气动力设计、座舱设计、系统最优化设计；在试制阶段，通过工程飞行模拟器进行综合系统试验和飞机与系统性能的演示，并完成试飞前的机组人员训练，以减小试飞风险；在验证试验和试飞阶段，利用工程飞行模拟器帮助拟定和修改试飞大纲，复现试飞中暴露出来的问题、查找原因并提出解决方法。总之，飞行模拟在新机研制的每个阶段都能够充分发挥作用，从而做到合理设计、加速试验、缩短研制周期、减小工程风险等。

(2) 辅助飞行试验研究。飞行模拟是飞行试验研究的同伴和重要助手，主要用于拟合试飞与地空模拟数据、帮助拟定和修改试飞大纲或进行专题试飞研究等。

(3) 进行广泛的航空科学研究。现代飞行模拟技术是进行航空科学研究的强有力手段和重要工具，其研究领域是十分广泛的：飞行模拟与飞行试验相结合研究飞机操纵性、稳定性和机动性，制定飞行品质规范；研究飞机载荷谱，制定飞机强度规范；研制武器配置和效率，制定火控指南；预测和研究新型高效控制方案和系统；研究驾驶员传递函数和人机特性并进行工效学测定；研究飞机及其系统间的匹配与参数最优化；研究新的战术技术方案；研究飞行系统的余度技术等。

(4) 进行飞行驾驶技术探索，尤其是飞机进入临界状态和危险飞行状态情况时的改进驾驶技术及其继续飞行的可能性。

(5) 复现实际飞行中难以重复的飞行状态或飞行故障状况，研究其出现这些状态的原因，寻找出处置措施。

(6) 进行飞行训练。模拟飞行训练已成为飞行模拟最活跃的部分。因为它具有经济、节能、不受气象条件限制、效率高、绝对安全等独特的优点，从而得到了广泛应用，发展十分迅速。

12.2　地面飞行模拟器

12.2.1　地面飞行模拟器基本原理

在实际飞行中，飞机空间运动是一个人机系统的动态过程。此间，飞机将通过空气动力和发动机推力及其力矩的作用产生六自由度空间运动，并随着这些力和力矩的变化来改变飞机的运动状态和飞行姿态，从而完成既定的飞行任务。为此，必须由驾驶员或飞行自动控制系统对飞机实施有效操纵或控制。飞机操纵 (控制) 回路通常包括五个基本环节，即指令环节、传动环节、被控对象、反馈环节及驾驶员。驾驶员在该回路里作为一个具有自适应调节功能的动态环节，其重要作用是接受飞机运动反馈信息，并按照既定飞行任务 (指令信号) 实施信号综合，构成人机闭环操纵系统，如图 12.1 所示[159]。

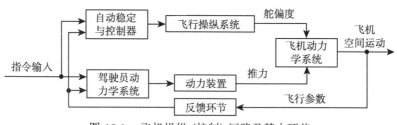

图 12.1　飞机操纵 (控制) 回路及基本环节

在上述人机闭环操纵 (控制) 系统中，驾驶员操纵动作可以被描述成由四个相互联系的过程序列组成的动力学系统。该动力学系统包括：信息感受、信息处理、动作对策及完成操纵动作，如图 12.2 所示。其中，由分析器组合的人感系统负责信息感受，而每一个系统对应于已确定类型的信息 (视觉的、加速的、运动学的等)。运动系统 (末梢神经肌肉系统) 用以完成控制指令。这里有许多感应传感器，它们通过脊髓向中枢神经系统传递与运动关节位置相关的本体感受分析器、手臂肌肉位移的速度和位置信息 (运动分析器)，以及施加的作用力信息。值得注意的是，后两者同时兼具运动系统中的反馈传感器功能。完成控制信号的过程从大脑运动区脉冲的到达时开始，并随着驾驶杆的位移而结束。中枢神经系统实现感应区与运动区的联系，在从一区到其他区传递信号时，校准接收到的信息，并做出对策。

驾驶员通过驾驶杆来传递控制信息，杆的偏移将引起控制对象 (飞机) 的响应。除上述驾驶外，驾驶员还将完成一些附加任务，例如，调谐无线电波和用无线电通话，观察外部环境等。

这样，按照相似原理人们完全可以在地面实验室条件下，构筑出一个同上述

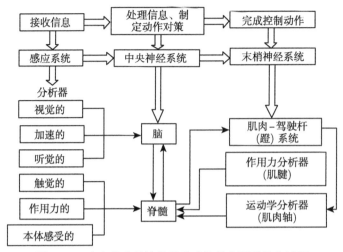

图 12.2　确定驾驶员连续驾驶动作的主要系统和过程

实际飞行中的人机系统相似的飞行模拟系统，使其动态过程与飞机实际空间运动变化及效应相似。

从系统学和信息论的观点讲，两个系统相似其根本上在于保证它们的信息相似，而对于人机系统，关键在于保持它们之间的几何信息、动力学信息及环境信息相似。为此，在设计和建造地面飞行模拟器时，必须保证它同实际飞机和飞行在如下方面相似：

(1) 飞机相对地面 (或目标) 的方位和位置坐标运动及其视觉信息；

(2) 飞机对偏转操纵机构的反应信息 (速度、加速度、角加速度、杆 (蹬) 力、杆 (蹬) 位移) 及驾驶员感觉；

(3) 飞机在空中的姿态及姿态变化信息；

(4) 发动机操纵反应信息 (推力、振动、哼声、过载、加速及减速等)；

(5) 飞机过载及其感觉；

(6) 飞机近临界或跨临界状态的信息 (抖动、失速等)；

(7) 飞行环境信息 (阵风、噪声、战场背景、能见度等)。

所有这些相似条件都将通过地面飞行模拟器的系统来实现。通常这些系统包括：仿真计算机系统、中央操纵负荷模拟系统、模拟座舱、模拟显示仪表 (板)、运动平台系统、视景系统、音响系统、航电系统、火控系统、发动机系统、燃油系统、液压系统、导航系统以及中央指挥控制台等。根据飞行模拟任务和飞行模拟器功能的不同，这些系统或通过物理效应装置硬件来实现，或采用数学模型来描述及解算。所有数学模型及其数据都以数据库的形式被装定在仿真计算机系统里，其中的数学模型主要有：飞机动力学模型、系统模型、仿真环境模型、外干扰模型、大气数据模型等。

在地面飞行模拟中，上述数学模型由仿真计算机解算，通过物理效应装置形成给驾驶员相似于实际飞行的模拟环境，使驾驶员根据上述诸相似信息，犹如在空中一样地操纵地面飞行模拟器 "飞行"，从而完成飞行模拟研究或飞行模拟训练。这就是地面飞行模拟器的基本工作原理，如图 12.3 所示。

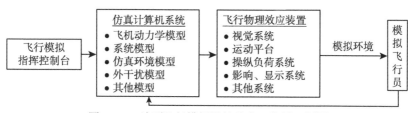

图 12.3　地面飞行模拟器的基本工作原理框图

12.2.2　地面飞行模拟器结构及组成

截至目前，地面飞行模拟器经历了四代技术变革，已发展成为一个以先进仿真计算机系统和数学模型为核心，具有众多物理效应装置及参试试件，管理与控制高度自动化的大型复杂半实物仿真系统。虽然它的类型繁多，具体结构异样，但就其总体结构框架及系统组成而言，仍然存在着许多共同之处。这首先是因为所有的地面飞行模拟器都必须为模拟驾驶员提供飞行驾驶时所需要的空中感觉信息，如图 12.4 所示。为此，地面飞行模拟器一般应具有如下系统：

(1) 飞机飞行动力学模拟系统；

(2) 中央操纵 (控制) 负荷模拟系统；

(3) 视景 (目标) 模拟系统；

(4) 飞行加速度和过载模拟系统，或称运动系统；

(5) 模拟座舱及仪表显示系统；

(6) 音响及噪声模拟系统；

(7) 仿真计算机及其支持软件系统和系统模型；

(8) 指挥控制系统，又称总模拟控制台或中央指挥控制台；

(9) 记录、测试及数据处理、分析系统；

(10) 其他辅助系统等。

对于不同类型的地面飞行模拟器，各自还拥有一些特殊的系统。例如，训练飞行模拟器拥有教员工作台及训练效果评估系统。图 12.5 给出了某研究用地面飞行模拟器的基本组成及各模拟系统间的信息交联关系。

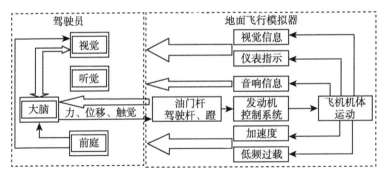

图 12.4　地面飞行模拟器必须为驾驶员提供的各种感觉信息

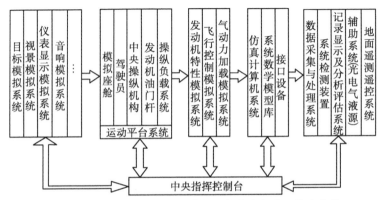

图 12.5　某研究用地面飞行模拟器的基本组成及信息交换

12.2.3　地面飞行模拟器主要模拟系统

1) 仿真计算机系统

仿真计算机系统包括仿真计算机、通信网络及支持软件等, 主要用于飞机动力学系统及其他系统的模型解算和飞行模拟管理与控制, 是整个地面飞行模拟器的核心环节, 在很大程度上决定着飞行模拟器的性能 (包括可完成的飞行模拟任务类型、模拟范围及模拟速度和精度等)。仿真计算机系统的选型、研制和开发, 始终紧紧围绕着如何满足飞行模拟的实时性和提供飞行模拟的逼真度这两个最重要的方面并兼顾其经济性。近年来, 随着微型计算机和通信网络设备的性能价格比的不断提高, 特别是计算速度的迅速增大, 采用多台高档微机加图形工作站的分布式计算机系统已成为一种经济实用的仿真计算机系统方案。图 12.6 给出了一种成功运用于某新型歼击机飞行训练模拟器的分布式计算机系统。

2) 飞机动力学模拟系统

飞机动力学模拟系统在地面飞行模拟器的所有系统中占有举足轻重的地位。

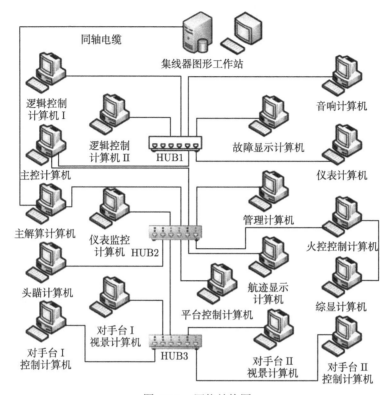

图 12.6 网络结构图

这是因为它不仅是保证飞行模拟相似性的最主要方面，而且是驱动其他模拟系统的重要信息源，几乎所有的模拟系统，如中央操纵负荷系统、运动平台系统、仪表显示系统、飞行控制系统、动力装置以及航电系统等都同飞机动力学模拟系统有着随时的信息交换。对于地面飞行模拟器而言，飞机动力学模拟是以数学模型及其解算实现的。因此，飞机动力学建模、数据采集及处理等都将直接影响着飞行模拟器的性能和模拟质量。

3) 视景模拟系统

视景模拟系统或称视觉模拟系统，可为驾驶员提供目视空间位置和环境特征 (如天、地影像) 以及目标影像和作战环境。视景模拟的重要性可以从表 12.1 给出的驾驶员飞行动作对视景及动感模拟的相对重要性统计看出。由飞行模拟实践和表 12.1 可知，对于机动性飞机，飞行模拟必须提供良好的视景模拟系统；而对于一般飞机 (包括战斗机、轰炸机、运输机及客机等各类飞机)，起飞着陆视景模拟则是最重要的，因此，良好的视景模拟系统无论如何是必不可少的。

飞行仿真视景是一个随时间变化的三维世界的再现，它将主要涉及三维投影、

表 12.1　飞行动作对动感及视景模拟的相对重要性统计

序号	飞行科目	座舱活动性 (瞬时过载)	抗荷服 (持续过载)	视觉系统 (目视)
1	带过载倾斜、滚转	重要	不重要	次重要
2	俯仰稳定系统故障	重要	次重要	不重要
3	快速改变机动方向	重要	次重要	不重要
4	倾斜稳定系统故障	次重要	不重要	重要
5	聂斯切洛夫筋斗	重要	不重要	次重要
6	锯齿形机动飞行	不重要	次重要	重要
7	最短时间转弯	次重要	不重要	重要
8	盘旋	重要	不重要	次重要
9	航向稳定系统故障	次重要	不重要	重要
10	从小速度到大速度	重要	不重要	次重要
11	纵向加速、减速飞行	重要	不重要	次重要
12	单位过载下的减速失速	重要	次重要	不重要
13	盘旋失速	重要	次重要	不重要
14	螺旋	次重要	不重要	重要

立方体视觉及飞行体在空间中运动的实时计算等问题，这里可利用纹理图形驾驶来产生云彩、烟雾、海浪、火焰等效果，还能借助影射驾驶从航空照片上将农田、山川、城市分离出来作为图形数据，生成更逼真的视景。目前的计算机成像技术可将多板块背投影显示方式融入立体解算处理，构成一种大视场空间立体场景，从而使驾驶员 (或模拟器操纵人员) 看到的视景图像具有空间感、立体感和纵深感，收到真实飞行时姿态变化的视觉效果。视景模拟系统的进一步发展将是同虚拟现实技术及多媒体技术相结合并与模拟运动系统相协调，通过视、听、触觉等作用，使驾驶员产生空中飞行身临其境感觉的交互式视景模拟。

4) 动感模拟系统

运动系统用于对飞行加速度 (或过载) 的效应模拟。这种模拟的必要性和重要性同样可以由表 12.1 看出。对于机动性飞机，必须提供在多自由度运动平台支撑下的模拟活动座舱。如果模拟临界飞行状态或俯仰、倾斜和航向稳定系统故障状态，则除利用上述活动座舱外，还必须采用抗荷服或 G 座椅来提供飞行中的低频持续过载模拟信息。除此，在飞机模拟中还会遇到高 G 负荷效应、飞机抖振以及飞机受强烈湍流扰动等现象的模拟，为此必须采用一些相应的模拟装置，如 "黑视" 飞行帽、抖动座椅及大气扰动发生器等。

5) 飞行操纵负荷系统

该系统用于模拟操纵杆 (蹬) 力，通常由两条途径来实现。

(1) 实物操纵负荷系统，即将实际飞机的中央操纵机构 (驾驶杆、蹬)、载荷机构、调整片效应机构、舵面传动装置等安装在飞行操纵系统模拟台线系内的相应位置上。线系参数 (如质量、刚度、间隙、摩擦、传动比等) 亦借助物理效应装置 (如质量模拟器等) 来模拟 (被模拟飞机操纵线系的参数)，并与其他模拟系统，如计算机系统、模拟仪表系统、视景系统及驾驶员构成一个模拟人机系统。当驾驶员操纵中央操纵机构时自然会感觉到相似于空中飞行的杆 (蹬) 力。

(2) 全数字式伺服操纵负荷系统。这是一个由数字机系统 (包括接口及软件)、电液伺服系统和力驾驶杆 (蹬) 构成的计算机闭环控制系统。

6) 音响 (噪声) 系统

音响 (噪声) 系统是飞行环境模拟的重要设备之一,用来为驾驶员提供飞行音响 (噪声) 信息,增强飞行模拟逼真度。发动机噪声和空气流动噪声为该系统的主要模拟方面。通常,采用近似模拟方法,即仅模拟主声调,借助数学模型与音响硬件相结合来实现。数学模型通过理论计算和试飞数据,利用频谱分析来得到,最终描述成模拟音响的频率、幅值 (即声强) 随飞行状态变化的函数关系。发声硬件一般由噪声源、电压控制信号发生器、调制器、混频器、通断装置、直流输出滤波器、功率放大器及扬声器等部件组成。

7) 飞行仪表显示模拟系统

飞行仪表显示模拟将为模拟驾驶员提供飞行状态、飞机姿态和主要系统的工作状态显示。尽管空中飞行仪表同地面模拟仪表的工作条件相差很大,甚至其工作原理截然不同,但是必须保持两者的外观相似,而模拟仪表驱动方式和显示原理可以完全不同。目前,飞行仪表显示系统的模拟仪表按驱动方式可以分为四类,即直接驱动式模拟仪表、传感式模拟仪表、小功率随动系统控制模拟仪表和同步驱动式模拟仪表。其中,同步驱动式飞行模拟仪表是一种新型模拟仪表,应用日趋广泛。

8) 高 g 负荷及飞机气动抖动模拟系统

机动飞行中的高 g 负荷将造成驾驶员 "黑视" 现象,这是驾驶员了解、感觉飞行状态的重要信息源。"黑视" 模拟用以提供这种现象和感觉,通常有两种模拟方法。其一是随着 g 负荷增大,利用计算机控制飞行头盔的护目镜位置,使驾驶员视线两侧加入逐渐变厚的灰色护目镜,以减弱视力,并在 "黑视" 时遮挡驾驶员视野,产生 "黑视" 感觉。其二是借助装有可变光学介质 (液晶) 的护目镜,通过选择矩阵由计算机控制激励电压大小和部位,以改变护目镜里光学介质传递特性,达到随着 g 负荷变化而使驾驶员视野景深改变的目的,同时在极限状态下使驾驶员出现 "黑视" 感觉。飞机在一定飞行速度下,随着迎角的增大由于机翼气流分离而引起气动抖动。初始抖动信息可为驾驶员提供临近失速和丧失操纵性的预警。除此,根据抖动信息强弱及频率大小还可判别当前飞行姿态同飞机机动限制的距离等。通常飞机气动抖动可借助伺服装置驱动飞行座舱振动,或驱动座椅相对飞行座舱振动来模拟。

12.3　地面飞行模拟实验

12.3.1　驾驶员评估

驾驶员的评定技术对于 II 型 PIO 抑制器的性能实验至关重要，参与 PIO 实验的驾驶员在实验前必须经过充分的训练，掌握评定技术。PIO 问题是飞行品质问题的一部分，在测试 II 型 PIO 抑制器的性能时也需评估其对飞机飞行品质的影响，因此在评估中采用 Cooper-Harper 标准进行评分，Cooper-Harper 标准如图 12.7 所示。Cooper-Harper 评价尺度是现在世界上通用的评价尺度。这个尺度从飞机操纵性和驾驶员完成各种飞行任务的工作负担这两个主要方面，用文字描述给出了关于飞机特性以及在选定的任务或作业中对驾驶员要求的 10 个不同的评价尺度。等级的划分，允许驾驶员对飞行品质的描述有足够大的范围。描述的文字简明扼要，使驾驶员容易了解，以确保能清楚区分每个评价等级，排除模棱两可的情况。

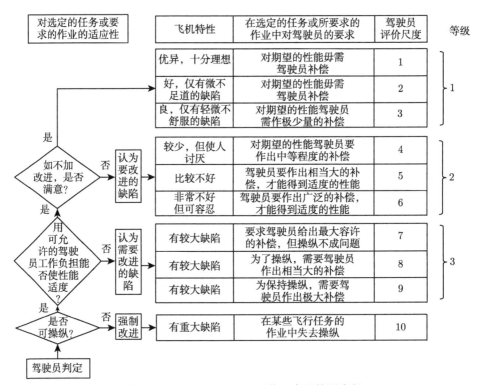

图 12.7　Cooper-Harper 评价尺度及使用流程

驾驶员将对依离散俯仰跟踪任务和正弦跟踪任务规律运动的空中目标进行追

踪，以此对特定飞机的飞行品质进行评估，并给出相应的 Cooper-Harper 评分。根据飞行的评估可对 Ⅱ 型 PIO 抑制器的性能做出评价。驾驶员在地面仿真跟踪过程中的视景如图 12.8 所示。

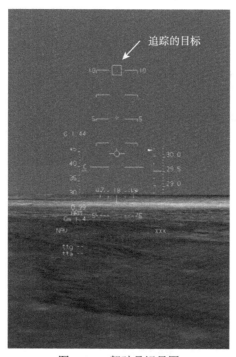

图 12.8　驾驶员视景图

12.3.2　实验计划

研究实验是在国防科技重点实验室的地面飞行模拟器上进行的，该模拟器是研究型地面飞行模拟器，可以开展 Ⅱ 型 PIO 抑制器性能的研究。模拟飞行是由 2 名驾驶员在地面飞行模拟器上展开。在第 6 章的 Ⅱ 型 PIO 抑制器应用实例研究中，在对 A 型和 B 型飞机的数值仿真中，发现逻辑条件法设计的 DS 抑制器在离散俯仰和正弦跟踪任务中均未能成功抑制 Ⅱ 型 PIO 的发生。因此，在地面模拟飞行实验中仅对 DASA 抑制器和 RLF 抑制器展开研究。

以第 6 章应用实例中的 A 型和 B 型飞机为研究对象，速率限制值 V_L 设置为 30(°)/s。飞行初始条件统一设为高度 9000 m，飞行速度 700 m/s。与第 6 章中相对应，对 A 型飞机进行离散俯仰跟踪任务仿真，对 B 型飞机进行正弦跟踪任务仿真。离散俯仰跟踪任务地面模拟仿真的视景如图 12.9 所示，正弦跟踪任务地面模拟仿真的视景如图 12.10 所示。每次仿真结束后由驾驶员给出评价。

图 12.9　　离散俯仰跟踪任务地面模拟仿真视景

图 12.10　　正弦跟踪任务地面模拟仿真视景

12.3.3　实验结果

A 型飞机进行离散俯仰跟踪任务仿真无抑制器时，1 号驾驶员的飞行结果如图 12.11 所示，2 号驾驶员的飞行结果如图 12.12 所示。1 号驾驶员给出的 Cooper-Harper 评分为 4 分。2 号驾驶员给出的 Cooper-Harper 评分为 4.5 分。该评分说明需对飞机进行必要的改进。与第 6 章中的数值仿真结果相比较，发现飞机俯仰角并未出现大幅值的振荡。这充分说明了人的自适应特性，其能在最大程度上改善人机闭环系统性能，这是单一数学模型模拟计算所无法取代的。

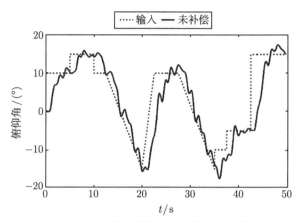

图 12.11　未补偿离散俯仰跟踪时间历程 1

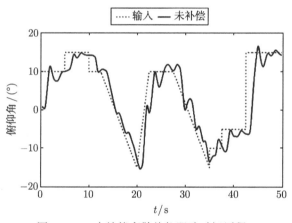

图 12.12　未补偿离散俯仰跟踪时间历程 2

　　A 型飞机进行离散俯仰跟踪任务仿真加入 DASA 抑制器时，DASA 抑制器各参数值设置同第 6 章数值仿真中的设置。1 号驾驶员的飞行结果如图 12.13 所示，2 号驾驶员的飞行结果如图 12.14 所示。1 号驾驶员给出的 Cooper-Harper 评分为 3.5 分。2 号驾驶员给出的 Cooper-Harper 评分为 3.5 分。该评分说明 DASA 抑制器对飞机的飞行品质有一定的改善，但改善不明显，仍然有小幅振荡。

　　A 型飞机进行离散俯仰跟踪任务仿真加入 RLF 抑制器时，RLF 抑制器各参数值设置同第 6 章数值仿真中的设置。1 号驾驶员的飞行结果如图 12.15 所示，2 号驾驶员的飞行结果如图 12.16 所示。1 号驾驶员给出的 Cooper-Harper 评分为 2.5 分。2 号驾驶员给出的 Cooper-Harper 评分为 3 分。该评分说明 RLF 抑制器对飞机飞行品质的改善较明显。

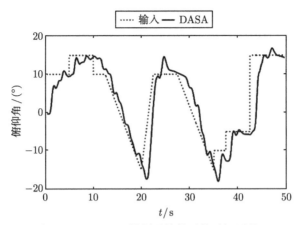

图 12.13　DASA 抑制器补偿后的时间历程 1

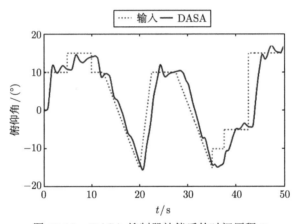

图 12.14　DASA 抑制器补偿后的时间历程 2

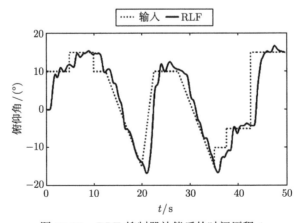

图 12.15　RLF 抑制器补偿后的时间历程 1

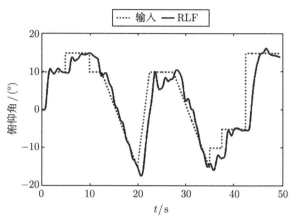

图 12.16　RLF 抑制器补偿后的时间历程 2

　　B 型飞机进行正弦跟踪任务仿真无抑制器时，1 号驾驶员的飞行结果如图 12.17 所示，2 号驾驶员的飞行结果如图 12.18 所示。1 号驾驶员给出的 Cooper-Harper 评分为 5 分。2 号驾驶员给出的 Cooper-Harper 评分为 6 分。该评分说明需对飞机进行必要的改进，观察两幅图也可发现，在实验过程中均出现了较大幅度的振荡。正弦跟踪任务的 Cooper-Harper 评分分值低于离散俯仰跟踪任务的 Cooper-Harper 评分分值，说明正弦跟踪任务中运动目标的跟踪难度更大，正弦跟踪任务较离散俯仰跟踪任务更易发现飞机的 II 型 PIO 趋势。

　　B 型飞机进行正弦跟踪任务仿真加入 DASA 抑制器时，1 号驾驶员的飞行结果如图 12.19 所示，2 号驾驶员的飞行结果如图 12.20 所示。1 号驾驶员给出的 Cooper-Harper 评分为 4.5 分。2 号驾驶员给出的 Cooper-Harper 评分为 5 分。该评分说明仍需对飞机进行必要的改进，DASA 抑制器仅在一定程度上改善了飞机飞行品质。

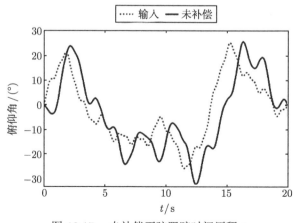

图 12.17　未补偿正弦跟踪时间历程 1

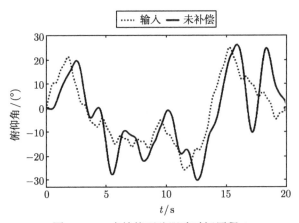

图 12.18　未补偿正弦跟踪时间历程 2

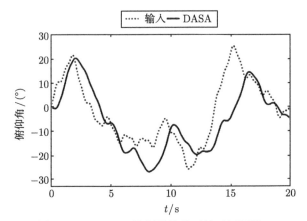

图 12.19　DASA 抑制器补偿后的时间历程 1

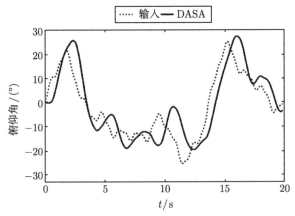

图 12.20　DASA 抑制器补偿后的时间历程 2

　　B 型飞机进行正弦跟踪任务仿真加入 RLF 抑制器时，1 号驾驶员的飞行结果如图 12.21 所示，2 号驾驶员的飞行结果如图 12.22 所示。1 号驾驶员给出的 Cooper-Harper 评分为 4 分。2 号驾驶员给出的 Cooper-Harper 评分为 3.5 分。该评分说明仍需对飞机进行必要的改进，但与无抑制器时相比，对飞行品质有明显改善。

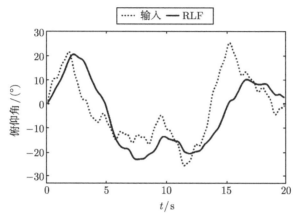

图 12.21 RLF 抑制器补偿后的时间历程 1

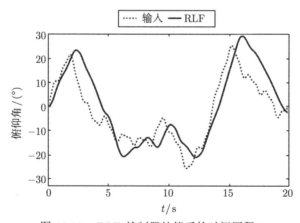

图 12.22 RLF 抑制器补偿后的时间历程 2

　　实验评估结果与数值仿真结果相一致。这说明抑制器在抑制 II 型 PIO 的发生，改善飞机飞行品质上产生了实际效果。

12.4　本　章　小　结

本章研究了地面飞行模拟器的基本原理，剖析了地面飞行模拟器的结构及组成，分析了地面飞行模拟器的主要模拟系统；通过地面飞行模拟器比较研究了 DASA 抑制器与 RLF 抑制器的性能；通过实验研究获得了与数值仿真相一致的结论，RLF 抑制器的性能优于 DASA 抑制器，对飞机飞行品质有较明显的改善。

参 考 文 献

[1] 高金源, 李陆豫, 冯亚昌, 等. 飞机飞行品质 [M]. 北京: 国防工业出版社, 2003.

[2] Mitchell D, Hoh R, Aponso B, et al. The measurement and prediction of pilot-in-the-loop oscillations[J]. AIAA Journal, 2006: 1167-1177.

[3] 陈廷楠, 徐浩军. 驾驶员诱发振荡的研究 [J]. 航空学报, 1991, 12(8): 339-344.

[4] Dornhein M A. Report pinpoints factors leading to the Yf-22 crash[J]. Aviation Week and Space Technology, 1992, 137(19): 53-54.

[5] Mcruer, T D. Aviation safety and pilot control: Understanding and preventing unfavorable pilot-vehicle interactions[M]. Washington DC: National Academy Press, 1997: 56-67.

[6] Piccola J. Flight test guide for certification of transport category airplanes: AC25-7C[S]. USA, 2012.

[7] Force U A. Flying qualities of piloted aircraft: MIL-HDBK-1797[S]. Arlington, Virginia: United States Department of Defense, 1997.

[8] 高浩, 朱培申, 高正红. 高等飞行动力学 [M]. 北京：国防工业出版社, 2004.

[9] 张奇, 袁广田, 巩鹏潇. 空中加油机人机闭环系统特性分析 [J]. 飞行力学, 2019, 37(3): 26-31, 37.

[10] 周义. 民用飞机驾驶员诱发振荡特性研究 [D]. 南京: 南京航空航天大学, 2015.

[11] 王子健, 曲志刚, 周思羽. 着舰过程中风切变对 PIO 的影响 [J]. 南京航空航天大学学报, 2017, 49(S1): 119-124.

[12] 马坤, 段卓毅, 耿建中, 等. 螺旋桨飞机起飞构型突风影响研究 [J]. 飞行力学, 2017, 35(5): 13-16, 21.

[13] Efremov A V, Tjaglik M S, Tiumentzev U V, et al. Pilot behavior modeling and its application to manual control tasks[J]. IFAC-Papers OnLine, 2016, 49(32): 159-164.

[14] 杨挺健. 驾驶员诱发振荡飞行培训和评定方法研究 [J]. 飞行力学, 2016, 34(3): 76-80.

[15] 孟捷, 薄涛, 要继斌, 等. 有效飞机动力学转换对驾驶员诱发振荡影响 [J]. 火力与指挥控制, 2015, (3): 16-19.

[16] Nieuwenhuizen F M, Mulder M, van Paassen M M, et al. Influences of simulator motion system characteristics on pilot control behavior[J]. Journal of Guidance, Control, and Dynamics, 2013, 36(3): 667-676.

[17] Tan W, Efremov A V, Qu X. A criterion based on closed-loop pilot-aircraft systems for predicting flying qualities[J]. Chinese Journal of Aeronautics, 2010, 23(5): 511-517.

[18] 刘嘉, 向锦武, 韩维, 等. 基于自适应驾驶员最优控制模型的飞行品质预测 [J]. 飞行力学, 2016, 34(5): 82-85, 90.

[19] Mcruer D, Graham, D. Pilot-vehicle control system analysis[J]. Guidance & Control, 1964: 603-621.

[20] McRuer D. Human dynamics in man-machine systems[J]. Automatica, 1980, 16(3): 237-253.

[21] Kleinman D L, Baron S, Levison W H. An optimal control model of human response part I: theory and validation[J]. Automatica, 1970, 6(3): 357-369.

[22] Hess R. A method for generating numerical pilot opinion ratings using the optimal pilot model[R]. NASA TM X-73-101, 1976.

[23] Pourtakdoust S H, Shajiee S. Development of an optimal software-pilot rating scale for flight in turbulence evaluation[R]. AIAA-2005-5910, 2005.

[24] 张秀林, 刘嘉, 张杨, 等. 一种飞行员最优控制模型加权系数计算方法 [J]. 飞行力学, 2019, 37(3): 15-19.

[25] Mitchell D, Klyde D. Testing for pilot-induced oscillations[J]. AIAA Journal, 2013.

[26] 丛斌, 王立新. 飞翼布局飞机低阶等效拟配方法 [J]. 北京航空航天大学学报, 2018, 44(2): 286-294.

[27] Lee B P. Recent experience in flight testing for pilot induced oscillations (PIO) on transport aircraft[J]. The Aeronautical Journal, 2016, 104(1038): 391-395.

[28] Goto N. Neal-Smith criteria-based H-infinity modeling technique for assessing pilot rating[J]. Journal of Guidance, Control, and Dynamics, 1998, 21(4): 656-661.

[29] Mandal T, Gu Y, Chao H, et al. Flight data analysis of pilot-induced-oscillations of a remotely controlled aircraft[C]// AIAA Guidance Navigation & Control Conference, 2013.

[30] John C G. Piloted handling qualities design criteria for high or der flight control system[R]. AGARD-CP-333, 1982.

[31] Roger W. Gain and phase margin as a basis of longitudinal flying qualities evaluation[R]. AGARD CP-333, 1982.

[32] Klyde D H, McRuer D T, Myers T T. Pilot-induced oscillation analysis and prediction with actuator rate limiting[J]. Journal of Guidance, Control, and Dynamics, 1997, 20(1): 81-89.

[33] Jones M. The use of the Open-Loop Onset Point (OLOP) to predict rotorcraft pilot-induced oscillations[J]. CEAS Aeronautical Journal, 2020, 11(3): 693-711.

[34] Amato F, Iervolino R, Scala S, et al. New criteria for the analysis of PIO based on robust stability methods[C]// Atmospheric Flight Mechanics Conference, Portland, OR, USA, 1999.

[35] Mitchell D, Klyde D. A critical examination of PIO prediction criteria[C]//AIAA Atmospheric Flight Mechanics Conference and Exhibit, Boston, M A, 1998.

[36] Guglieri G, Mariano V M. Application of PIO prediction criteria to rotorcraft[J]. Annual Forum Proceedings-AHS International, Alexandria, 2011,2：1266-1282.

[37] 黄振威, 吕新波, 武虎子. Gap 准则在纵向 II 类驾驶员诱发振荡预测中的应用 [J]. 航空科学技术, 2016, 27(3): 74-78.

[38] Rundqwist L, Ståhl-Gunnarsson K, Enhagen J. Rate limiters with phase compensation in JAS 39 Gripen[C]// IEEE Control Conference, 2015.

[39] Tarbouriech S, Queinnec I, Biannic J M. Pilot-Induced-Oscillations Alleviation through Anti-windup Based Approach[M]// Fasano G, Pintér J D. Space Engineering. SOIA, 2016.

[40] Edwards S. Design of a nonlinear adaptive filter for suppression of shuttle pilot-induced oscillation tendencies[R]. NASA TM-81349, 1980.

[41] Rundqwist L, Hillgren R. Phase compensation of rate limiters in JAS 39 Gripen[R]. AIAA-96-3368, 1996.

[42] Tan W Q, Li Z Y, Qu X J, et al. Aircraft-pilot system modeling and pilot control behavior research for airdrop task[J]. IFAC-PapersOnLine, 2016, 49(32): 177-182.

[43] Xu S T, Tan W Q, Qu X J, et al. Prediction of nonlinear pilot-induced oscillation using an intelligent human pilot model[J]. Chinese Journal of Aeronautics, 2019, 32(12): 2592-2611.

[44] 张程, 谭文倩, 屈香菊, 等. 一种基于小波分析的时变飞行品质准则 [J]. 飞行力学, 2019, 37(2): 7-11.

[45] 周堃, 王立新, 谭详升. 放宽静稳定电传客机纵向短周期品质评定方法 [J]. 航空学报, 2012, 33(9): 1606-1616.

[46] 刘海良, 王立新. 基于数字虚拟飞行的民用飞机纵向地面操稳特性评估 [J]. 航空学报, 2015, 36(5): 1432-1441.

[47] 仲金金, 王立新, 乐挺. 适用于电传军用运输机的 HQRM 方法 [C]// 第八届中国航空学会青年科技论坛, 江门, 2018.

[48] 张奇, 王立新, 郭有光. 常规准则对加油机飞行品质评定的适用性 [J]. 飞行力学, 2017, 35(4): 1-5, 9.

[49] 孟捷, 徐浩军, 武卫. 驾驶员模型对 II 型 PIO 预测影响研究 [J]. 系统仿真学报, 2009, 21(12): 3816-3819, 3823.

[50] 孟捷, 徐浩军, 李大伟. 舵机带宽对 II 型 PIO 预测影响研究 [J]. 系统仿真学报, 2011, 23(4): 813-816.

[51] 曹启蒙, 李颖晖, 徐浩军. 基于线性矩阵不等式的电传飞机人机闭环系统稳定域 [J]. 航空学报, 2013, 34(1): 19-27.

[52] 曹启蒙, 李颖晖, 徐浩军. 考虑作动器速率饱和的人机闭环系统稳定域 [J]. 北京航空航天大学学报, 2013, 39(2): 215-219.

[53] 刘瑜. 电传飞机横向 II 类 PIO 趋势预测技术应用研究 [J]. 飞行力学, 2020, 38(4): 71-75.

[54] 李富刚, 田福礼. 基于舵机速率限制的 PIO 探测与抑制技术研究 [J]. 飞行力学, 2013, 31(2): 170-174, 179.

[55] 颜世伟, 高正红, 刘艳, 等. 模糊逻辑 PIO 探测器中的隶属函数构建 [J]. 航空学报, 2008, 30(6): 1447-1452.

[56] 李琳, 陈云翔, 李千, 等. 基于改进差分进化算法的 PIO 预测评估方法 [J]. 飞行力学, 2014(1): 74-77.

[57] Liang X H, Wang T. Application of model predictive control method to prevent category II pilot induced oscillations[J]. Information and Control, 2015.

[58] 黄敏, 王中伟, 郭振云, 等. 飞控系统风洞虚拟飞行试验评估指标与评估要求 [J]. 国防科技大学学报, 2017, 39(4): 144-148.

[59] 王博, 林皓, 高亚奎. 基于模拟器的 APC 试验方法研究 [J]. 飞行力学, 2014, 32(6): 561-564.

[60] 张勇. 模拟器在飞行控制系统开发中的应用 [J]. 系统仿真学报, 2011, 23(S1): 142-147.

[61] 赵永杰, 丁团结. 空中飞行模拟对三代机电传控制律的演示验证作用 [J]. 系统仿真学报, 2006, 18(s2): 1020-1023.

[62] 周自全, 赵永杰. 空中飞行模拟与电传飞机飞行试验 [J]. 飞行力学, 2005(1): 19-22, 26.

[63] Kilmer K J, Bateman R, Malzahn D. Techniques of subjective assessment: A comparison of the SWAT and modified Cooper-Harper scales[J]. Proceedings of the Human Factors and Ergonomics Society Annual Meeting, 1988, 32(2): 155-159.

[64] Ackerman K A, Xargay E, Choe R, et al. Evaluation of an L_1 adaptive flight control law on Calspan's variable-stability learjet[J]. Journal of Guidance, Control, and Dynamics, 2017, 40(4): 1050-1060.

[65] Ackerman K, Xargay E, Choe R, et al. L_1 stability augmentation system for Calspan's variable-stability learjet[C]// AIAA Guidance, Navigation, and Control Conference, 2016.

[66] Norris G. Adaptive change[J]. Aviation Week & Space Technology, 2015, 177(8): 56-57.

[67] Norris G. USAF test pilots school vets safer adaptive flight controller[J]. Aviation Week & Space Technology, 2015, 177(14): 1-1.

[68] Mojave J C. Upset alternatives : props, simulators and jets battle for customers at world's largest upset recovery training providers[J]. Aviation Week & Space Technology, 2014, 176(34): 32-34.

[69] Crider D A. Upset recovery training: Lessons from accidents and incidents[J]. The Aeronautical Journal, 2010, 114(1160): 629-636.

[70] Scharl J, Mavris D N, Bu rdun I. Use of flight simulation in early design: Formulation and application of the virtual testing and evaluation methodology[C]// World Aviation Conference. 2000.

[71] 周自全. 飞行力学和飞行控制试飞技术 [J]. 飞行力学, 1998(3): 1-6.

[72] 刘艳, 刘斌. K8V 变稳飞机飞行试验验证系统 [J]. 飞行力学, 1999, 17(4): 12-16.

[73] 朱学华. 航班运行风险模糊综合评估方法研究 [D]. 南京: 南京航空航天大学, 2018.

[74] Zeppetelli D, Habashi W G. In-flight icing risk management through computational fluid dynamics-icing analysis[J]. Journal of Aircraft, 2012, 49(2): 611-621.

[75] Violette M G, Safarian P, Han N, et al. Transport airplane risk analysis[J]. Journal of Aircraft, 2015, 52(2): 395-402.

[76] Shao X Y, Qi M L, Gao M G. Safety risk analysis in flight operations quality assurance[J]. Systems Engineering Procedia, 2012, 5: 81-86.

[77] 修忠信, 由立岩. 民用飞机飞行试验风险评估指南 [M]. 上海: 上海交通大学出版社, 2015.

[78] Burdun I, Delaurentis D, Mavris D. Modeling and simulation of airworthiness require-ments for an HSCT prototype in early design[C]// 7th AIAA/USAF/NASA/ISSMO Symposium on Multidisciplinary Analysis and Optimization, 1998.

[79] Burdun I Y. Automated planning exploration and mapping of complex operational domains of flight using multifactor situational trees[J]. SAE Int. J. of Aerosp., 2011, 4(2): 1149-1175.

[80] Brajou F, Ricco P. The Airbus A380-an AFDX-based flight test computer concept[C]// IEEE Autotestcon, 2003.

[81] 刘东亮, 刘镭, 徐浩军, 等. 基于试飞员操纵特性的试飞科目风险定量评估 [J]. 飞行力学, 2010, 28(3): 82-84, 88.

[82] 刘瑛, 李敏强, 陈富赞. 飞行器机动动作风险定量评估模型 [J]. 系统工程与电子技术, 2014, 36(3): 469-475.

[83] 薛源, 徐浩军, 胡孟权. 结冰条件下人–机–环系统的飞行风险概率 [J]. 航空学报, 2016, 37(11): 3328-3339.

[84] 郑无计, 李颖晖, 周驰, 等. 基于动力学边界的结冰飞机安全预警方法 [J]. 航空学报, 2019, 40(4): 175-185.

[85] 王妍俨. 基于 FDR/QAR 数据的航班运行风险指数研究 [D]. 天津: 中国民航大学, 2017.

[86] 王兴, 惠佳鹏. MA600 飞机驾驶员诱发振荡适航验证技术研究 [C]// 第六届中国航空学会青年科技论坛, 沈阳, 2014.

[87] 方振平, 陈万春, 张曙光. 航空飞行器飞行动力学 [M]. 北京: 北京航空航天大学出版社, 2005.

[88] 孟捷. 人机闭环系统建模及其稳定性方法研究 [D]. 西安: 空军工程大学, 2007.

[89] 王允辉, 李陆豫. 对 PIO 预测的 A 值及 A 准则的分析 [J]. 飞行力学, 2003, 21(2): 24-26.

[90] 宋翔贵, 张新国. 电传飞行控制系统 [M]. 北京: 国防工业出版社, 2003.

[91] Katayanagi R. Pilot-induced oscillation analysis with actuator rate limiting and feed-back control loop[J]. Transactions of the Japan Society for Aeronautical & Space Sci-ences, 2001, 44(143): 48-53.

[92] 王敏文. 电传飞控系统起飞着陆时的 PIO 研究 [J]. 飞行力学, 1996, 14(2): 80-86.

[93] 高庆玉. 歼教七飞机纵向驾驶员诱发振荡预测及其机理分析 [D]. 北京: 北京航空航天大学, 1997.

[94] Mobarg M, Lykken L. JAS-39 gripen flight control system status report[R]. Technical Report, SAAB Aircraft Division and Lear Astronics Corporation, 1991.

[95] 陈廷楠. 飞机飞行性能品质与控制 [M]. 北京: 国防工业出版社, 2007.

[96] 徐浩军, 陈廷楠, 张登成. 飞机飞行性能品质与控制 [M]. 空军工程学院, 2004.

[97] 胡兆丰. 人机系统和飞行品质 [M]. 北京: 北京航空航天大学出版社, 1994.

[98] Mcruer D, Krendel E. Dynamic response of human operator[R]. WADC-TR-56-524, 1957.

[99] Krendel E S, McRuer D T. A servomechanisms approach to skill development[J]. J. Franklin Inst., 1960, 269(1): 24-42.

[100] McRuer D T, Jex H R. A review of quasi-linear pilot models[J]. IEEE Trans. Human Factors in Electronics. 1967,3: 231-249.

[101] Young L R. Human control capabilities[M]. NASA SP-3006, 1973: 751-806.

[102] McRuer D T , Krendel S E. Mathematical models of human pilot behavior[R]. AGAR-Dograph No. 188, 1974.

[103] Johnston D E, Mcruer D T. Investigation of interactions between limb-manipulator dynamics and effective vehicle roll control characteristics[R]. NASA CR-3983, 1986.

[104] Johnston D E, Aponso B L. Design considerations of manipulator and feel system characteristics in roll tracking[R]. NASA CR-4111, 1988.

[105] Hess R A. A model-based investigation of manipulator characteristics and pilot/vehicle performance[J]. Journal of Guidance, Control, and Dynamics 1983, 6(5): 45-49.

[106] Mcruer D T. Minimum flying qualities volume II: Pilot modeling for flying qualities applications[R]. WRDC-TR-89-3125, 1990.

[107] Allen R W, McRuer D. The man/machine control interface—pursuit control[J]. Automatica, 1979, 15(6): 683-686.

[108] Mcruer D T. Human pilot dynamics in compensatory systems: theory, models, and experiments with controlled element and forcing function variations[R]. AFFDL-TR-65-15, 1965.

[109] Allen R W, Jex H R, Magdaleno R E. Manual control performance and dynamic response during sinusoidal vibration[R]. AMRL-TR-73-78, 1973.

[110] Buchacker E, Galleithner H, Kohler R, et al. Development of MIL-8785C into a handling qualties specification for a new European fighter Aircraft[R]. AGARD CP-508, 1990.

[111] Gibson J C. The prevention of PIO by design[R]. AGARD, 1994.

[112] Smith R H. A theory for longitudinal short-period pilotinduced oscillations[R]. AFFDL-TR-77- 57, 1977.

[113] Liebst B S, Chapa M J, Leggett D B. Nonlinear prefilter to prevent pilot-induced oscillations due to actuator rate limiting[J]. Journal of Guidance, Control, and Dynamics, 2002, 25(4): 740-747.

[114] Bailey R E , Bidlack T J. Unified Pilot-Induced Oscillation Theory. Volume 4. Time-Domain Neal-Smith Criterion[J]. Wright Laboratory WL-TR-96-3031，1995.

[115] Dornheim M A. Boeing Corrects Several 777 PIOs[J]. Aviation Week and Space Technology, 1995, 142(19): 32-33.

[116] Ahlgren J. Report on the accident involving the JAS 39-1 gripen[R]. T1-1E-89, 1989.

[117] 施继增, 王永熙, 郭恩友. 飞行操纵与增强系统 [M]. 北京: 国防工业出版社, 2003.

[118] Klyde H D, McCruer D T, Myers T T. Unified pilot-induced oscillation theory, volume 1: PIO analysis with linear and nonlinear effective vehicle characteristics, including rate limiting[J]. WL-TR-96-3028, 1995.

[119] Duda H. Effects of rate limiting elements in flight control systems-A new PIO criterion[R]. AIAA-95-3304, 1995.

[120] 斯洛廷 J E, 李卫平. 应用非线性控制 [M]. 北京: 机械工业出版社, 2006.

[121] Witte J B. An investigation relating longitudinal pilot-induced oscillation tendency rating to describing function predictions for rate-limited actuators[D]. Air Force Institute

of Technology, 2004.

[122] Ashkenas I L, Jex H R,McRuer D T. Pilot-induced oscillations: Their causes and analysis[R]. Northrop-Norair Report, 1964.

[123] Hanke D. Handling qualities analysis on rate limiting elements in flight control systems[R]. AGARD-AR-335, 1995.

[124] Teper J L, Dimarco R J, Ashkenas I L. Analyses of shuttle orbiter approach and landing conditions[R]. NASA CR-163108, 1981.

[125] Hanke D. Phase compensation: A means of preventing aircraft-pilot coupling caused by rate limitation[R]. DLR-Forschungsbericht, 1998.

[126] Rundquist L, Stahl-Gunnarsson K. Phase compensation of rate-limiters in unstable aircraft[R]. IEEE Conference on Control Applications, 1996.

[127] Chapa M J. A Nonlinear pre-filter to prevent departure and/or pilot induced oscillations(PIO) due to actuator rate limiting[D]. Air Force Institute of Technology, 1999.

[128] Li X. Real time prevention of aircraft pilot coupling using multi-model adaptive control[R]. AIAA-2005-5958, 2005.

[129] Gatley S L, Turner M C, Postlethwaite I, et al. A comparison of rate-limit compensation schemes for pilot-induced- oscillation avoidance[J]. Aerospace Science and Technology, 2006, 10(1): 37-47.

[130] Hanley J G. A comparison of nonlinear algorithms to prevent pilot-induced oscillations caused by actuator rate limiting[D]. Air Force Institute of Technology, 2003.

[131] Rto-Tr-029. Flight control design best practices[R]. NATO, Tech. Rep., 2000.

[132] Alcala I, Aracil J, Gordillo F. Phase compensation design for prevention of PIO due to actuator rate saturation[C]// Proceeding of the 2004 American Control Conference, 2004.

[133] 胡寿松. 自动控制原理 [M]. 5 版. 北京: 科学出版社, 2007.

[134] 葛志浩, 徐浩军. 基于最优控制的 ANN 驾驶员模型与仿真分析 [J]. 信息与控制, 2004, 33(6): 698-702.

[135] Duda H. Flight control system design considering rate saturation[J]. Aerospace Science and Technology, 1998, 2(4): 265-275.

[136] 董庚寿, 韦克家. 飞机飞行品质规范的新进展——对 MIL-STD-1797 的初步分析 [J]. 飞行力学, 2000, 18(2): 10-14.

[137] Khalil H K. 非线性系统 [M]. 3 版. 朱义胜, 董辉, 李作渊, 等译. 北京: 电子工业出版社, 2005.

[138] 翁伯豪恩 H. 自动控制工程（第二册）[M]. 吴启迪, 黄圣乐, 译. 上海: 同济大学出版社, 1991.

[139] 谢惠民. 绝对稳定性理论与应用 [M] . 北京: 科学出版社, 1986.

[140] Popov V M. Absolute stability of nonlinear systems of automatic control[J]. Automat. Remote Control,1961,22(8):857-875.

[141] Kalman R E. Lyapunov functions for the problem of Lur'e in automatic control[J].Dokl Akad Nauk, 1963, 49(2): 201-205.

[142] Jury E I, Lee B W. The absolute stability of systems with many nonlinearities[J]. Automat. Remote Control,1965,16:943-961.

[143] Wu Y X, Zhao S X. Absolute stability of control systems with several nonlinear stationary elements in the case of an infinite sector[J]. Automat. Telemekh. ,1991,52(1):34-42.

[144] 赵素霞. 关于直接调节系统的绝对稳定性 [J]. 数学学报,1979,22(4):404-419.

[145] Tesi A, Vicino A. Robust absolute stability of Lur′e control systems in parameter space[J].Automatica,1991,27(1):147-151.

[146] Grujić L T, Petkovski D B. Robust absolutely stable Lurie systems[J]. Int. J.Control, 1987,46(1):357-368.

[147] 范辉，张宇文. 基于圆判据的超空化航行器状态反馈控制研究 [J]. 西北工业大学学报, 2009,27(5):694-700.

[148] Yang Y, Duan Z, Huang L. Absolute stabilization based on circle criterion: H/sub/spl infin// and LMI approach[C]// The 5th Asian Control Conference, Beijing, China, 2004:215-221.

[149] Schndtt-Braess G. A generalized circle criterion and its fields of application[C]// 2002 IEEE International Symposium on computer Aided Control System Design Proceedings, Glasgow, Sootland, U.K.,2002:1100-1108.

[150] Grabowski P, Callier F M. On the circle criterion for feedback systems with both unbounded observation and control[C]. Proceedings of the 45th IEEE Conference on Decision & Control, San Diego, CA, USA, 2006:753-758.

[151] Ibrir S. Circle-criterion approach to discrete-time nonlinear observer design[J]. Automatica, 2007,43(8):1432-1441.

[152] Rump S M.Conservatism of the circle criterion-solution of a problem posed by A. Megretski[J]. IEEE Transactions on Automatic Control, 2001,46(10):1605-1608.

[153] Arcak M. Certainty-equivalence output-feedback design with circle-criterion observers[J]. IEEE Transactions on Automatic Control, 2005,50(6):905-909.

[154] Materassi D, Innocenti G, Genesio R, et al. A composite circle criterion[C]// Proceedings of the 46th IEEE Conference on Decision and Control, New Orleans, USA,2007,10: 4459-4464.

[155] Materassi D, Salapaka M, Basso M. A less conservative circle criterion[C]// Proceedings of the 2006 American Control Conference, Minneapolis, USA, 2006:824-829.

[156] Heertjes M, Steinbuch M. Circle criterion in linear control design[C]// Proceedings of the 2008 American Control Conference, 2008,6:3176-3181.

[157] Sandberg I W. Uniform approximation and the circle criterion[J]. IEEE Transactions on Automatic Control, 1993,38(10):1450-1458.

[158] Bedillion M, Messner W. The multivariable circle criterion for switched continuous systems[C]// Proceedings of the 42nd IEEE Conference on Decision and Control, Hawaii, USA ,2003:5301-5308.

[159] Jönsson U, Kao C Y, Fujioka H. A Popov criterion for networked systems[J].Systems and Control Letters, 2007,56(4):603-610.

[160] Jonsson U. A Popov criterion for systems with slowly time-varying parameters[C]// Proceedings of the American control conference, Albuquerque, New Mexico,1997:2504-2505.

[161] Johansson M, Rantzer A. Computation of piecewise quadratic Lyapunov functions for hybrid systems[J]. IEEE Transactions on Automatic Control, 1998,43(4):555-559.

[162] Wada T, Ikeda M. Extended Popov criteria for multivariable Lur'e systems[C]// Proceedings of the 32nd conference on decision and control, San Antonio, Texas, 1993:20-21.

[163] Haddad M M, Bernstein D S. Explicit construction of quadratic Lyapunov functions for the small gain, positivity, circle and Popov theorems and their application to robust stability[C]// Proceedings of the 30th Conference on Decision and Control,Brighton, England, 1991:2618-2623.

[164] Arcak M, Larsen M, Kokotović P. Circle and Popov criteria as tools for nonlinear feedback design[J]. Automatica,2003,39(4):643-650.

[165] Hagiwara T, Miyake Y, Furutani E, et al. Stability condition of a class of nonlinear feedback systems-reduction to a convex problem[J]. IEEE Transactions on Automatic Control, 1999,44(8):1573-1577.

[166] Bliman P A. Stability criteria for delay systems with sector-bounded nonlinearities[C]// Proceedings of the American control conference, Arlington, VA, 2001:402-409.

[167] Prodic A, Maksimovic D. Stability of the fast voltage control loop in power factor correctors[C]// Proceedings of the 35th annual IEEE power electronics specialists conference, Aachen, Germany, 2004:2320-2325.

[168] Tarbouriech S, Burgat C. Positively invariant-sets for constrained continuous-time systems with cone properties[J]. IEEE Transactions on Automatic Control, 1994,39(2):401-405.

[169] Hu T, Lin Z. Control Systems with Actuator Saturation: Analysis and Design[M]. Boston, MA: Birkhauser, 2001.

[170] Saberi A, Lin Z, Teel A R. Control of linear systems with saturating actuators[J]. IEEE Transactions on Automatic Control, 1996,41(3): 368-378.

[171] Hu H, Lin Z, Chen B M. An analysis and design method for linear systems subject to actuator saturation and disturbance[J]. Automatica, 2002,38(2):351-359.

[172] Paim C, Tarbouriech S, da Silva J M G, et al. Control design for linear systems with saturating actuators and / spl Lscr// sub 2/-bounded disturbances[C]// Proceedings of the 41st IEEE Conference on Decision and Control, America, 2002: 4148-4153.

[173] Kundur P. Power System Stability and Control[M]. New York: McGraw-Hill,1998.

[174] Kapila V, Sparks A G, Pan H Z. Control of systems with actuator saturation nonlinearities: an LMI approach[J]. International Journal of Control, 2001, 74:586-599.

[175] Teel A R, Moreau L, Nesic D. A unified framework for input-to-state stability in systems with two time scales[J]. IEEE Transactions on Automatic Control, 2003, 48:1526-1544.

[176] Colaneri P, Geromel J C. Parameter-dependent Lyapunov functions for time varying polytopic systems[C]// Proceedings of the American Control Conference, American

2005:604-608.

[177] Xin H, Gan D, Qiu J. Stability analysis of linear dynamical systems with saturation nonlinearities and a short time delay[J]. Physics Letters A, 2008,372(22):3999-4009.

[178] Loquen T, Tarbouriech S, Prieur C. Stability analysis for reset systems with input saturation[C]// Proceedings of the 46th IEEE Conference on Decision and Control, New Orleans,LA,USA,2007:3272-3277.

[179] Barkin A I. Systems with a switch and estimation of absolute stability region[J]. Automation and Remote Control, 2009, 70(6):1080-1085.

[180] Liberzon M R. Essays on the absolute stability theory[J]. Automation and Remote Control, 2006, 67(10):1610-1644.

[181] Kamenetskiy V A. A method for construction of stability regions by Lyapunov functions[J].Systems and Control Letters, 1995,26:147-151.

[182] Jia H J, Yu X D, Yu Y X, et al. Power system small signal stability region with time delay[J]. International Journal of Electrical Power and Energy Systems, 2008,30(1):16-22.

[183] Chiang H D, Hirsch M W, Wu F F. Stability regions of nonlinear autonomous dynamical systems[J]. IEEE Transactions on Automatic Control, 1988, 33(1):16-27.

[184] Chiang H D, Thorp J S. Stability regions of nonlinear dynamical systems: a constructive methodology[J]. IEEE Transactions on Automatic Control, 1989, 34(12):1229-1241.

[185] Kirin N E, Nelepin R A, Baidaev V N. Construction of the attraction region by Zubov's method[J]. Journal of Differential, 1982,17:871-880.

[186] Loccufier M, Noldus E. A new trajectory reversing method for estimating stability regions of autonomous nonlinear systems[J]. Nonlinear Dynamics, 2000,21(3):265-288.

[187] Liu C W, Thorp J S. A novel method to compute the closest unstable equilibrium point for transient stability region estimate in power systems[J]. IEEE Transactions on Circuits and Systems—I: Fundamental Theory and Applications, 1997,44(7):630-635.

[188] Boyd S, Ghaoui L, Feron E, et al. Linear Matrix Inequalities in System and Control Theory[M]. Philadelphia, Pennsylvania: SIAM, 1998.

[189] 俞立. 鲁棒控制——线性矩阵不等式处理方法 [M]. 北京: 清华大学出版社, 2002.

[190] Blanchini F. Set invariance in control[J]. Automatica,1999,35(11):1747-1767.

[191] 魏爱荣, 赵克友. 运用线性反馈分析设计饱和线性系统 [J]. 控制与决策,2005,20(1):59-61, 68.

[192] 薛安克. 鲁棒最优控制理论与应用 [M]. 北京: 科学出版社, 2008.

[193] Hu T S, Lin Z L. Exact characterization of invariant ellipsoids for single input linear systems subject to actuator saturation[J]. IEEE Transactions on Automatic Control, 2002, 47(1):164-169 .

[194] Kiyama T, Iwasaki T. On the use of multi-loop circle criterion for saturating control synthesis[C]// The American Control Conference, Chicago, USA, 2000:1356-1369.

[195] Weston P F, Postlethwaite I. Analysis and design of linear conditioning schemes for systems containing saturating actuators[C]// IFAC Nonlinear Control System Design Symposium, England, 1998:789-799.

[196] Do H M, Basar T, Choi J Y. An anti-windup design for single input adaptive control systems in strict feedback form[C]// Proceedings of the 2004 American Control Conference, Boston, Massachusetts, 2004:2551-2556.

[197] Gyoubu S, Kosaka M, Uda H, et al. Anti-windup feedforward controller design for reference input[C]. SICE Annual Conference, Fukui, Japan, 2003:1856-1859.

[198] Galeani S, Teel A R, Zaccarian L. Constructive nonlinear anti-windup design for exponentially unstable linear plants[J]. Systems & Control Letters, 2007, 56(5):357-365.

[199] Deng M C, Inoue A, Yanou A, et al. Continuous-time anti-windup generalized predictive control of non-minimum phase processes with input constraints[C]// Proceedings of the 42nd IEEE Conference on Decision and Control, Hawaii, USA, 2003:4457-4462.

[200] Bemporad A, Teel A R, Zaccarian L. Anti-windup synthesis via sampled-data piecewise affine optimal control[J]. Automatica (A), 2004, 40 (4): 549-562.

[201] Cao Y Y, Lin Z, Ward D G. H_∞ antiwindup design for linear systems subject to input saturation[J]. Journal of Guidance Control and Dynamics, 2002, 25 (3): 455-463.

[202] Crawshaw S. Global and local analysis of coprime factor-based anti windup for stable and unstable plants[C]// European Control Conference, Cambridge, 2003:456-469.

[203] Edwards C, Postlethwaite I. An anti-windup scheme with closed-loop stability considerations[J]. Automatica ,1999, 35 (4): 761-765.

[204] Gilbert E G, Kolmanovsky I. Fast reference governors for systems with state and control constraints and disturbance inputs[J]. International Journal of Robust and Nonlinear Control, 1999, 9 (15): 1117-1141.

[205] Grimm G, Hatfield J, Postlethwaite I, et al. Antiwindup for stable linear systems with input saturation: an LMI-based synthesis[J]. IEEE Transactions on Automatic Control, 2003,48 (9) :1509-1525.

[206] Hanus R. Antiwindup and bumpless transfer: a survey[C]// Proceedings of the 12th IMACS World Congress, vol. 2, Paris, France,1988:59-65.

[207] Kothare M V, Campo P J, Morari M, et al. A unified framework for the study of anti-windup designs[J]. Automatica, 1994, 30 (12): 1869-1883.

[208] Mulder E F, Kothare M V, Morari M. Multivariable anti-windup controller synthesis using linear matrix inequalities[J]. Automatica, 2001, 37 (9): 1407-1416.

[209] Park J K, Choi C H. Dynamic compensation method for multivariable control systems with saturating actuators[J]. IEEE Transactions on Automatic Control, 1995, 40 (9): 1635-1640.

[210] Dai D, Wang J C. Systematic configuration procedure of LMI-based linear anti-windup synthesis[C]// Proceedings of the 2004 American control Conference, Boston, Massachusetts, 2004:5304-5308.

[211] Herrmann G, Turner M C, Postlethwaite I, et al. Practical implementation of a novel anti-windup scheme in a HDD-dual-stage servo-system[J]. IEEE Transactions on Mechatronics, 2004, 9 (3): 580-592.

[212] Grimm G, Postlethwaite I, Teel A R, et al. Case studies using linear matrix inequalities

for optimal anti-windup synthesis[C]// Proceedings of Europe Control Conference, 2001.

[213] Grimm G, Postlethwaite I, Teel A R, et al. Linear matrix inequalities for full and reduced order anti-windup synthesis[C]// Proceedings of the 2001 American Control Conference, Arlington, VA, 2001:4134-4139.

[214] Mulder E F, Kothare M V. Synthesis of stabilizing anti-windup controllers using piecewise quadratic Lyapunov functions[C]// Proceedings of the 2000 American Control Conference, American ,2000:3239-3243.

[215] Biannic J M, Tarbouriech S. Optimization and implementation of dynamic anti-windup compensators with multiple saturations in flight control systems[J].Control Engineering Practice,2009,17(6):703-713.

[216] Biannic J M, Roos C, Tarbouriech S. A practical method for fixed-order anti-windup design[C]// 7th IFAC Symposium on Nonlinear Control Systems, Pretoria,South Africa, 2007:22-28.

[217] Kerr M L, Turner M C, Postlethwaite I. Practical approaches to low- order anti-windup compensator design:A flight control comparison[C]// Proceedings of the World IFAC Congress, Seoul,Korea,2008:136-150.

[218] Tarbouriech S, Gomes da Silva J M Jr, Garcia G. Delay-dependent anti-windup strategy for linear systems with saturating inputs and delayed outputs[J]. International Journal of Robust and Nonlinear Control, 2004, 14(7): 665-682.

[219] Turner M C, Herrmann G, Postlethwaite I. Incorporating robustness requirements into antiwindup design[J]. IEEE Transactions on Automatic Control, 2007,52(10):1842-1855.

[220] Turner M C, Postlethwaite I. A new perspective on static and low order anti-windup synthesis[J]. International Journal of Control, 2004,77(1): 27-44.

[221] Li G, Herrmann G, Stoten D P, et al. Application of a novel robust anti-windup technique to dynamically substructured systems[C]// Proceedings of American Control Conference, American ,2010:6757-6762.

[222] Li G, Herrmann G, Stoten D P, et al. A disturbance rejection anti-windup framework and its application to a substructured system[C]// The 47th IEEE Conference on Decision and Control, Cancun, Mexico,2008:3510-3515.

[223] Weston P F, Postlethwaite I. Linear conditioning for systems containing saturating actuators[J]. Automatica, 2000,36(9):1347-1354.

[224] Sajjadi-Kia S, Jabbari F. Modified anti-windup compensators for stable plants[J]. IEEE Transactions on Automatic Control, 2009,54(8):1934-1939.

[225] Grimm G, Teel A R, Zaccarian L. Results on linear LMI-based external anti-windup design[C]// Proceedings of IEEE Conference on Decision Control, Las Vegas, Nevada, USA, 2002:299-308.

[226] Hu T, Teel A R, Zaccarian L. Regional anti-windup compensation for linear systems with input saturation[C]// Proceedings of American Control Conference, Portland, OR,2005:3397-3402.

[227] Sajjadi-Kia S, Jabbari F. Modified anti-windup compensators for stable linear sys-

tems[C]// Proceedings of American Control Conference, Seattle,WA,2008: 407-412.

[228] Kerr M L, Turner M C, Postlethwaite I. Robust anti-windup control of SISO systems[C]// Proceedings of 2010 American Control Conference, American, 2010:6745-6750.

[229] Grimm G, Teel A, Zaccarian L. Robust linear anti-windup synthesis for recovery of unconstrained performance[J]. International Journal of Robust and Nonlinear Control, 2004,14:1133-1168.

[230] Hanus R, Kinnaert M, Henrotte J L. Conditioning technique, a general anti-windup and bumpless transfer method[J]. Automatica, 1987,23(6):729-739.

[231] Herrmann G, Turner M C, Postlethwaite I. Some new results on anti-windup conditioning using the Weston-Postlethwaite approach[C]// Proceedings of Conference on Decision and Control, Atlantis,Paradise Island,Bahamas,2004:5047-5052.

[232] Hippe P, Wurmthaler C. Systematic closed-loop design in the presence of input saturations[J]. Automatica, 1999,35(4):689-695.

[233] Sofrony J, Turner M C, Postlethwaite I. Anti-windup synthesis for systems with ratelimits: a Riccati equation approach[C]// Proceedings of SICE Annual Conference, France, 2005:234-245.

[234] Brieger O, Kerr M, Leiβling D, et al. Flight testing of a rate saturation compensation scheme on the ATTAS aircraft[J]. Aerospace Science and Technology,2009,13(2/3):92-104.

[235] Sofrony J, Turner M C, Postlethwaite I. Anti-windup synthesis using Riccati equations[C]// Proceedings of IFAC World Congress, France, 2005:356-365.

[236] Sofrony J, Turner M C, Postlethwaite I. Anti-windup synthesis using Riccati equations[J]. International Journal of Control, 2007,80(1):112-128.

[237] Sofrony J, Turner M C, Postlethwaite I, et al. Anti-windup synthesis for PIO avoidance in an experimental aircraft[C]// Proceedings of the 45th IEEE Conference on Decision and Control, San Diego, CA, USA,2006:5412-5417.

[238] 周丽明. 饱和控制系统理论及应用研究 [D]. 哈尔滨: 哈尔滨工程大学,2009.

[239] 刘军, 付琳, 徐南波. 民用飞机 PIO 工程预测准则及试飞方法研究 [J]. 航空工程进展, 2016,7(3):343-348.

[240] 孟捷, 徐浩军, 李大伟, 等. Gap 准则在 Ⅱ 型 PIO 预测中的应用 [J]. 北京航空航天大学学报, 2010,36(9) : 1067-1070.

[241] 张鑫. 民机飞控系统试飞风险评估方法研究 [D]. 南京: 南京航空航天大学, 2019.

[242] 巢文, 钱晓涛. 基于 Copula-POT 模型的条件 VaR 估计——以洪灾风险为例 [J]. 华南理工大学学报 (社会科学版), 2020,22(4):88-97.

[243] 秦学志, 郭明. 基于多元条件极值模型的股指期货与现货下尾部相依性研究 [J]. 系统管理学报, 2020,29(2):213-223.

[244] 侯静惟, 方伟华, 程锰, 等. 基于 Copula 函数的海南热带气旋风雨联合概率特征分析 [J]. 自然灾害学报, 2019,28(03):54-64.

[245] 杨振海, 程维虎, 张军舰. 拟合优度检验 [M]. 北京: 科学出版社, 2011.